JÜRGEN BRUNS (HRSG.) **Tissue Engineering**

Neues zum Gewebeersatz
im Muskel-Skelett-System

JÜRGEN BRUNS
(Hrsg.)

Tissue Engineering

Neues zum Gewebeersatz im Muskel-Skelett-System

Mit 92 Abbildungen
in 141 Einzeldarstellungen

Prof. Dr. med. Jürgen Bruns
Orthopädische Univ.-Klinik und Poliklinik
Universitätskrankenhaus Hamburg-Eppendorf
Martinistr. 52, 20246 Hamburg

ISBN 978-3-642-63243-3   ISBN 978-3-642-57353-8 (eBook)
DOI 10.1007/978-3-642-57353-8

Bibliografische Information Der Deutschen Bibliothek
Die Deutsche Bibliothek verzeichnet diese Publikation in der Deutschen Nationalbibliografie; detaillierte bibliografische Daten sind im Internet über <http://dnb.ddb.de> abrufbar.

http://www.steinkopff.springer.de

© Springer-Verlag Berlin Heidelberg 2003
Ursprünglich erschienen bei Steinkopff Verlag Darmstadt 2003
Softcover reprint of the hardcover 1st edition 2003

Umschlaggestaltung: Erich Kirchner, Heidelberg
Herstellung: Klemens Schwind
Satz: K+V Fotosatz GmbH, Beerfelden

SPIN 10920329   105/7231-5 4 3 2 1 0 – Gedruckt auf säurefreiem Papier

Vorwort

Gewebeersatz durch autogenes Material – das Tissue engineering – stellt eine neue Forschungsrichtung dar, die es sich zum
Ziel gesetzt hat, spezifische Gewebe oder auch Organe durch
Anzüchtung aus wenig differenzierten Zellen und Geweben herzustellen. Damit sollen bisherige klinische Probleme des Organ-
und Gewebeersatzes durch alloplastisches Material (z. B. Endo-
prothesen) oder allogene Organe (z. B. allogene Lebertransplan-
tation) durch Einsatz von autogenem Material vermieden werden. Die Vorteile sind offensichtlich. Immunologische Probleme
bei allogenen Transplantaten und auch Folgeerkrankungen
durch die notwendige Immunsuppression könnten vermieden
werden und man wäre nicht mehr auf die ohnehin nur begrenzt
zur Verfügung stehenden Spenderorgane angewiesen. Die Implantation alloplastischen Materials – z. B. bei Gelenkendo-
prothesen – kann zu Abrieb- und allergischen Phänomenen
führen und ist aufgrund der Avitalität der Implantate mit einer
erhöhten Infektionsgefahr und dem Problem der Lockerung
verbunden.

Als neue Disziplin kann das Tissue engineering erste klinische, sehr erfolgversprechende Erfolge, besonders in der Behandlung von Hautdefekten, aufweisen.

Die Herstellung eines autogenen Gewebeersatzes ist nicht
einfach. Es stellen sich vielfältige Fragen:

- Welche Ausgangsgewebe oder Zellen sollen verwendet werden?
- Wie kann ein spezifisches Gewebe in vitro hergestellt werden, das den klinischen In-vivo-Bedürfnissen gerecht wird?
- Wie können die Gewebekonstrukte durch Einsatz unterschiedlicher Laborbedingungen, Verwendung diverser Matrices oder Scaffolds optimal in die gewünschte Richtung differenziert werden?
- Helfen Wachstumsfaktoren zur Bildung der angestrebten
  Konstrukte?
- Welche Langlebigkeit kann von diesen, im Labor hergestellten Produkten erwartet werden?

Der Bogen der sich stellenden Fragen spannt sich weit.

Von technischen und biologischen Aspekten bis hin zu den Ausgangsprodukten – mesenchymale oder embryonale Stammzellen – und den damit verbundenen ethischen Fragen. Ist alles, was machbar ist, auch ethisch vertretbar?

Die in diesem Buch zusammengefassten Berichte, in Hamburg im Rahmen der Bio-Hanse vorgetragen, versuchen, auf diese Fragen Antwort zu geben.

Hamburg, im Sommer 2003   JÜRGEN BRUNS

Inhaltsverzeichnis

5 | Modulation von Heilungsvorgängen

6 | Tissue engineering mit embryonalen Stammzellen

7 | Therapie von Knorpelschäden beim Menschen

Autorenverzeichnis

Priv.-Doz. Dr. med.
PETER ADAMIETZ
Institut für Medizinische
Biochemie und Molekularbiologie
Universitätsklinikum
Hamburg-Eppendorf
Martinistraße 52
20246 Hamburg

cand. med. MELKI ADIYAMAN
Orthopädische Universitätsklinik
Heidelberg
Schlierbacher Landstraße 200 a
69118 Heidelberg

STEFANIE ADOLF
Orthopädische Universitätsklinik
Heidelberg
Schlierbacher Landstraße 200 a
69118 Heidelberg

Dr. med. JÜRGEN ARNOLD
Orthopädische Universitätsklinik
der Heinrich-Heine-Universität
Düsseldorf
Moorenstraße 5
40225 Düsseldorf

Priv.-Doz. Dr. med. AXEL BALTZER
Orthopädische Universitätsklinik
der Heinrich-Heine-Universität
Düsseldorf
Moorenstraße 5
40225 Düsseldorf

Dr. med. TOBIAS BARTMANN
Orthopädische Universitätsklinik
der Heinrich-Heine-Universität
Düsseldorf
Moorenstraße 5
40225 Düsseldorf

Priv.-Doz. Dr. med.
PETER BEHRENS
Klinik für Orthopädie
Universitätsklinikum Schleswig-
Holstein Campus Lübeck
Ratzeburger Allee 160
23538 Lübeck

Dr. med. JÖRG BORGES
Abt. Plastische und Handchirurgie
Chirurgische Universitätsklinik
Universität Freiburg
Hugstetter Straße 55
79106 Freiburg

Prof. Dr. med. ULRICH BOSCH
Zentrum
für Orthopädische Chirurgie
International Neuroscience
Institute
Alexis-Carrell-Straße 4
30625 Hannover

Prof. Dr. med. ROLF BRENNER
Orthopädische Abteilung
des Rehabilitationskrankenhauses
Ulm (RKU)
Orthopädische Klinik
mit Quergelähmtenzentrum
der Universität Ulm
Oberer Eselsberg 45
89081 Ulm

Prof. ADA A. COLE (Ph. D.)
Departments of Biochemistry
and Anatomy
Rush Medical College
at Rush Presbyterian
St. Luke's Medical Center
1653 W. Congress Parkway
Chicago, Il 60612-864, USA

Dr. med. JÖRG FIEDLER
Orthopädische Abteilung des
Rehabilitationskrankenhauses Ulm
Orthopädische Klinik
mit Quergelähmtenzentrum
der Universität Ulm
Oberer Eselsberg 45
89081 Ulm

Prof. Dr. rer. nat.
NORBERT GÄSSLER
Zentrum für Labordiagnostik
St.-Bernward-Krankenhaus
Treibestraße 9
31134 Hildesheim

CHRISTIANE GOEPFERT
Technische Universität
Hamburg Harburg
Arbeitsbereich Biotechnologie I
Denickestraße 15
21073 Hamburg

Prof. Dr. med.
KLAUS-PETER GÜNTHER
Orthopädische Klinik
des Universitätsklinikums
der TU Dresden
Fetscherstraße 74
01307 Dresden

Dr. rer. nat. CLAUDIA HEGERT
Institut für Medizinische
Molekularbiologie
Universität zu Lübeck
Ratzeburger Allee 160
23538 Lübeck

GERRIT HOHMANN
Anatomisches Institut
Christian-Albrechts-Universität
Olshausenstraße 40
24098 Kiel

Priv.-Doz. Dr. med. KLAUS HUCH
Orthopädische Abteilung des
Rehabilitationskrankenhauses Ulm
Orthopädische Klinik
mit Quergelähmtenzentrum
der Universität Ulm
Oberer Eselsberg 45
89081 Ulm

Dr. ANDREY IRINTCHEV
Zentrum
für Molekulare Neurobiologie
Institut für Biosyntheseneutrale
Strukturen
Universität Hamburg
Falkenried 94
20251 Hamburg

Dr. med. MARTIN JUNG
Orthopädische Universitätsklinik
Heidelberg
Schlierbacher Landstraße 200 a
69118 Heidelberg

Prof. Dr. med. BERND M. KABELKA
Abteilung für Orthopädie
und Sporttraumatologie
Krankenhaus Tabea
Kösterbergstraße 32
22587 Hamburg

Dr. med. HANNJÖRG KOCH
Orthopädische Universitätsklinik
der Ernst-Moritz-Arndt-
Universität Greifswald
Sauerbruchstraße
17487 Greifswald

Dr. med. JAN KRAMER
Medizinische Klinik I
Abteilung für Nephrologie
Universitätsklinikum
Schleswig-Holstein
Ratzeburger Allee 160
23538 Lübeck

Prof. Dr. med. RÜDIGER KRAUSPE
Orthopädische Universitätsklinik
der Heinrich-Heine-Universität
Düsseldorf
Moorenstraße 5
40225 Düsseldorf

Prof. KLAUS E. KUETTNER (Ph. D.)
Departments of Biochemistry
and Orthopedic Surgery
Rush Medical College
at Rush Presbyterian
St. Luke's Medical Center
1653 W. Congress Parkway
Chicago, Il 60612-864, USA

Priv.-Doz. Dr. med. BODO KURZ
Anatomisches Institut
Christian-Albrechts-Universität
Olshausenstraße 40
24098 Kiel

Dr. med. EVA M. LANG
Abt. Plastische
und Handchirurgie
Chirurgische Universitätsklinik
Universität Freiburg
Hugstetter Straße 55
79106 Freiburg

Dr. med. CHRISTIAN LIEBAU
Orthopädische Universitätsklinik
der Ernst-Moritz-Arndt-
Universität Greifswald
Sauerbruchstraße
17487 Greifswald

Dr. rer. nat. KLAUS LINDENHAYN
Orthopädische Klinik der Charité
Humboldt-Universität zu Berlin
Schumannstraße 20/21
10117 Berlin

Prof. Dr. med.
NORBERT M. MEENEN
Abteilung für Unfall-
und Wiederherstellungschirurgie
Universitätsklinikum
Hamburg-Eppendorf
Martinistraße 52
20246 Hamburg

Dr. med. ULRIKE MEISNER
Klinikum Bayreuth
Klinik für Unfallchirurgie
Preuschwitzer Straße 101
95447 Bayreuth

Prof. Dr. med. HARRY MERK
Orthopädische Universitätsklinik
der Ernst-Moritz-Arndt-
Universität Greifswald
Sauerbruchstraße
17487 Greifswald

Dr. rer. nat. Dr. med. habil.
JÜRGEN MOLLENHAUER
Orthopädie der Universität Jena
Waldkrankenhaus „Rudolf Elle"
Klosterlausnitzer Straße 81
07607 Eisenberg

Prof. Dr. rer. nat. PETER K. MÜLLER
Institut für
Medizinische Molekularbiologie
Universität zu Lübeck
Ratzeburger Allee 160
23538 Lübeck

Prof. Dr. med. JASPER NEIDEL
Facharzt für Orthopädie
Schillerstraße 44
22767 Hamburg

CAROLINE OPPELT
Institut für
Medizinische Molekularbiologie
Universität zu Lübeck
Ratzeburger Allee 160
23538 Lübeck

Priv.-Doz. Dr. med.
CARSTEN PERKA
Orthopädische Klinik der Charité
Humboldt-Universität Berlin
Schumannstraße 20/21
10117 Berlin

Priv.-Doz. Dr. med.
WOLF PETERSEN
Klinik für Orthopädie
Universitätsklinikum
Schleswig-Holstein
Campus Kiel
Michaelisstraße 1
24105 Kiel

Dr. JENS POHL
Biopharm GmbH
Czernyring 22
69115 Heidelberg

STEFAN PRETTIN
Cartilage Research Group
Dept. für Orthopädie
und Traumatologie
Hugstetter Straße 55
79106 Freiburg

Dr. rer. nat. THOMAS PUFE
Anatomisches Institut der
Christian-Albrechts-Universität
zu Kiel
Olshausenstraße 40
24098 Kiel

Prof. Dr. med. WOLFHART PUHL
Orthopädische Abteilung des
Rehabilitationskrankenhauses Ulm
Orthopädische Klinik
mit Quergelähmtenzentrum
der Universität Ulm
Oberer Eselsberg 45
89081 Ulm

Prof. Dr. med. WILTRUD RICHTER
Orthopädische Universitätsklinik
Schlierbacher Landstraße 200a
69118 Heidelberg

Dr. med. MARKUS RICKERT
Orthopädische Universitätsklinik
Schlierbacher Landstraße 200a
69118 Heidelberg

Priv.-Doz. Dr. med.
JÜRGEN ROHWEDEL
Institut für
Medizinische Molekularbiologie
Universität zu Lübeck
Ratzeburger Allee 160
23538 Lübeck

Priv.-Doz. Dr. med.
MAXIMILIAN RUDERT
Orthopädische Universitätsklinik
Tübingen
Hoppe-Seyler-Straße 3
72076 Tübingen

Prof. Dr. med.
HANNS-PETER SCHARF
Orthopädische Universitätsklinik
Mannheim
Klinische Fakultät Mannheim
der Universität Heidelberg
Theodor-Kutzner-Ufer 1–3
68167 Mannheim

Dr. med. MONIKA SCHULZE
Orthopädische Klinik der Charité
Humboldt-Universität Berlin
Schumannstraße 20/21
10117 Berlin

Prof. Dr. rer. nat. Dr. med.
MICHAEL SCHÜNKE
Anatomisches Institut
Christian-Albrechts-Universität
Olshausenstraße 40
24098 Kiel

CONSOLATO SERGI, MD
Department
of Paediatric Pathology
St. Michael's University Hospital
Bristol BS2 8EG
United Kingdom

Dr. med. HANS GEORG SIMANK
Orthopädische Universitätsklinik
Heidelberg
Schlierbacher Landstraße 200 a
69118 Heidelberg

Priv.-Doz. Dr. med.
MICHAEL SITTINGER
Interdisziplinäres Labor
für Tissue Engineering
Medizinische Fakultät
der Humboldt-Universität
Tucholskystraße 2
10117 Berlin

Dr. med. MICHAEL SKUTEK
Unfallchirurgische Klinik
Medizinische Hochschule
Hannover
Carl-Neuberg-Straße 1
30625 Hannover

Dr. med. RON-SASCHA SPITZER
Orthopädische Klinik der Charité
Humboldt-Universität Berlin
Schumannstraße 20/21
10117 Berlin

Prof. Dr. med. G. BJÖRN STARK
Abt. Plastische
und Handchirurgie
Chirurgische Universitätsklinik
Universität Freiburg
Hugstetter Straße 55
79106 Freiburg

Dr. med. ERIC STECK
Stiftung Orthopädische
Universitätsklinik Heidelberg
Abteilung Forschung
Schlierbacher Landstraße 200 a
69118 Heidelberg

TANJA STEIMER
Cartilage Research Group
Dept. für Orthopädie
und Traumatologie
Hugstetter Straße 55
79106 Freiburg

Dr. med.
MATTHIAS R. STEINWACHS
Cartilage Research Group
Dept. für Orthopädie
und Traumatologie
Hugstetter Straße 55
79106 Freiburg

Dr. med. JOHANNES STÖVE
Orthopädische Universitätsklinik
Mannheim
Klinische Fakultät Mannheim
der Universität Heidelberg
Theodor-Kutzner-Ufer 1–3
68167 Mannheim

Prof. Dr. med.
BERNHARD TILLMANN
Anatomisches Institut
Christian-Albrechts-Universität
Olshausenstraße 40
24098 Kiel

Prof. Dr. med.
MARTIJN VAN GRIENSVEN
Experimentelle Unfallchirurgie
Unfallchirurgische Klinik
Medizinische
Hochschule Hannover
Carl-Neuberg-Straße 1
30625 Hannover

Prof. Dr. med. ANTON WERNIG
Physiologisches Institut
der Universitätskliniken Bonn
Universität Bonn
Wilhelmstraße 31
53111 Bonn

Dr. med. ULI WILMS
Orthopädische Klinik
Klinikum Ingolstadt
Krumenauer Straße 24
85049 Ingolstadt

Prof. Dr. med.
CARL JOACHIM WIRTH
Orthopädische Klinik der MHH
Heimchenstraße 1–7
30625 Hannover

THORE ZANTOP
Klinik für Orthopädie
Universitätsklinikum
Schleswig-Holstein
Campus Kiel
Michaelisstraße 1
24105 Kiel

Priv.-Doz. Dr. med.
JOHANNES ZEICHEN
Unfallchirurgische Klinik
Medizinische Hochschule
Hannover
Carl-Neuberg-Straße 1
30625 Hannover

1 Einführung

1.1 J. Borges, E. M. Lang, G. B. Stark

Tissue engineering und regenerative Medizin in der rekonstruktiven Chirurgie

■ Einführung

Tissue engineering ist ein neues interdisziplinäres biomedizinisches Forschungsgebiet, welches Material- und Biowissenschaften mit der klinischen Forschung zur Entwicklung lebender Substitute von Gewebedefekten vereinigt.

Durch Entwicklung der Zellbiologie ist es möglich geworden, fast alle Zelltypen des menschlichen Körpers im Labor zu züchten.

Tissue engineering ist die Anwendung von Prinzipien und Methoden der Biowissenschaften, Medizin, Material- und Ingenieurwissenschaften zum besseren Verständnis des Zusammenspiels von Gewebestruktur und Funktion in normalem und pathologischem Gewebe, sowie zur Entwicklung lebender biologischer Substitute zur Wiederherstellung, Erhaltung oder Verbesserung von Gewebefunktionen.

Vor allem bei chronischen und degenerativen Erkrankungen mit hoher sozioökonomischer Bedeutung könnte Tissue engineering eine bedeutende Ergänzung zu konventionellen Behandlungsmethoden darstellen. Wesentlich ist hierbei eine enge Kooperation zwischen Klinikern, Materialwissenschaftlern, Biologen und der Industrie. Nur eine interdisziplinäre Auffassung der beteiligten Komponenten, wie Biomaterialien, Zellen, Genen und Wachstumsfaktoren, kann zu einer erfolgreichen Steuerung reparativer Vorgänge führen. Epidermis und Knorpel, die als zwei eher „einfache" Gewebetypen durch Diffusion ernährbar sind, werden als Transplantate bereits klinisch angewandt. Weitere Gewebe, die derzeit intensiv beforscht werden, sind z.B. solche des Bewegungsapparates (Knochen, Muskulatur), Nerven, harnableitende Gewebe, Fettgewebe, kardiovaskuläres Gewebe, Kornea, Leber und die endokrine Bauchspeicheldrüse.

Am häufigsten wird zur Züchtung eine kleine Menge des zu ersetzenden Gewebes vom Patienten entnommen. Die Zellen werden in der Zellkultur vermehrt und auf ein geeignetes Matrixmaterial aufgebracht, das Voraussetzungen für die Differenzierung der Zellen, die mechanische Stabilität, das Zellüberleben und die klinische Anwendbarkeit erfüllen muss (Abb. 1).

Durch Tissue engineering können Nachteile der gängigen therapeutischen Verfahren zum Gewebeersatz, wie autogene und allogene Transplan-

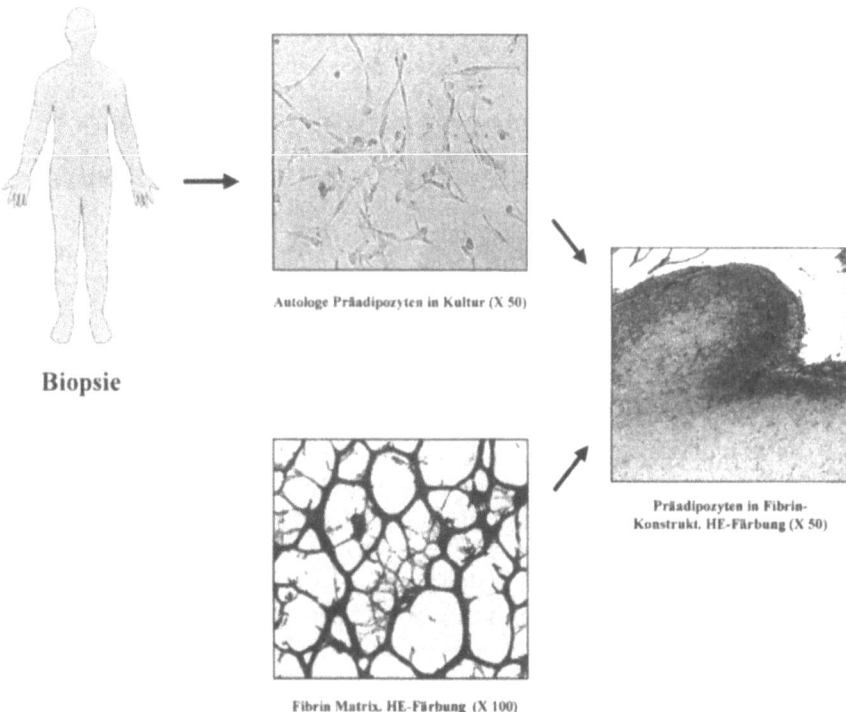

Abb. 1 a–d. Die aus der Gewebebiopsie gezüchteten Zellen werden mit einer geeigneten Trägermatrix verbunden, es entsteht das transplantable Zell-Matrix-Konstrukt. **a** Biopsie; **b** autologe Präadipozyten in Kultur (×50); **c** Fibrin-Matrix, HE-Färbung (×100); **d** Präadipozyten in Fibrin-Konstrukt (HE-Färbung; ×50)

tation oder die Verwendung von Alloimplantaten theoretisch vermieden oder reduziert werden:

- die Verwendung autologer Zellen schließt eine immunologische Reaktion und weitgehend Infektübertragung aus,
- die Vermehrung der Zellen ex vivo ermöglicht die Minimierung der Biopsiemenge und Verringerung der Morbidität der Spenderstelle,
- die Synthese von extrazellulärer Matrix des Gewebes ermöglicht eine feste Integration in den Defekt ohne Risiko der Implantatlockerung und
- die Verwendung präformierter Biomaterialien ermöglicht die Ex-vivo-Gestaltung dreidimensionaler Konstrukte zum Ersatz komplexer Gewebedefekte.

Essentiell ist hierbei das Verständnis interzellulärer Aktionen, der Signaltransduktion durch Wachstumsfaktoren, sowie die Auswahl biokompatibler Matrixmaterialien. Die Gentherapie ist die logische Ergänzung auf molekularbiologischer Ebene zur Induktion von Regenerationsprozessen. In Abhängigkeit des zu ersetzenden Gewebes werden histeogene Zellen auf Bio-

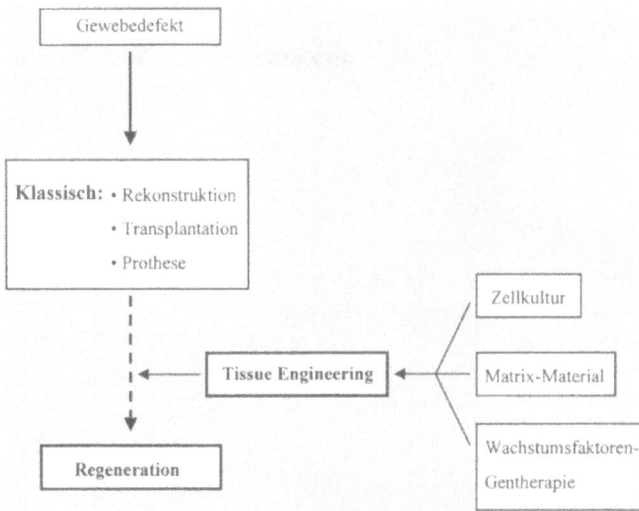

Abb. 2. Möglichkeiten der Geweberegeneration

materialien mit unterschiedlichen physikalischen, biologischen, chemischen und strukturellen Eigenschaften gebracht. Klinische Anwendung finden bereits Tissue-engineering-Produkte zur Haut- und Knorpelrekonstruktion (Abb. 2).

Voraussetzung für Tissue engineering ist im Allgemeinen die Isolierung und Selektion organotypischer oder in ihrer Differenzierung steuerbarer Zellen aus kleinen Gewebebiopsien sowie deren Ex-vivo-Proliferation durch Zellkulturtechniken. Im nächsten Schritt erfolgt die Applikation der Zellen als Suspension auf geeignete Biomaterialien. Grundlegende Interaktionen zwischen den verwendeten Zellen und den Matrixmaterialien sind die Adhäsion auf der Oberfläche des Materials, die Proliferation sowie die Differenzierung zu gewebebildenden Zellen. Diese Konstrukte werden ex vivo in Organkulturen gezüchtet und anschließend in Gewebedefekte implantiert. Die Züchtung autogener Zellen muss dabei nach den Richtlinien des Arzneimittelgesetzes unter GMP (Good Manufacturing Practice)-Bedingungen erfolgen.

■ Biomaterialien

Die zu verwendenden Materialien müssen biokompatibel und bioabbaubar sein, wobei der Abbauvorgang parallel zum Ersatz durch die in vivo neu produzierte Matrix verlaufen sollte. Die Biomaterialien sollten histokonduktiv sein (d.h. das Einwandern und Wachsen der Zellen gerichtet fördern),

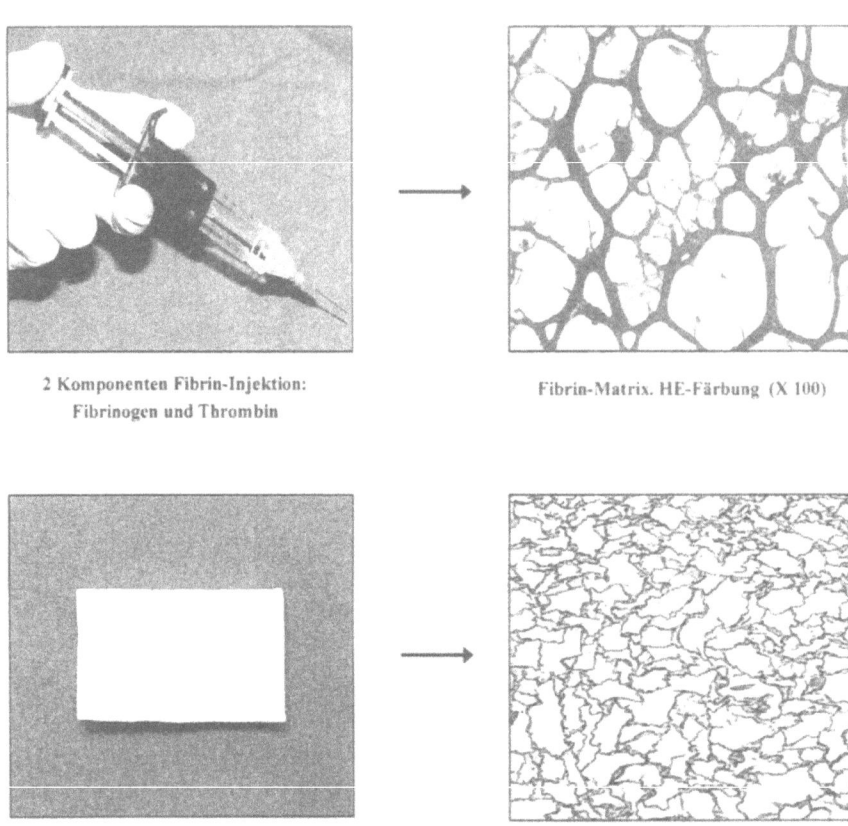

2 Komponenten Fibrin-Injektion:
Fibrinogen und Thrombin

Fibrin-Matrix. HE-Färbung (X 100)

Kollagen-Schwamm

Kollagen -Matrix. HE-Färbung (X25)

Abb. 3 a–d. Beispiele verwendeter Matrices im Tissue engineering. **a** 2-Komponenten-Fibrin-Injektion (Fibrin und Thrombin); **b** Fibrinmatrix, HE-Färbung (×100); **c** Kollagenschwamm; **d** Kollagenmatrix, HE-Färbung (×25)

idealerweise histoinduktiv (d.h. spezifisch das Wachstum eines Zelltyps fördern). Derzeit im Tissue engineering verwendete Materialien, die diese Kriterien teilweise erfüllen, sind offenporige Polymere und Keramiken, meist mit einer Porengröße um 100–500 μm, gewobene und gewirkte Faservliese und Gele (Fibrin, Alginate) (Abb. 3). Biogene Materialien wie z.B. Kollagene, Glykosaminoglykane oder Fibrin erfüllen viele der erforderlichen physiologischen Kriterien, beinhalten aber das Risiko der Infektübertragung und sind nur begrenzt verfügbar. Zahlreiche synthetische Polymere wie beispielsweise Polymilchsäurezucker und deren Derivate werden derzeit intensiv auf ihre Einsatzfähigkeit untersucht [1].

■ Zellkultur

Nach Auswahl geeigneter Biomaterialien für bestimmte Indikationen und Isolierung gewebetypischer Zellen erfolgt in vitro die Herstellung der Konstrukte. Verschiedene Applikationsverfahren stehen zur Verfügung. Einzelzellsuspensionen werden durch Inokulation auf die Matrixmaterialien aufgebracht, durch Unterdruckverfahren in das Material eingesaugt oder in Bioreaktoren durch Rotation aufgenommen. Besondere Indikationen ergeben sich für die Suspendierung der Zellen in viskösen Gelen. Das jeweilige Applikationsverfahren hängt von den Eigenschaften des Materials ab. Es sollte mit hoher Effizienz die Anhaftung der Zellen gewährleisten. Zur Validierung eines Zellverlustes durch Nichtanhaftung, Lösung von der Materialoberfläche oder mechanische Zerstörung der Zellen werden Vitalitätstests durchgeführt. Nach unterschiedlich langer In-vitro-Züchtung stehen die Konstrukte zur Implantation zur Verfügung. Dabei besteht der kritische Punkt im Transfer aus dem In-vitro-Milieu in die In-vivo-Situation unter Gewährleistung des Überlebens der Zellen durch kontrollierte Reduktion des Metabolismus und Ernährung durch Diffusion [2]. Nichtvaskularisierte Gewebe wie Haut und Knorpel sind hierdurch zu versorgen.

Komplexe Gewebe erfordern eine rasche Neovaskularisation, um an die Blutversorgung angeschlossen zu werden. Dies ist derzeit der limitierende Faktor für den Einsatz größerer Gewebekonstrukte oder gar von Organen. Nach der Implantation nehmen die Zellen ihre Funktion auf und regenerieren organotypisches Gewebe unter Abbau des Trägermaterials. Im Idealfall geht die Degradierung der Matrix mit einem Einsatz durch das von den Zellen synthetisierte organotypische Gewebe einher.

Derzeit ist eine komplette Ex-vivo-Konstruktion von komplexen Geweben oder Organen aufgrund der erforderlichen Gefäß- bzw. Blutversorgung und der komplexen Organisation verschiedener Zelltypen und Gewebe nicht erreichbar. Es wird vielmehr das Konzept einer In-vivo-Histogenese

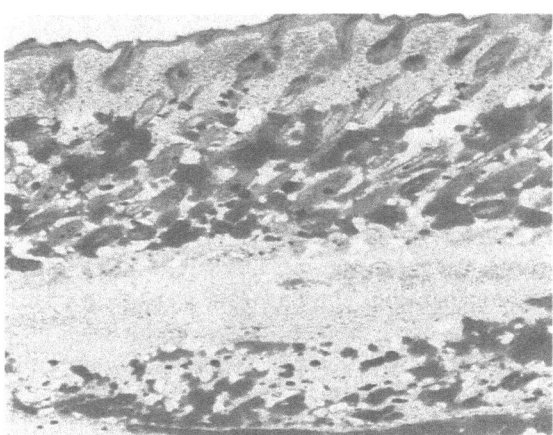

Abb. 4. Subkutanes Fettgewebe (oben) und differenzierte Adipozyten nach subkutaner Präadipozyten-Fibrin-Injektion (unten) bei athymischen Nacktmäusen. Oil-Red-Färbung (×25)

verfolgt, wobei regenerationsfähige Vorläuferzellen in geeigneten Trägermaterialien implantiert werden und in situ auf die lokalen Zytokine im Mikromilieu des Defektes reagieren. Der Empfänger dient hier als „Bioreaktor". Somit wird das genetische Programm der Zellen zur Regeneration induziert und das neu gebildete Gewebe kann unter der biomechanischen und physiologischen Belastungssituation in vivo integriert werden, um die organotypische Funktion zu übernehmen (Abb. 4).

▓ Stammzellen

Stammzellen sind pluri- bzw. multipotente Zellen, die zur stetigen Replikation befähigt sind. Ihre Subpopulationen differenzieren unter Einfluss von Wachstumsfaktoren zu spezifischen mesenchymalen Geweben. Die Lebenszeit differenzierter Zellen ist verkürzt. Die Verwendung undifferenzierter Vorläuferzellen hat sich gegenüber dem Einsatz differenzierter Gewebekonstrukte bewährt, da die Zellen auf Wachstumsfaktoren im Gewebedefekt noch reagieren, proliferieren und extrazelluläre Matrix synthetisieren können [3]. So neigen z. B. ausdifferenzierte „sheet grafts" mit mehrlagigen Keratinozytenschichten in der Behandlung von Brandverletzten zur Blasenbildung und Instabilität. Einzelzellsuspensionen von proliferierenden Keratinozyten hingegen entwickeln in vivo ein Epithel und rekonstituieren eine Basalmembran zur festen Verbindung und Stabilität der neuen Haut [5]. Eine vergleichbare Problematik besteht bei der Integration kartilaginärer Konstrukte. Die Population an Stammzellen nimmt mit dem Alter und bei chronischen Erkrankungen ab. Somit ergibt sich in diesen Situationen die Notwendigkeit der Ex-vivo-Vermehrung histeogener Zellen, um Gewebedefekte durch Transplantation ausreichend zu füllen.

Ein weiterer möglicher Lösungsansatz wäre auch die Verwendung embryonaler Stammzellen, die aber, da sie zunächst ein allogenes, histeoinkompatibles Gewebe entstehen ließen, durch therapeutisches Klonen mit Empfängerzellkernen modifiziert werden müssten, um nicht immunologisch abgestoßen zu werden.

▓ Gentherapie

Eine logische Ergänzung des Tissue engineering ist die Gentherapie. Mit der Gentherapie können spezifische Gene, die für ein gewünschtes Gen kodieren, in Zellen eingeschleust werden. Da mittlerweile alle Sequenzen der gängigen Wachstumsfaktoren bekannt sind, ist eine breite Palette gentherapeutischer Anwendungen denkbar. Damit könnte im Gegensatz zur topischen Applikation von Wachstumsfaktoren mit kurzer Halbwertszeit eine kontrollierte, kontinuierliche Freisetzung durch die transplantierten Zellen erreicht werden [3]. Die Plasmide können entweder durch eine Ex-vivo-Transfektion kultivierter Zellen oder durch Bindung der Plasmide an die Matrix in vitro oder in vivo wirksam werden.

■ Zytokine

Zytokine sind im Allgemeinen Polypeptide, die als lokale Hormone selektiv Proliferation, Differenzierung, Migration und Funktion spezifischer Zielzellen regulieren. Sie spielen bei der Homöostase und Adaptation, insbesondere auch der Reparation, an sich ändernde Anforderungen eine wichtige Rolle. Zytokine können auf autokrinem (Zielzelle gleich sezernierende Zelle) oder parakrinem (Zielzelle gehört zu einem anderen Zelltyp) Weg wirken. Als Wachstumsfaktoren sind Zytokine sowohl für die Wundheilung als auch im Tissue engineering von besonderer Bedeutung, da sie die Proliferation von Zellen in einem Tissue-engineering-Konstrukt oder im Implantationsgebiet stimulieren oder hemmen können (z.B. im Rahmen der Angiogenese das Einwachsen neuer Blutgefäße). Alle Zellkulturtechniken beruhen auf der In-vitro-Anwendung von Wachstumsfaktoren im Kulturmedium. Wachstumsfaktoren können auch in das Matrixmaterial entweder als einfaches Additiv oder an die Polymere für eine kontrollierte Freisetzung und Funktion gebunden eingebaut, oder durch gentherapeutische Induktion von den Zellen selbst produziert werden.

■ Zusammenfassung

Gängige chirurgische Verfahren zur Rekonstruktion von Gewebedefekten und Funktionsverlusten beruhen auf mechanischen Methoden, pharmakologischer Behandlung, autologer und allogener Transplantation sowie dem Einsatz alloplastischer bzw. synthetischer Medizinprodukte. Tissue engineering ist ein neues interdisziplinäres Gebiet angewandter Wissenschaft, welches Material- und Biowissenschaften mit der klinischen Forschung, vor allem in den operativen Fächern, zur Entwicklung lebender Substitute für Gewebe und Organe zusammenführt. Essentiell ist u.a. das Verständnis interzellulärer Aktionen und Signaltransduktionen durch Wachstumsfaktoren sowie die Auswahl geeigneter Matrixmaterialien. Tissue engineering kann nicht als „Ersatzteilmedizin" verstanden werden, sondern muss die Erforschung der Möglichkeiten einer Induktion von In-vivo-Regenerationskapazitäten einschließen. Die Gentherapie ist eine logische Ergänzung auf molekularbiologischer Ebene. Während im Bereich des Haut- und Knorpelersatzes Tissue engineering bereits klinische Realität darstellt, ist die Generierung vaskularisierter Konstrukte zum komplexen Organersatz eine Herausforderung für das angebrochene Jahrhundert.

■ Weiterführende Literatur

1. Patrick CW, Mikos AG, McIntire LV (1988) Frontiers in Tissue engineering. Pergamon, Oxford
2. Herndon DN, Rutan RL (1992) Comparison of cultured epidermal autograft and massive excision with serial autografting plus homograft overlay. J Burn Care Rehabil 13:154–157
3. Stark GB (1999) Proceedings of the 2nd BioValley Tissue Engineering Symposium. Cell Tissue Organs. Stark GB (ed), Karger, Basel
4. Stark GB, Kaiser HW (1994) Cologne burn centre experiences with glycerol-preserved allogenic skin: Part II: Combination with autologous cultured keratinocytes. Burns 20(s):34–38
5. Lee YS, Yuspa SH, Dlugosz AA (1998) Differentiation of cultured human epidermal keratinocytes at high cell densities is mediated by endogenous activation of the protein kinase C signaling pathway. J Invest Dermatol 111:762–766

Physiko-mechanische Stimulation von Zellen am Beispiel des Gelenkknorpels

■ Einleitung

Die physiko-mechanische Stimulation gehört für viele Zellen zum allgegenwärtigen Mikromilieu. Dies trifft besonders für Zellen des Bewegungsapparates zu. Ein sehr gutes Beispiel sind die Zellen des Gelenkknorpels, die ein Gewebe bilden, das in der Lage ist, mechanische Belastungen abzufangen, die bei der Artikulation benachbarter Knochen auftreten. Somit sind Gelenkknorpelzellen – funktionell bedingt – ständigen intermittierenden Druckbelastungen ausgesetzt und entsprechend an mechanische Stimulationen angepasst. Pauwels [47] sowie Bassett und Herrmann [1] stellten die Hypothese auf, dass mechanische Reize die Differenzierung mesenchymaler Zellen zu verschiedenen Stützgeweben beeinflussen. Hiernach führen Druck-, Schub- und Zugbeanspruchungen zur Oberflächenvergrößerung (Dehnung) der Zellen, was bei Mesenchymzellen eine Differenzierung zu Fibrozyten induzieren soll [47]. Knorpelzellen entstehen demnach bei hydrostatischer Druckbeanspruchung, die, ohne Veränderungen des Zellvolumens oder der Zelloberfläche hervorzurufen, Einfluss auf den Metabolismus der Zellen nimmt. Ausgehend von diesen Hypothesen ist zu vermuten, dass die physiko-mechanische Stimulation von Gelenkknorpelzellen oder deren Vorläufer- oder Stammzellen im Rahmen des „Tissue engineering" nutzbar gemacht werden kann, um die Vermehrung, Matrixproduktion oder die Stabilität des Phänotypus der Zellen zu beeinflussen. Der vorliegende Artikel befasst sich zunächst mit dem Aufbau und der Biomechanik des Gelenkknorpels, da diese die Grundlage für die verschiedenen physiko-mechanischen Stimuli darstellen. Anschließend werden die wichtigsten Parameter der physiko-mechanischen Stimulation erläutert und erste Beispiele von deren Nutzung bei der Züchtung von Gelenkknorpelzellen genannt.

■ Aufbau und Biomechanik des Gelenkknorpels

Im adulten Gelenkknorpel nehmen die Zellen einen Volumenanteil von etwa 1–10% ein. Der Rest ist Extrazellulärmatrix (ECM) und interstitielle Flüssigkeit, die zusammen die eigentlichen funktionellen Gewebskomponenten darstellen, von den Zellen aber gebildet und unterhalten werden. Hauptbestandteil der ECM sind Kollagenfibrillen vom Typ II (ein Markermolekül des hyalinen Knorpels) sowie Proteoglykane (PG, z.B. Aggrekan). Der adulte Gelenkknorpel besitzt keine Innervation und keine Gefäßversorgung [2]. Er wird allein durch Diffusion und Konvektion über die Gelenkflüssigkeit ernährt [36].

Für die Funktion des Gewebes ist von entscheidender Bedeutung, dass die Kollagen Typ-II-Fibrillen eine arkadenartige Anordnung haben. Sie ziehen vom subchondralen Knochen ausgehend zunächst senkrecht in Richtung Knorpeloberfläche und durchlaufen dabei die Zone des mineralisierten Knorpels sowie die Radiärzone. Im weiteren Verlauf machen sie einen Bogen durch die Transitionalzone, bis sie die Oberfläche des Gelenkknorpels (Tangentialzone) erreichen, um dann wieder zum Knochen hinabzuziehen. In diese Kollagenschlaufen (Arkaden nach Benninghoff) sind die PGs eingelagert, deren Glykosaminoglykanseitenketten (GAGs) stark sulfatiert sind und damit eine Vielzahl an fixierten negativen Ladungen besitzen, die sich gegenseitig abstoßen [6].

Die negativen Ladungen ziehen zudem Wasser und positive freie Ionen in das Gewebe, wodurch ein Quellungsdruck entsteht (0,1–0,2 MPa [33]). Ohne das Kollagennetz würden die GAGs durch die genannten Vorgänge auf ein fünffaches ihres Volumens anschwellen [40]. Der Gelenkknorpel steht also durch das Zusammenspiel von Kollagen und GAGs unter einer Vorspannung, bei der die Kollagenfibrillen vornehmlich auf Zug beansprucht werden [39].

Die Biomechanik des Gewebes wird mit Hilfe des biphasischen und des visko-elastischen Modells verständlich [38]. Das biphasische Modell des Gelenkknorpels unterscheidet eine feste Phase (Zellen und ECM) sowie eine bewegliche Phase (die interstitielle Flüssigkeit mit freien Ionen). Wird das Gewebe bei mechanischer Beanspruchung zusammengedrückt, entweicht die bewegliche Phase zwischen den Poren der ECM hindurch zu den Seiten (sie kann nicht in Richtung der einwirkenden Last und nicht durch den subchondralen Knochen ausweichen), während die ECM zunehmend verdichtet wird, was ihre Permeabilität verringert. Die Flüssigkeit fließt immer schwerer ab, da durch die abnehmende Permeabilität die Reibung an der ECM ansteigt (viskose Komponente des visko-elastischen Modells). Auf diese Weise bildet sich ein hydrostatischer Druck im Gewebe. Der Kollagengehalt ist in der Tangentialzone am höchsten [41] und die Permeabilität gering, wodurch der Anstieg des hydrostatischen Druckes im Gewebe noch begünstigt wird [54]. Der Gelenkknorpel bietet der mechanischen Belastung also einen zunehmenden Gegendruck, bis ein Equilibrium zwischen dem sich aufbauenden hydrostatischen Druck im Gewebe und der einwirkenden Last herrscht und die Kompression zum Stillstand kommt. Mit der Verdichtung der ECM werden auch die negativen Ladungen der GAGs einander angenähert, was durch die ebenfalls ansteigende Abstoßungskraft einen Gegendruck aufbaut (Anstieg des elektrostatischen Widerstandes). Bei Entlastung quillt das Gewebe zum Ursprungsvolumen, indem sich die negativen Ladungen durch die Abstoßung (Repulsion) wieder voneinander entfernen [6] und erneut interstitielle Flüssigkeit mit freien Ionen (bewegliche Phase) in das Gewebe ziehen (elastische Komponente des Knorpels), bis das Kollagennetz erneut Einhalt gebietet. Die Biomechanik des Gelenkknorpels ist somit von der Unversehrtheit der Kollagen-Arkaden sowie von einem optimalen Gehalt an GAGs abhängig [28].

■ Stimulation der Gelenkknorpelzellen durch physiko-mechanische Reize

Die physiko-mechanische Stimulation der Gelenkknorpelzellen erfolgt durch verschiedene Parameter, die alle Bestandteil der Biomechanik des Gelenkknorpels sind. Überschreitet eine axial einwirkende Kraft den Quellungsdruck des Gelenkknorpels, kommt es zur Kompression des Gewebes (s. o.). Die flüssige Gewebsphase wird vorübergehend verdrängt, wodurch es zur Entstehung von Flüssigkeitsströmen kommt, die die Konvektion im Gewebe erhöhen und so die Ernährungsbedingungen verbessern [42]. Die intermittierende mechanische Kompression ist so für den Erhalt des Knorpelgewebes erforderlich, um eine Atrophie des Gewebes zu verhindern (eines der Argumente für die „Continuous Passive Motion"-Therapie bei langfristiger Ruhigstellung eines Gelenkes [51]). Bei langfristiger Nichtbeanspruchung wird der Gelenkknorpel durch Reduktion des GAG-Gehalts weicher, obwohl die Veränderungen bei Wiederbeanspruchung teilweise reversibel sind [27, 43]. Die Reversibilität kommt u.a. dadurch zustande, dass neben der verbesserten Konvektion auch die Biosyntheseleistung der Knorpelzellen mechanisch reguliert wird. So werden durch den kompressionsbedingten Flüssigkeitsstrom („fluid flow") die in der Flüssigkeit befindlichen freien positiven Ionen vorübergehend von den fixierten negativen Ladungen der GAGs getrennt. Auf diese Weise entsteht ein elektrisches Strömungspotential [19], welches z. B. spannungsabhängige Kanäle in der Plasmamembran der Zellen beeinflussen kann. Der Flüssigkeitsstrom schert zudem die Zelloberfläche und beeinflusst so in Monolayerkulturen von Gelenkknorpelzellen die GAG-Synthese [55]. Hung et al. [25] demonstrierten, dass der Flüssigkeitsstrom die extrazellulären signalregulierten Kinasen 1 und 2 (ERK1/2) aktiviert und so Einfluss auf die PG-Synthese nimmt.

Die kompressionsbedingte Verdichtung der negativen Ladungen führt zu pH- und osmotischen Veränderungen, die ebenfalls die Biosyntheseleistung von Knorpelzellen regulieren können [18, 60]. Normal liegt die Osmolarität des Gelenkknorpels bei ~350 mosmol (intra-/extrazellulär). Durch mechanische Kompression kann die Osmolarität auf 380–480 mosmol ansteigen. Veränderungen der Osmolarität des Kulturmediums haben gezeigt, dass die PG-Synthese von Gelenkknorpelzellen bei 350–400 mosmol am höchsten ist.

Auch der hydrostatische Druck wurde als ein Parameter zur Regulation der Syntheseleistungen von Knorpelzellen identifiziert. So ruft intermittierender hydrostatischer Druck an Knorpelzellen eine Hyperpolarisation der Zellmembran sowie eine Aktivierung Ca^{2+}-abhängiger K^+-Kanäle und einen Anstieg des intrazellulären cAMP-Spiegels hervor [63]. Zudem wird ein Na^+/H^+-Austauscher durch hydrostatischen Druck moduliert, der einen Einfluss auf den zellulären pH haben kann [5]. Die intrazellulären Spiegel von Kalium und Kalzium sowie der pH beeinflussen die Proteinsynthese und die Glykolyse von Knorpelzellen [37]. Konstanter hydrostatischer Druck führt demgegenüber zu einer Depolarisation der Knorpelzellmembran [62]. K^+-Transportersysteme werden durch statische Belastung innerhalb von Sekunden bis Minuten gehemmt [22].

Letztlich werden durch die Kompression des Gewebes Matrix und Zellen selbst verformt. Durch Dehnung („stretching") der Zellmembran (z. B. Züchtung auf elastischen Membranen) können Membrankanäle (z. B. K^+-Kanäle [34]) gesteuert werden. In Hohe-Dichte-Kulturen von Gelenkknorpelzellen steigert intermittierende Dehnung (5,5%, 0,2 Hz oder 10%, 1 Hz) die PG-Synthese [11, 32]. Auch die Zellform hat einen Einfluss auf den Phänotypus [4] und bei Zellen generell auf das Wachstum [14]. Dabei korreliert das Maß der Deformierung bei Gelenkknorpelzellen mit der GAG-Syntheseleistung [6]. Dies lässt vermuten, dass das Zytoskelett der Zellen eine wichtige Rolle bei der Vermittlung von physiko-mechanischen Stimulationen spielt, was sich in verschiedenen Untersuchungen bereits bestätigt hat. Hierin liegt wohl auch der Grund, warum sich Gelenkknorpelzellen in Monolayerkulturen anders verhalten als in dreidimensionalen Kulturen. Durch die Verformung des Gewebes treten Scherkräfte auf, die über ein Wechselspiel von Matrix- und Zelloberflächenmolekülen als mechanische Reize in die Zellen weitergeleitet werden. Frank et al. [15] demonstrierten, dass eine intermittierende Scherung in der apikal-basalen Achse des Gelenkknorpelgewebes zu einer Steigerung der Protein- und PG-Synthese führen kann. Flüssigkeitsverschiebungen spielen hierbei keine Rolle. Integrine sind Beispiele für Transmembranmoleküle der Knorpelzellmembran, die an der Zellaußenseite z. B. mit Fibronektin verbunden sind und in der Zelle über verschiedene Zwischenproteine mit Aktin interagieren [64]. Durch diese Interaktion stellt das Zytoskelett der Knorpelzellen einen wichtigen Transduktor für mechanische Reize dar [3]. Es leitet in Zellen die mechanischen Stimuli bis zum Zellkern [26], dessen Membran ebenfalls verformt wird [20, 21]. Die Kerngröße wird dabei vermutlich durch die Regulation von Poren/Kanälen in der Kernmembran reguliert [44]. Die Bedeutung des Zytoskeletts für die Transduktion von mechanischen Stimulationen wurde an Fibroblasten von Wu [65] bestätigt, der zeigte, dass die Zellen mit einem zerstörten Aktingerüst nicht mehr auf mechanische Reize reagieren können. Salter et al. [52] beschrieben, wie über die mechanische Stimulation des Integrins $\alpha_5\beta_1$ eine Signalkaskade aktiviert wird, die über dehnungsabhängige Ionenkanäle, das Zytoskelett und Thyrosinphosphorylierung verschiedener fokaler Adhäsionsmoleküle letztlich die Sekretion von Il-4 induziert. Il-4 ruft dann autokrin die Hyperpolarisierung der Zellmembran und darüber eine Stimulation der PG-Synthese hervor.

Von entscheidender Bedeutung sind bei mechanischen Reizen Frequenz und Intensität der Stimulation. So zeigt sich ein großer Unterschied zwischen statischen und intermittierenden (dynamischen) Belastungen: statische und niedrigfrequente Gewebskompressionen reduzieren die Biosyntheseleistungen von Gelenkknorpelgewebe [50]. Ursache ist z.B. die statische pH-Senkung im Gewebe, die durch die erhöhte Dichte negativer Ladungen zustande kommt [18]. Zudem erschwert die reduzierte Permeabilität der komprimierten Matrix die Nährstoffzufuhr. Auch bei hydrostatischer Druckbeanspruchung senkt statische oder niedrigfrequente Stimulation ($< 0,1$ Hz) die PG-Synthese von Knorpelzellen oder -gewebe [23, 24, 31, 45, 59]. Sehr hohe statische Belastungen (50 MPa) induzieren zudem die Bildung von Stressfasern [46]. Demgegenüber haben intermittierende oder dynamische axiale Kompressionen meist einen steigernden Effekt auf die Biosyntheseleistung von Gelenkknorpelgewebe [30, 50]. Dies trifft auch für höherfrequente hydrostatische Stimulationen von Zellen oder Geweben zu ($\geq 0,1$ Hz; [24, 29, 31, 45, 56]). Kim et al. [30] demonstrierten, dass im Zentrum von Gelenkknorpelscheiben bei höher-frequenter Kompression ($\geq 0,1$ Hz) ein höherer hydrostatischer Druck aufgebaut wird, während peripher ein stärkerer Flüssigkeitsstrom entsteht. In der Folge konnte peripher eine stärkere Biosyntheseleistung nachgewiesen werden als im Zentrum des Gewebes. Dies läßt vermuten, dass die durch den Flüssigkeitsstrom hervorgerufenen physiko-mechanischen Stimuli einen stärkeren Effekt auf die Biosyntheseleistung der Gelenkknorpelzellen haben, als der hydrostatische Druck. Bei 0,002–0,01 Hz war die Biosyntheseleistung über die gesamte Scheibe gleichmäßig verteilt, da es bei diesen Frequenzen kaum zu einem Anstieg des hydrostatischen Druckes im Gelenkknorpelgewebe und nur zu langsamen Flüssigkeitsverschiebungen kommt. Edlich et al. [12] zeigten, dass der Flüssigkeitsstrom einen stärkeren Effekt auf den zytosolischen Ca^{2+}-Anstieg und damit auf den Zellmetabolismus der Gelenkknorpelzellen hat, wenn er oszilliert und nicht stetig fließt. Neben der Frequenz und der Amplitude der Kompression spielt jedoch auch die Dauer der Stimulation eine entscheidende Rolle, wie am Beispiel des Fibronektinmetabolismus der Knorpelzellen gezeigt wurde [58].

▓ Die physiko-mechanische Stimulation von Gelenkknorpelzellen im Tissue engineering

Die Bedeutung der physiko-mechanischen Stimulation von Gelenkknorpelzellen und deren Vorläuferzellen wird immer häufiger als nützlicher Stimulus in der Züchtung und Vermehrung von Gelenkknorpelgeweben und -zellen genannt. Durch die Verwendung mechanischer Stimuli können die Eigenschaften künstlicher Gewebekonstrukte signifikant beeinflusst und optimiert werden [17]. Dennoch ist es bislang nicht gelungen, Gelenkknorpelkonstrukte zu erzeugen, die gleiche mechanische Eigenschaften wie natives Gewebe haben. Der Schermodulus von Knorpelzell/PGA-Konstrukten bleibt z. B. niedriger als in nativem Gewebe [57]. Auch Alginat wurde in verschiedenen Untersuchungen als Ausgangsmatrix getestet und ermöglicht die Herstellung mechanisch stimulierbarer Konstrukte [49, 61], wenn auch die mechanischen Eigenschaften nicht denen des nativen Gewebes gleich sind.

Die meisten Untersuchungen zur Stimulation von Gelenkknorpelzellen durch axiale mechanische Kompression wurden bislang an Agarosekulturen durchgeführt. Saris et al. [53] zeigten, dass Agarose reproduzierbare Druckantworten und somit interpretierbare Stimulationen erlaubt. Die Deformierungen der Zellen in Agarosegel induzieren Veränderungen im Zellvolumen, die – vermutlich ähnlich wie im Gelenkknorpel – die osmotischen Bedingungen in den Zellen beeinflussen [16]. Elder et al. [13] induzierten in Agarosekulturen mesenchymaler Stammzellen aus Extremitätenanlagen von Hühnchen durch dynamische axiale Kompressionen ($\geq 0{,}15$ Hz für 1–2 h pro Tag an Kulturtag 1–3, Spitzenbelastung 9,25 kPa) knorpelzellartige Eigenschaften und stützen so die Hypothese, dass die Differenzierung von Stamm- zu Knorpelzellen auch durch physiko-mechanische Stimuli reguliert wird. Buschmann et al. [7, 8] fanden in Agarosekulturen (10^7 Zellen/ml Agarose, 3%) nach 1 Monat Syntheseleistungen, die mit nativem Gewebe vergleichbar waren. Die dynamischen Stimulationen (3%, 0,01–0,1 Hz) zeigten auch distinkte Verteilungen zwischen Zentrum und Peripherie der Konstrukte, wie in Explantaten beschrieben (s. o.). Dennoch erreichten die Messungen von Strömungspotential, GAG-Gehalt und axialer Steifigkeit nur 25% der Werte von nativem Gewebe. Die Verwendung von Agarose als Basis für die Herstellung von Gelenkknorpelkonstrukten ist jedoch problematisch, da Agarose in den Konstrukten schlecht biologisch abbaubar ist.

Hydrostatische Druckbelastungen haben gegenüber anderen physiko-mechanischen Stimuli den Vorteil, dass auch Monolayer- oder Suspensionskulturen sowie jede Art von Gewebekonstrukten stimuliert werden können. In Kulturen mit Gelenkknorpelzellen auf bioabbaubarem PGA beschleunigt die Verwendung von intermittierendem hydrostatischem Druck die Synthese von Matrixbestandteilen und verbessert so die mechanischen Eigenschaften der Gewebekonstrukte [10]. In Monolayerkulturen lässt sich frequenzabhängig die Vermehrung von Knorpelzellen stimulieren [24]. Die Verwendung von Perfusionskammern mit stetigem Flüssigkeitsstrom erhöht die Konvektion und stabilisiert so die Ernährungsbedingungen in den Kulturen. Dennoch divergieren die Aussagen über die Vorteile in der Knorpelzellzüchtung, da z. B. gegenüber statischen Kulturbedingungen die GAG-Synthese von Rinderknorpelzellen auf Kollagenvliesen reduziert ist [35], während bei Verwendung einer PLLA/PGA-Matrix Rinder- oder Pferdezellen ihre Protein- und GAG-Synthese sowie die Proliferation steigern [10, 48].

Die physiko-mechanische Stimulation ist ein komplexer Kulturparameter, dessen Potential noch längst nicht ausgeschöpft ist. Bei der Herstellung von Gelenkknorpelgewebe sollte aber nicht außer Acht gelassen werden, dass der Gelenkknorpel ein polar und zonal aufgebautes Gewebe ist, das seine Funktion nur bei intakter Struktur erfüllen kann. Zukünftige Untersuchungen sollten deshalb klären, ob mechanische Stimuli auch für die gezielte Ausrichtung der Kollagenfibrillen im Ersatzgewebe nutzbar gemacht werden können.

■ Literatur

1. Bassett CAL, Herrmann I (1961) Influence of oxygen concentration and mechanical factors on differentiation of connective tissues in vitro. Nature 190:460–461
2. Benninghoff A (1925) Form und Bau der Gelenkknorpel in ihren Beziehungen zur Funktion. Z Zellforsch 2:783–862
3. Benjamin M, Archer CW, Ralphs JR (1994) Cytoskeleton of cartilage cells. Microsc Res Tech 28:372–377
4. Benya PD (1988) Modulation and reexpression of the chondrocyte phenotype; mediation by cell shape and microfilament modification. Pathol Immunopathol Res 7:51–54
5. Browning JA, Walker RE, Hall AC, Wilkins RJ (1999) Modulation of $Na^+ \times H^+$ exchange by hydrostatic pressure in isolated bovine articular chondrocytes. Acta Physiol. Scand 166:39–45
6. Buschmann MD, Grodzinsky AJ (1995) A molecular model of proteoglycan-associated electrostatic forces in cartilage. J Biomech Eng 117:179–192
7. Buschmann MD, Gluzband YA, Grodzinsky AJ, Hunziker EB (1995) Mechanical compression modulates matrix biosynthesis in chondrocyte/agarose culture. J Cell Sci 108:1497–1508
8. Buschmann MD, Gluzband YA, Grodzinsky AJ, Kimura JH, Hunziker EB (1992) Chondrocytes in agarose culture synthesize a mechanically functional extracellular matrix. J Orthop Res 10:745–758
9. Buschmann MD, Hunziker EB, Kim YJ, Grodzinsky AJ (1996) Altered aggrecan synthesis correlates with cell and nucleus structure in statically compressed cartilage. J Cell Sci 109:499–508
10. Carver SE, Heath CA (1999) Influence of intermittent pressure, fluid flow, and mixing on the regenerative properties of articular chondrocytes. Biotechnol Bioeng 65:274–281
11. De Witt MT, Handley CJ, Oakes BW, Lowther DA (1984) In vitro response of chondrocytes to mechanical loading. The effect of short term mechanical tension. Connect Tissue Res 12:97–110
12. Edlich M, Yellowley CE, Jacobs CR, Donahue HJ (2001) Oscillating fluid flow regulates cytosolic calcium concentration in bovine articular chondrocytes. J Biomech 34:59–65
13. Elder SH, Goldstein SA, Kimura JH, Soslowsky LJ, Spengler DM (2001) Chondrocyte differentiation is modulated by frequency and duration of cyclic compressive loading. Ann Biomed Eng 29:476–482
14. Folkman J, Moscona A (1978) Role of cell shape in growth control. Nature 273:345–349
15. Frank EH, Jin M, Loening AM, Levenston ME, Grodzinsky AJ (2000) A versatile shear and compression apparatus for mechanical stimulation of tissue culture explants. J Biomech 33:1523–1527

16. Freeman PM, Natarajan RN, Kimura JH, Andriacchi TP (1994) Chondrocyte cells respond mechanically to compressive loads. J Orthop Res 12:311–320
17. Gooch KJ, Blunk T, Courter DL, Sieminski AL, Bursac PM, Vunjak-Novakovic G, Freed LE (2001) IGF-I and mechanical environment interact to modulate engineered cartilage development. Biochem Biophys Res Commun 286:909–915
18. Gray ML, Pizzanelli AM, Grodzinsky AJ, Lee RC (1988) Mechanical and physiochemical determinants of the chondrocyte biosynthetic response. J Orthop Res 6:777–792
19. Grodzinsky AJ, Lipshitz H, Glimcher MJ (1978) Electromechanical properties of articular cartilage during compression and stress relaxation. Nature 275:448–450
20. Guilak F (1995) Compression-induced changes in the shape and volume of the chondrocyte nucleus. J Biomech 28:1529–1541
21. Guilak F, Ratcliffe A, Mow VC (1995) Chondrocyte deformation and local tissue strain in articular cartilage: a confocal microscopy study. J Orthop Res 13: 410–421
22. Hall AC (1999) Differential effects of hydrostatic pressure on cation transport pathways of isolated articular chondrocytes. J Cell Physiol 178:197–204
23. Hall AC, Urban JPG, Gehl KA (1991) The effects of hydrostatic pressure on matrix synthesis in articular cartilage. J Orthop Res 9:1–10
24. Hansen U, Schünke M, Domm C, Ioannidis N, Hassenpflug J, Gehrke T, Kurz B (2001) Combination of reduced oxygen tension and intermittent hydrostatic pressure: a useful tool in articular cartilage tissue engineering. J Biomech 34: 941–949
25. Hung CT, Henshaw DR, Wang CC, Mauck RL, Raia F, Palmer G, Chao PH, Mow VC, Ratcliffe A, Valhmu WB (2000) Mitogen-activated protein kinase signaling in bovine articular chondrocytes in response to fluid flow does not require calcium mobilization. J Biomech 33:73–80
26. Ingber D (1991) Integrins as mechanochemical transducers. Curr Opin Cell Biol 3:841–848
27. Jurvelin J, Kiviranta I, Saamanen AM, Tammi M, Helminen HJ (1989) Partial restoration of immobilization-induced softening of canine articular cartilage after remobilization of the knee (stifle) joint. J Orthop Res 7:352–358
28. Jurvelin J, Saamanen AM, Arokoski J, Helminen HJ, Kiviranta I, Tammi M (1988) Biomechanical properties of the canine knee articular cartilage as related to matrix proteoglycans and collagen. Eng Med 17:157–162
29. Kampen GP van, Veldhuijzen JP, Kuijer R, Stadt RJ van de, Schipper CA (1985) Cartilage response to mechanical force in high-density chondrocyte cultures. Arthr Rheum 28:419–424
30. Kim YJ, Sah RL, Grodzinsky AJ, Plaas AH, Sandy JD (1994) Mechanical regulation of cartilage biosynthetic behavior: physical stimuli. Arch Biochem Biophys 311:1–12
31. Lammi, MJ, Inkinen R, Parkkinen JJ, Häkkinen T, Jortikka M, Nelimarkka LO, Järveläinen HT, Tammi MI (1994) Expression of reduced amounts of structurally altererd aggrecan in articular cartilage chondrocytes exposed to high hydrostatic pressure. Biochem J 304:723–730
32. Lee RC, Rich JB, Kelley KM, Weiman DS, Mathews MB (1982) A comparison of in vitro cellular responses to mechanical and electrical stimulation. Am Surg 48:567–574

33. Maroudas AI (1976) Balance between swelling pressure and collagen tension in normal and degenerate cartilage. Nature 260:808–809
34. Martina M, Mozrzymas JW, Vittur F (1997) Membrane stretch activates a potassium channel in pig articular chondrocytes. Biochem Biophys Acta 1329: 205–210
35. Mizuno S, Allemann F, Glowacki J (2001) Effects of medium perfusion on matrix production by bovine chondrocytes in three-dimensional collagen sponges. J Biomed Mater Res 56:368–375
36. McKibbin B, Maroudas A (1979) Nutrition and Metabolism. In: Freeman MAR (ed) Adult articular cartilage, 2nd ed. Pitman Medical, London, pp 461–486
37. Mobasheri A, Mobasheri R, Francis MJ, Trujillo E, Alvarez de la Rosa D, Martin-Vasallo P (1998) Ion transport in chondrocytes: membrane transporters involved in intracellular ion homeostasis and the regulation of cell volume, free [Ca^{2+}] and pH. Histol Histopathol 13:893–910
38. Mow VC, Holmes MH, Lai WM (1984) Fluid transport and mechanical properties of articular cartilage: a review. J Biomech 17:377–394
39. Mow VC, Ratcliffe A, Poole AR (1992) Cartilage and diarthrodial joint as paradigms for hierarchical material and structures. Biomaterials 13:67–97
40. Muir H (1983) Proteoglycans as organizers of the intercellular matrix. Biochem Soc Trans 11:613–622
41. Muir H, Bullough P, Maroudas A (1970) The distribution of collagen in human articular cartilage with some of its physiological implications. J Bone Joint Surg Br 52:554–563
42. O'Hara BP, Urban JP, Maroudas A (1990) Influence of cyclic loading on the nutrition of articular cartilage. Ann Rheum Dis 49:536–539
43. Palmoski MJ, Colyer RA, Brandt KD (1980) Joint motion in the absence of normal loading does not maintain normal articular cartilage. Arthr Rheum 23:325–334
44. Pante N, Aebi U (1993) The nuclear pore complex. J Cell Biol 122:977–984
45. Parkkinen PP, Ikonen J, Lammi MJ, Laakkonen J, Tammi M, Helminen HJ (1993) Effects of cyclic hydrostatic pressure on proteoglycan synthesis in cultured chondrocytes and articular cartilage explants. Arch Biochem Biophys 300:458–465
46. Parkkinen JJ, Lammi MJ, Inkinen R, Jortikka M, Tammi M, Virtanen I, Helminen HJ (1995) Influence of short-term hydrostatic pressure on organization of stress fibers in cultured chondrocytes. J Orthop Res 13:495–502
47. Pauwels F (1960) Eine neue Theorie über den Einfluss mechanischer Reize auf die Differenzierung der Stützgewebe. Z Anat Entwicklungsgesch 121:478–515
48. Pazzano D, Mercier KA, Moran JM, Fong SS, DiBiasio DD, Rulfs JX, Kohles SS, Bonassar LJ (2000) Comparison of chondrogenesis in static and perfused bioreactor culture. Biotechnol Prog 16:893–896
49. Ragan PM, Chin VI, Hung HH, Masuda K, Thonar EJ, Arner EC, Grodzinsky AJ, Sandy JD (2000) Chondrocyte extracellular matrix synthesis and turnover are influenced by static compression in a new alginate disk culture system. Arch Biochem Biophys 383:256
50. Sah RL, Kim YJ, Doong JY, Grodzinsky AJ, Plaas AH, Sandy JD (1989) Biosynthetic response of cartilage explants to dynamic compression. J Orthop Res 7:619–636
51. Salter RB, Simmonds DF, Malcolm BW, Rumble EJ, MacMichael D, Clements ND (1980) The biological effect of continuous passive motion on the healing of

full-thickness defects in articular cartilage. An experimental investigation in the rabbit. J Bone Joint Surg Am 62:1232–1251

52. Salter DM, Millward-Sadler SJ, Nuki G, Wright MO (2001) Integrin-interleukin-4 mechanotransduction pathways in human chondrocytes. Clin Orthop 391 (Suppl):49–60

53. Saris DB, Mukherjee N, Berglund LJ, Schultz FM, An KN, O'Driscoll SW (2000) Dynamic pressure transmission through agarose gels. Tissue Eng 6:531–537

54. Setton LA, Zhu W, Mow VC (1993) The biphasic poroviscoelastic behavior of articular cartilage: role of the surface zone in governing the compressive behavior. J Biomech 26:581–592

55. Smith RL, Donlon BS, Gupta MK, Mohtai M, Das P, Carter DR, Cooke J, Gibbons G, Hutchinson N, Schurman DJ (1995) Effects of fluid-induced shear on articular chondrocyte morphology and metabolism in vitro. J Orthop Res 13:824–831

56. Smith RL, Rusk SF, Ellison BE, Wessels P, Tsuchiya K, Carter DR (1996) In vitro stimulation of articular chondrocyte mRNA and extracellular matrix synthesis by hydrostatic pressure. J Orthop Res 14:53–60

57. Stading M, Langer R (1999) Mechanical shear properties of cell-polymer cartilage constructs. Tissue Eng 5:241–250

58. Steinmeyer J, Ackermann B (1999) The effect of continuously applied cyclic loading on the fibronectin metabolism of articular cartilage explants. Res Exp Med 198:247–260

59. Takahashi K, Kubo T, Kobayashi K, Imanishi J, Takigawa M, Arai Y, Hirasawa Y (1997) Hydrostatic pressure influences mRNA expression of transforming growth factor-beta 1 and heat shock protein 70 in chondrocyte-like cell line. J Orthop Res 15:150–158

60. Urban JP, Hall AC, Gehl KA (1993) Regulation of matrix synthesis rates by the ionic and osmotic environment of articular chondrocytes. J Cell Physiol 154:262–270

61. Wong M, Siegrist M, Wang X, Hunziker E (2001) Development of mechanically stable alginate/chondrocyte constructs: effects of gulcuronic acid content and matrix synthesis. J Orthop Res 19:493–499

62. Wright MO, Stockwell RA, Nuki G (1992) Response of plasma membrane to applied hydrostatic pressure in chondrocytes and fibroblasts. Connect Tissue Res 28:49–70

63. Wright MO, Jobanputra P, Bavington C, Salter DM, Nuki G (1996) Effects of intermittent pressure-induced strain on the electrophysiology of cultured human chondrocytes: evidence for the presence of stretch-activated membrane ion channels. Clin Sci (Colch) 90:61–71

64. Wright MO, Nishida K, Bavington C, Godolphin JL, Dunne E, Walmsley S, Jobanputra P, Nuki G, Salter DM (1997) Hyperpolarisation of cultured human chondrocytes following cyclical pressure-induced strain: evidence of a role for alpha 5 beta 1 integrin as a chondrocyte mechanoreceptor. J Orthop Res 15:742–747

65. Wu Z, Wong K, Glogauer M, Ellen RP, McCulloch CA (1999) Regulation of stretch-activated intracellular calcium transients by actin filaments. Biochem Biophys Res Commun 261:419–425

2 Tissue engineering von Korpelgewebe *in vitro*

2.1 M. Schulze, J. Mollenhauer, K.E. Kuettner, A.A. Cole

Kollagensynthese humaner adulter Chondrozyten in Alginatkultur

■ Einleitung

Tissue engineering als ein interdisziplinäres Forschungsgebiet wird heutzutage als Brücke zwischen der Entwicklung und dem Verständnis von Zellmechanismen sowie der Überleitung zu biologischen und klinischen Anwendungen verstanden. Ziel sollte die Herstellung, Erhaltung oder Weiterentwicklung eines Gewebes sein. Unterschiedliche Strategien zur Entwicklung eines Reparations- oder Regenerationsgewebes finden weltweit ihre Anwendung. Im Einzelnen können Zellen, mikroverkapselt oder auf resorbierbaren Substratmaterialien angezüchtet, isoliert oder unter dem Einfluss von gewebe- oder zellinduzierenden Substanzen, angezüchtet werden, um nur einige Möglichkeiten zu nennen [2, 6, 11, 18, 20, 21].

Der Erfolg einer gewebetypischen Chondrozytenzüchtung ist vor allem abhängig von der Stabilisierung des Phänotyps während der In-vitro-Kultivierungsphase, die auf einem ungestörten Aufbau der Extrazellulärmatrix beruht. Gewebespezifisch bedeutet in diesem Zusammenhang, dass nur die tatsächlich im hyalinen Gelenkknorpel vorkommenden Kollagene in dem Kulturgewebe nachgewiesen werden sollten. Als knorpelspezifische Kollagene werden insbesondere die Typen II, VI, IX, X und XI angesehen [16]. Unter dieser Zielvorstellung bietet sich die Alginatkultur als dreidimensionales Kultursystem zur Züchtung von hyalinem Gelenkknorpel an, da es den Chondrozyten eine Umgebung *in vitro* anbietet, die es ihnen ermöglicht, eine stabile und knorpelspezifische Extrazellulärmatrix aufzubauen. Seit langem steht die Alginatkultur für die Langzeitkultivierung über einen Zeitraum von mehreren Monaten zur Verfügung [6]. Wenig ist jedoch über eine mögliche Kurzzeitkultivierung bekannt. Ziel der vorliegenden Studie war daher die Kollagenverteilung in den einzelnen Bestandteilen der Extrazellulärmatrix von in Alginatkultur befindlichen humanen adulten Chondrozyten zu analysieren, bevor die herausgelösten Chondrozyten im Verbund mit der neu synthetisierten Extrazellulätmatrix für eine mögliche spätere Transplantation zur Verfügung stehen sollten.

Morphologischer Aufbau von hyalinem Gelenkknorpel

Hyaliner Gelenkknorpel weist histologisch drei verschiedene Schichten auf. Diese Schichten, oberflächlich, mittel und tief, unterscheiden sich insbesondere in ihrem biochemischen Aufbau. Neben Proteoglykanen, Kollagenen und nichtkollagenen Molekülen variiert der Zellgehalt, die Zellanordnung und die Zellform der Chondrozyten [1, 9, 10]. Die Fähigkeit hyalinen Gelenkknorpels, sich biomechanischem Stress adäquat zu widersetzen, beruht in erster Linie auf den viskoelastischen Eigenschaften der Proteoglykane, die in ein Kollagennetzwerk eingebettet sind [10]. Kollagen Typ II ist zu über 90% neben den Typen VI, IX, X und XI in diesem Netzwerk vorhanden [16]. Typ-II-Kollagen enthält 3 spezifische identische a_1-Ketten, während Typ-I-Kollagen, welches in gesundem Gelenkknorpel nicht vorkommt, zwei spezifische identische a_1-Ketten und eine spezifische a_2-Kette enthält [16].

Kultivierungssysteme für die In-vitro-Züchtung

Verschiedene Kultivierungssysteme sind in den Forschungslaboratorien weltweit etabliert. Diese reichen von der einfachen *Monolayer*kultur über dreidimensionale Kultursysteme, wie Alginate, Agarose und Polymere [6, 11, 18, 19, 21]. Das Alginatsystem als dreidimensionales Kultursystem bietet den Knorpelzellen eine Umgebung *in vitro* an, die es ihnen ermöglicht, eine stabile und knorpelspezifische Extrazellulärmatrix über einen Zeitraum bis zu 9 Monaten aufzubauen [6]. Außerdem weist die im Alginattropfen gezüchtete Extrazellulärmatrix ähnliche Eigenschaften wie die native Matrix von hyalinem Gelenkknorpel auf. So wird eine zellassoziierte Matrix (CM) von einer weiter entfernt gelegenen Matrix (FRM) im Alginattropfen unterschieden [7, 13, 17].

Wachstumsfaktoren

Wachstumsfaktoren sind Teil einer Familie von Proteinen, Polypeptiden, die über unterschiedliche Signale Effekte auf Zellaktivitäten übertragen können. Sie stellen wertvolle Möglichkeiten zum Verständnis von Mechanismen, die den einzelnen Zellaktivitäten zu Grunde liegen, dar. Insbesondere ihre direkten Wirkungen auf die Zellen sowie ihre pharmakologischen Gewebekonzentrationsspiegel gewinnen klinisch immer mehr an Bedeutung.

Der Terminus Wachstumsfaktor ist wahrscheinlich nicht der korrekte Ausdruck, da die Funktion von Polypeptiden dadurch nur unzureichend beschrieben wird. Polypeptide können zelluläre Aktivitäten in verschiedenen Richtungen verändern. Das Wachstum der Zellen kann durch den Einfluss auf Mechanismen wie die Zellteilung, Zelldifferenzierung, Migration und Genexpression nicht nur positiv beeinflusst, sondern gerade auch verhindert werden.

■ **Insulin-like Growth Factor-I.** Die diesen Studien zugrunde liegenden Versuche befassen sich mit dem Insulin-like Growth Factor-I (IGF-I), da dessen Schlüsselrolle auf den Erhalt der Proteoglykansynthese boviner Knorpelzellen in Gewebekulturen als wichtigster Wachstumsfaktor im Kälberserum als bewiesen gilt [12, 15]. So werden insbesondere die Zellproliferation und die Proteoglykansynthese gesteigert sowie der Proteoglykanabbau verlangsamt. In eigenen Studien konnte auf die Proteoglykansynthese in boviner Gewebekultur ein halbmaximaler Effekt mit einer Dosis von 20 ng/mL IGF-I und ein maximaler Effekt mit 50 ng/mL IGF-I erzielt werden [15]. Wenig ist jedoch über den stimulierenden Effekt auf die Kollagensynthese bekannt. Ziel der vorliegenden Studie ist daher die biochemische Charakterisierung der zellassoziierten Extrazellulärmatrix und insbesondere des Gehalts an Kollagen, der im Alginattropfen über einen Zeitraum von bis zu 14 Tagen in der Gegenwart von IGF-I gezüchteten humanen adulten Chondrozyten, bevor diese für eine mögliche spätere Transplantation zur Verfügung stehen.

■ Material und Methodik

Materialien

Niedrigvisköses nichtpurifiertes Alginat (Keltone LV) war ein Geschenk der Firma Kelco (Chicago, IL). Pronase, Insulin-like Growth Factor-I (rhIGF-I), stammte von Calbiochem-Novabiochem (La Jolla, CA); Collagenase P (Clostridium histolyticum) von Boehringer Mannheim (Indianapolis, IN); low-glucose Dulbecco's modifiziertes Eagle's Medium (DMEM) und Ham's F12 Medium (Kaighn's Modifikation) von Cellgro, Mediatech, Kälberserum (BCS) von Hyclone (Logan, UT), Bisbenzimidazole fluorescent Farbstoff (Hoechst dye 33258), 1,9-Dimethylmethylen Blau (DMMB) von Polysciences (Warrington, PA), bovines Serumalbumin (96–99% ultrareines BSA) und alle Chemikalien, soweit nicht anderweitig beschrieben, von Sigma (St. Louis, MO). Ein in der Ziege gezüchteter anti-Maus-Peroxidase-konjugierter Antikörper stammte von Pierce (Kalifornien), während ein spezifischer in der Maus gezüchteter antihumaner Kollagen-Typ-II-Antikörper freundlicherweise von Dr. Tibor Glant, Rush Medical College, zur Verfügung gestellt wurde.

Methodik

In den dieser Studie zugrunde liegenden Versuchen wurde hyaliner Gelenkknorpel von insgesamt 77 talaren Gelenkflächen, 40 Spendern, in Alginatkultur gegeben und analysiert. Der Gelenkknorpel stand innerhalb von 24 Stunden *post mortem* im Rahmen von Explantationen über die regionale

Organbank von Illinois (ROBI) zur Verfügung. Jedes Gelenk wurde nach der von Collins erstmalig beschriebenen und von Muehlemann modifizierten Einteilung klassifiziert [4, 14]. Das Durchschnittsalter zum Todeszeitpunkt betrug 49 Jahre, in 85% waren die Spender männlich; als plötzliche Todesursachen wurden in 67 % Herz–Kreislaufversagen, in 18% Unfälle und in 15% neurologische Ursachen genannt; in 65% fand sich makroskopisch kein Schaden an der Knorpeloberfläche [20].

▪ **Kultivierung humaner Chondrozyten im Alginattropfen.** Nach der antiseptischen Entnahme der Knorpelexplantate wurde das Feuchtgewicht bestimmt, gefolgt von einem Vorverdau mit Pronase (0,2%), einem Waschschritt mit Kulturmedium und anschließender Verdauung mit Collagenase P (0,025%) [6]. Die einzeln isolierten Chondrozyten wurden im Haemozytometer mittels eines Trypan-Blau/PBS-Gemisches gezählt und anschließend mit einer Zelldichte von 4×10^6 Zellen/mL in eine 1,2%ige sterile Alginatlösung in 0,15 M NaCl-Lösung resuspendiert [4]. Alginattropfen entstanden durch die tröpfchenweise Überführung der Chondrozyten-Alginatlösung in eine 102 mM $CaCl_2$-Lösung, bevor diese polymerisiert wurden, gefolgt von 3 Waschschritten mit Medium. Die einzelnen Alginattropfen enthielten jeweils 40 000 Chondrozyten. Insulin-like Growth factor-I, human, rekombinant, (hrIGF-I), lyophilisiert, wurde in 10 mM Essigsäure, 0,1% bovines Serumalbumin (BSA) bei einem pH von 6,8 aufgelöst und serumfreien DMEM/F12-Medien in unterschiedlichen Konzentrationen zugesetzt. Die im Alginattropfen verkapselten Chondrozyten wurden entweder in der Gegenwart von Medien mit einer unterschiedlichen IGF-I-Konzentration serumfrei unter Zusatz von 0,1% bovinem Serumalbumin oder in Medien, versetzt mit 10% bovinem Serum, kultiviert. Medien wurden jeden zweiten Tag gewechselt und über eine Woche gepoolt. Die Kurzzeitkultivierung im Alginatsystem erfolgte über einen Zeitraum von bis zu 14 Tagen.

▪ **Biochemische Analysen.** Quantitativ wurden die Zellproliferation und der Gesamtkollagengehalt in den einzelnen Extrazellulärmatrixkompartimenten bestimmt sowie qualitativ die Kollagenverteilung immunohistochemisch charakterisiert.

Die Kultivierungsphase im Alginattropfen wurde zum Zeitpunkt 7 und 14 Tage beendet. Medien wurden gesammelt. Zu diesen Zeitpunkten wurden die Alginattropfen in 55 mM Zitratpuffer depolymerisiert und die Zellkomplexe, bestehend aus Chondrozyten im Verbund mit ihrer Extrazellulärmatrix, in einer Rosenthalkammer gezählt. Anschließend wurde die Zell-/Alginatlösung bei $1000 \times g$ für 10 min zentrifugiert. Daraus resultierten zwei Fraktionen: zum einen der Überstand, der die weiter von der Zelle entfernt gelegenen Matrixbestandteile (FRM) und zum anderen das Pellet, das die Zellen und die zellassoziierten Matrixbestandteile (CM) enthielt [17]. Zur Bestimmung des DNA-Gehalts und des Kollagengehalts wurden anteilsmäßige Fraktionen der Extrazellulärmatrixkompartimente CM, FRM und Medium mit einem Papaincocktail bei 64 °C über Nacht verdaut.

Bestimmung des DNA-Gehalts. Die Zahl der Chondrozyten wurde zu den Zeitpunkten 7 und 14 Tage in Kultur fluorometrisch (Emission 415 nm, Exzitation 365 nm) durch Messen des DNA-Gehalts bestimmt. Dazu wurden der fluoreszierende Farbstoff Bisbenzimidazol Hoechst 33258 als Indikator sowie Kälber-Thymus-DNA als Standard benutzt [8]. Dabei wurden anteilsmäßig 20–200 µl Aliquot jeder Probe mit dem komplementären Aliquot einer Phosphat-gepufferten Salzlösung (PBS) auf ein Gesamtvolumen von 200 µl gebracht und mit 1,75 ml der Farbstofflösung vermischt. Die Messergebnisse wurden als Mittelwert ± Stdev ausgedrückt. Die Umrechnung der Zellanzahl wurde durch Multiplizierung der DNA-Messwerte mit 7,8 bestimmt, da von Untersuchungen mit bovinen Chondrozyten bekannt ist, dass eine Zelle 7,8 pg DNA enthält [17].

Bestimmung des Gesamtkollagengehalts. Der Gesamtkollagengehalt wurde kolorimetrisch mittels des Hydroxyprolinassays bestimmt. Dabei findet ein boviner Gelatinstandard Verwendung [17]. Im Einzelnen wurden Aliquots (50–100 µl) jeder einzelnen in Papainlösung verdauten Probe zunächst lyophilisiert und anschließend in 50 µl einer 4 N NaOH-Lösung für 30 min bei 120 °C in einem Hitzeblock hydrolysiert. Die Hydrolysate wurden in Gegenwart von 1,41 g Chloramine-T in 10 ml n-Propanol, 10 ml ddH$_2$O und 80 ml Reagenzpuffer über 20 min bei Raumtemperatur versetzt. Schließlich wurde die Reaktion durch Hinzufügen von p-Dimethylaminbenzaldehyd in n-Propanol/Perchlorsäure und eine anschließende Inkubation für 20 min bei 70°C beendet. Die Messergebnisse wurden zu jedem Zeitpunkt als Mittelwert ± Stdev einer Analyse 3 separater Kulturen ausgedrückt.

Charakterisierung des Kollagen Typ II – Immunohistochemie. Ein in der Maus gezüchteter antihumaner Kollagen-Typ-II-Antikörper wurde als Primär-antikörper für die indirekte Immunchemie verwandt. Deparaffinisierte Schnitte der Alginattropfen wurden 5 min in phosphatgepufferter Salzlösung gewaschen, gefolgt von einem Inkubationsschritt mit Chondroitinase ABC. Die endogene Peroxidaseaktivität wurde mittels Inkubation mit 80% MeOH, unspezifische Antikörperbindungsstellen durch Inkubation mit normalem Mausserum geblockt. Die Schnitte wurden anschließend mit dem primären Antikörper, verdünnt 1/1500, inkubiert. Kontrollen erhielten nur den sekundären Antikörper. Die Schnitte wurden gewaschen, bevor die Inkubation mit dem sekundären Antikörper, 1/500 verdünnt, erfolgte. Die Antikörperbindungsstellen wurden mittels 3,3′-Diaminobenzidine, Tatrahydrochloride und Harnstoffhydrogenperoxid sichtbar gemacht [3, 17, 20].

■ Ergebnisse

Zellproliferation

Die Resultate sind in der Abb. 1 wiedergegeben.

Humane adulte Chondrozyten proliferieren in Alginatkultur. In Gegenwart von Serum und von Insulin-like Growth Factor-I (IGF-I) kann der Effekt auf die DNA-Synthese und damit die Zellproliferation dosisabhängig gesteigert werden. Dieser Effekt verstärkt sich zeitabhängig über 7 und 14 Tage sowohl bei der Kultivierung mit serumhaltigen als auch mit IGF-I-haltigen Medien in Alginat. Bereits nach 4 Tagen in Alginatkultur ist ein signifikanter Anstieg der DNA-Synthese und damit der Zellproliferation erreicht. In Gegenwart von 0,1% BSA sterben die Zellen in Alginatkultur ab.

Aufbau der Extrazellulärmatrix

Bereits nach 4 bis 7 Tagen in Alginatkultur formten die intakten adulten humanen Chondrozyten sowohl in Gegenwart von bovinem Serum als auch von IGF-I dosis- und zeitabhängig eine gewebetypische Extrazellulärma-

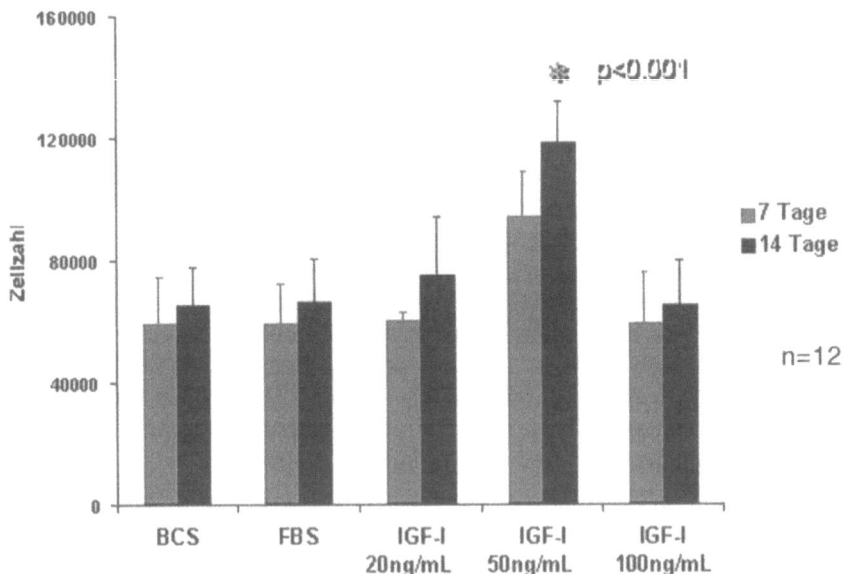

Abb. 1. Kultivierung von humanen adulten Chondrozyten im Alginattropfen über 7 und 14 Tage. Die Zellproliferation wurde durch Konversion der DNA-Werte (7,8 pg/Zelle) ermittelt. Die Kultivierung erfolgte in der Gegenwart von bovinem Serumalbumin (BSA) 0,1% allein, serumfrei in der Gegenwart von 20 ng/ml oder 50 ng/ml Insulin-like Growth Factor-I (IGF-I) oder in DMEM/Ham's F12 Medien, die 10% bovines Serum enthielten.

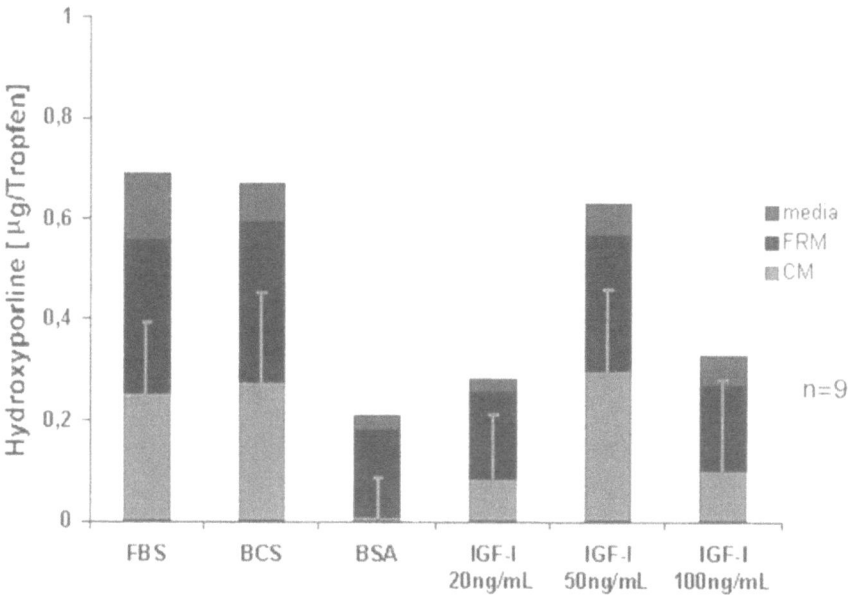

Abb. 2. Bestimmung des Gesamtkollagengehalts in den Matrixkompartimenten und den Medien zum Zeitpunkt 7 Tage in Alginatkultur mittels des Hydroxyprolinassays. In Gegenwart von 50 ng/ml IGF-I wird ein vergleichbarer Effekt auf den Kollagengehalt wie in Gegenwart serumhaltiger Medien nachgewiesen.

trix. Diese Extrazellulärmatrix ist nach 14 Tagen in Alginatkultur stabilisiert. Dabei war IGF-I in einer Konzentration von 50 ng/ml ebenso effektiv wie 10% bovines Serum.

■ **Gesamt-Kollagengehalt.** Die Resultate sind in den Abb. 2 und 3 wiedergegeben.

Zum Zeitpunkt 7 Tage in Alginatkultur ist der Gehalt von Kollagen in der zellassoziierten Matrix bei einer Konzentration von 50 ng/ml IGF-I im Medium identisch dem von 10% Serum. Zum Zeitpunkt 14 Tage in Alginatkultur entspricht bereits der Effekt von 20 ng/ml IGF-I dem von 10% Serum. In Gegenwart von 0,1% BSA sind in allen Kompartimenten nur sehr wenig Kollagen nachweisbar; in den über eine Woche gepoolten Medien ist nur eine Spur nachweisbar.

■ **Charakterisierung der Kollagentypen.** Kollagen konnte mittels eines anti-humanen Antikörpers zum Zeitpunkt 14 Tage in Alginatkultur in der zellassoziierten Matrix sichtbar gemacht werden (Abb. 4). Das in der weiter entfernt gelegenen Matrix kam ebenfalls, wenngleich deutlich abgeschwächt, zur Darstellung.

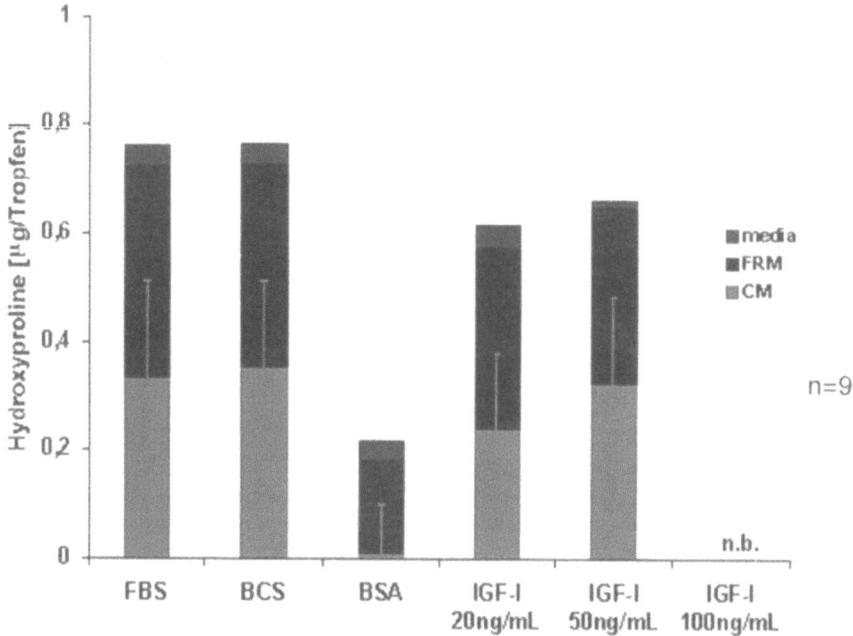

Abb. 3. Bestimmung des Gesamtkollagengehalts in den Matrixkompartimenten und den Medien zum Zeitpunkt 14 Tage in Alginatkultur mittels des Hydroxyprolinassays. In Gegenwart von 20 ng/ml IGF-I wird ein vergleichbarer Effekt auf den Kollagengehalt wie in Gegenwart serumhaltiger Medien nachgewiesen.

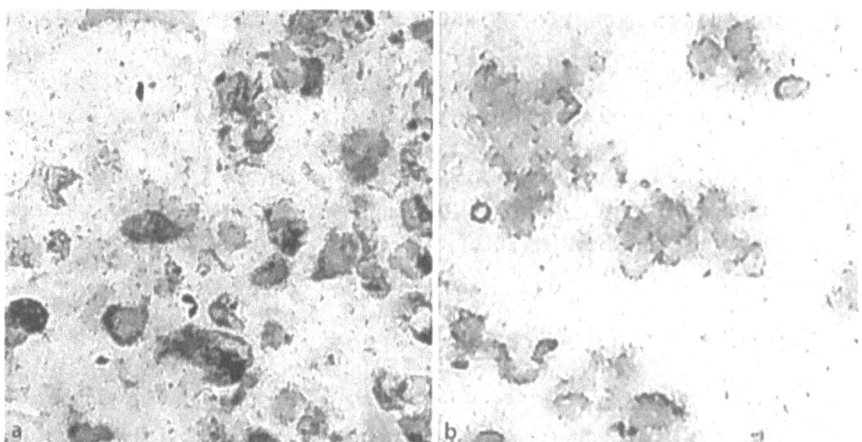

Abb. 4a, b. Immunohistochemie auf deparaffinisierten Schnitten des Alginattropfens nach 14 Tagen Kultivierung. **a** Antihumaner Typ-II-Kollagen-Antikörper, **b** kein primärer Antikörper (Kontrolle).

▪ Diskussion

Defekte im Gelenkknorpel sind häufig und kommen im Talus bei Erkrankungen unterschiedlicher Genese wie zum Beispiel bei der Arthrose, der rheumatoiden Arthritis, der Osteochondrosis dissecans und posttraumatisch vor. Beschädigter hyaliner Gelenkknorpel gilt als nicht regenerationsfähig. Unterschiedliche Methoden zur Reparation oder gar Regeneration werden unter dem Begriff *Tissue engineering* zusammengefasst. Insbesondere seit 1994 sind Modelle zur Züchtung isolierter autologer Chondrozyten vermehrt Gegenstand wissenschaftlicher Forschung *in vitro* und *in vivo* und befinden sich zum Teil bereits in klinischer Erprobung. Verschiedene Kultivierungssysteme finden ihre Anwendung. Gentherapeutische Ansätze helfen dabei zur Induktion der Synthesesteigerung von Extrazellulärmatrixprodukten. Sämtliche Methoden zur Gewebezüchtung werden weiterhin kontrovers diskutiert. Dies beruht vor allem darauf, dass die gezüchteten Gewebekonstrukte, soweit überhaupt untersucht, biochemische Eigenschaften aufweisen, die nicht den gewebetypischen Langzeitbeanspruchungen von hyalinem Gelenkknorpel genügen. Biomechanische Langzeitmessungen existieren noch nicht. Des Weiteren steht eine ausreichende Ausgangsdichte der Zellzahl oft nicht zur Verfügung. Daher wird von einigen Autoren eine Dedifferenzierung *in vitro* zugunsten einer gesteigerten Zellproliferation induziert. Dedifferenzierung in diesem Zusammenhang bedeutet, dass anstelle des knorpelspezifischen Typ-II-Kollagens vermehrt Typ-I-Kollagen produziert wird. Diese Dedifferenzierung soll sich später bei der Transplantation auf ein dreidimensionales Trägermaterial *in vitro* oder *in vivo* [18, 20, 21] in eine Redifferenzierung umkehren. Eine komplette Redifferenzierung erscheint im Hinblick auf ein gewebetypisches Regenerationsgewebe biochemisch jedoch unwahrscheinlich, da dies meistens zur Bildung eines Ersatzgewebes, Reparationsgewebes, führt. Im Hinblick auf die Kultivierung von humanem hyalinen Gelenkknorpel sollte daher eine strikte biochemische Analyse der knorpeleigenen Kollagenproduktion bereits während der In-vitro-Phase erfolgen. Nur eine stabile und vor allem gewebetypische Extrazellulärmatrix kann eine Garantie für ein funktionstüchtiges Gewebekonstrukt sein. Daher wurde bei den vorliegenden Studien ein besonderes Augenmerk auf die biochemische Charakterisierung der Zellprodukte gelegt. Das Alginatsystem als dreidimensionales Kultursystem bietet den Knorpelzellen eine Umgebung *in vitro* an, die es ihnen ermöglicht, eine stabile und knorpelspezifische Extrazellulärmatrix aufzubauen. Eine Dedifferenzierung findet dabei nicht statt. Nach Literaturangaben ist dies über einen Zeitraum bis zu 9 Monaten möglich [7]. Humane Chondrozyten produzieren während der In-vitro-Kultivierungsphase eine knorpelspezifische Extrazellulärmatrix. Diese ähnelt in ihrem Aufbau der nativen Matrix. So werden die Chondrozyten von einer zellassoziierten Matrix umgeben, die im Hinblick auf eine Akkumulation von Kollagenen eine biochemische Stabilität aufweist [13]. Die Genexpression von Kollagen Typ II wird dabei nach einem Zeitraum von 2 Monaten in Alginatkultur supprimiert [3]. Dies könnte darin begründet sein, dass die Chondrozyten zu diesem Zeitpunkt bereits eine ausreichende stabile Extrazellulärmatrix produziert haben. Das Kollagennetzwerk könnte sich also bereits formiert haben, zum Beispiel in Form eines stabilen Körbchens, weshalb eine weitere Genexpression nicht mehr sinnvoll erscheint. Die Stoffwechselaktivität der Chondrozyten wird in der Regel an der Synthese und Degradation der Proteoglykane gemessen. Damit ergibt sich die Frage, zu welchem Zeitpunkt frühestmöglich eine ausreichende Extrazellulärmatrix produziert wird, die nachgewiesenermaßen den Chondrozyten eine biochemische und biomechanische Stabilität verleiht, die eine spätere Transplantation dieser Zellen und ihrer zellassoziierten Extrazellulärmatrix ermöglichen könnte. Die vorliegenden Ergebnisse legen den Schluss nahe, dass bereits nach einem Zeitraum von 7 Tagen in Alginatkultur eine ausreichende und knorpelspezifische Anhäufung von Kollagenen in der zellassoziierten Matrix vorliegt, die eine spätere biochemische Dedifferenzierung weitgehend unwahrscheinlich werden lässt. Sowohl in der Gegenwart von Medien, die bovines Serum enthielten als auch in serumfreien Medien, angereichert mit Insulin-like Growth Factor-I (IGF-I) in unterschiedlichen Konzentrationen, kann diese stabile zellassoziierte Extrazellulärmatrix im Alginattropfen mit den vorliegenden Nachweismethoden aufgezeigt werden. Sicherlich können auch mit anderen Wachstumsfaktoren wie zum Beispiel Transforming Growth Factor-β (TGF-β) oder Osteogenic Protein I (OP-I), um nur einige zu nennen, oder einem Gemisch von verschiedenen Faktoren derartige Effekte aufgezeigt werden.

Die in dieser Studie nachgewiesenen Ergebnisse könnten einen neuen Weg auf dem Gebiet des *Tissue engineering* im Hinblick auf eine spätere Transplantation von Chondrozyten in Kombination mit ihrer Extrazellulärmatrix aufzeigen. Diese Extrazellulärmatrix sollte in entsprechender Menge Kollagen Typ II und kein Kollagen Typ I enthalten. Der heutige Stand der Züchtung von humanen Chondrozyten *in vitro* und die spätere Transplantation *in vivo* steht noch am Anfang der Forschung. Gerade deshalb erscheint eine quantitative und qualitative biochemische Charakterisierung des gezüchteten Gewebes unbedingt erforderlich.

■ **Danksagung.** Der Dank gilt vor allem Dr. Allan Valdellon und seiner Belegschaft, der Regional Organ Bank Illinois in Chicago für die hervorragende Zusammenarbeit in der Bereitstellung des humanen Gewebes. Die Untersuchungen wurden von den National Institutes of Health (NIH-grant 2-P50-AR-39239), der Dr. Scholl Foundation und der Deutschen Forschungsgemeinschaft (SCHU 1267/1-1) gefördert.

■ Literatur

1. Aydelotte MB, Kuettner KE (1993) Heterogenity of articular cartilage and cartilage matrix. In: Woessner JF, Howell DS (eds) Joint Cartilage Degradation. Basic and Clinical Aspects, Chap 2. 37–63
2. Brittberg M, Lindahl A, Nilsson A, Ohlsson C, Isaksson O, Peterson L (1994) Treatment of deep cartilage defects in the knee with autologuos chondrocyte transplantation. N Engl J Med 331:889–895
3. Chubinskaya S, Huch K, Schulze M, Otten L, Aydelotte MB, Cole AA (2001) Human articular chondrocytes cultured in alginate beads maintain their gene expression. J Histochem Cytochem 49(10):1211–1219
4. Collins (1949) The pathology of articular and spinal diseases. Arnold, London: 74–115
5. Guo J, Jourdian GW, MacCallum DJ (1989) Culture and growth characteristics of chondrocytes encapsulated in alginate beads. Connec Tissue Res 19:277–297
6. Häuselmann HJ, Fernandes RJ, Mok SS, Schmid TM, Block JA, Aydelotte MB, Kuettner KE, Thonar EJ-MA (1994) Phenotypic stability of bovine articular chondrocytes after long-term culture in alginate beads. J Cell Sci 107:17–27
7. Häuselmann HJ, Masuda K, Hunziker EB, Neidhart M, Mok SS, Beat MA, Thonar EJ-MA (1996) Adult human chondrocytes cultured in alginate form a matrix similar to native human articular cartilage. Am J Physiol 271 (Cell Physiol): C742–C752
8. Kim YJ, Sah RL, Doong JY, Grodzinsky AJ (1988) Fluorometric Assay of DNA in cartilage explants using Hoechst dye 33258. Anal Biochem 174:168–176
9. Kuettner KE, Aydelotte MB, Thonar EJ-MA (1991) Articular cartilage matrix and structure. A minireview. J Rheumatol 18 [Suppl] 27:46–48
10. Kuettner KE (1994) Osteoarthritis. Cartilage integrity and homeostasis. In: Klippel JH, Dieppe PA (eds) Mosby-Year Book: Rheumatology Chap 6
11. Langer R, Vacanti JP (1993) Tissue engineering. Science 260:920–926
12. McQuillan DJ, Handley CJ, Campbell MA, Bolis S, Milway V, Herington AC (1986) Stimulation of proteoglycan biosynthesis by serum and Insulin-like Growth Factor I in cultured bovine articular cartilage. Biochem J 240:423–430
13. Mok SS, Masuda K, Häuselmann HJ, Aydelotte MB, Thonar EJ-MA (1994) Aggrecan synthesized by mature bovine chondrocytes suspended in alginate: identification of two distinct metabolic matrix pools. J Biol Chem 269:33021–33027
14. Muehlemann C, Bareither DJ, Huch K, Cole AA, Kuettner KE (1996) Incidence of osteoarthritis in the joints of the lower extremities. Osteoarthritis Cartilage 5:23–37
15. Neidel J, Schulze M, Sova L (1994) Insulin-like growth factor I accelerates recovery of articular cartilage proteoglycan synthesis. Arch Orthop Trauma Surg 114:43–48
16. Nimni ME (1997) Collagen, Structure and Function. In: Encyclopaedia of Human Biology, 2nd Ed, Vol 2:877–895
17. Petit B, Masuda K, D'Souza AL, Otten L, Pietryla D, Hartmann DJ, Morris NP, Uebelhart D, Schmid TM, Thonar EJ-MA (1996) Characterization of crosslinked collagens synthesized by mature articular chondrocytes cultured in alginate beads: comparison of two distinct matrix compartments. Exp Cell Res 225: 151–161
18. Rudert M, Wirth CJ, Schulze M, Reiss G (1998) Synthesis of articular cartilage-like tissue in vitro. Arch Orthop Trauma Surg 117:141–146

19. Schulze M, Rudert M, Wirth CJ (1997) Comparison of isolated chondrocytes seeded in three different three-dimensional culture models. Eur J Cell Biol 74 (Suppl)47:53
20. Schulze M, Kuettner KE, Cole AA (2000) Adulte humane Chondrozyten in Alginatkultur. Beibehaltung des Phänotyps für die weitere Anwendung in Transplantationsmodellen. Orthopäde 29:100–106
21. Sittinger M, Buija J, Minuth WW, Hammer C, Burmester GR (1994) In vitro formation of cartilage tissue using bioresorbable polymer fleeces. Biomaterials 15:451–456
22. Vacanti CA, Kim W, Schloo B, Upton J, Vacanti JP (1994) Joint resurfacing with cartilage grown from cell-polymer structures. Am J Sports Med 22:485–488

CEP-68: Ein neuer Marker
für kultivierte Chondrozyten

■ Einleitung

Hyaliner Knorpel besitzt nur eine eingeschränkte Fähigkeit zur Regeneration und Reparatur. Dies steht in engem Zusammenhang mit einer fehlenden Vaskularisierung, einer begrenzten Teilungsfähigkeit der Knorpelzellen und einer geringen Anzahl von chondrogenen Zellen in der Knorpelmatrix.

Eine Therapieform basiert auf der Transplantation autologer Chondrozyten in Knorpeldefekte [4, 6]. Hierzu werden Zellen aus Knorpelbiopsien gewonnen, *ex vivo* (*in vitro*) kultiviert und expandiert und die so gewonnenen Zellen in den Defekt transplantiert. Bisher müssen für die Gewinnung der Ausgangszellen neue Knorpeldefekte an weniger belasteten Stellen des selben Gelenks gesetzt werden. Um dies zu vermeiden und dem Patienten zwei Eingriffe am selben Gelenk zu ersparen, bieten sich alternative Quellen für zellbasiertes Tissue engineering zur Knorpelregeneration an. Humane mesenchymale Stammzellen, die ein multipotentes Differenzierungspotenzial besitzen, können aus dem Knochenmark gewonnen und *in vitro* zu verschiedenen Zelltypen ausdifferenziert werden [11–13]. Um entscheiden zu können, welchen Differenzierungsweg diese Zellen *in vitro* einschlagen, ist es notwendig, gewebe- bzw. zelltypspezifische Markergene zu kennen. Mit Hilfe der cDNA-Representational Difference Analysis (RDA), einer PCR-basierten subtraktiven Hybridisierungsmethode [5, 9], verglichen wir das Genexpressionsprofil von kultivierten Chondrozyten mit demjenigen von kultivierten Osteoblasten. Unser Ziel war es, neben Kollagen Typ II weitere knorpelzellspezifische Markergene zu detektieren.

■ Material und Methoden

Humane Proben

Knochen, Knorpel und mesenchymale Stammzellen aus Knochenmark wurden nach schriftlicher Einwilligung von Patienten gewonnen, die einen Hüft-, Knie- oder Schultergelenkersatz erhielten. Die für die RDA verwendeten kultivierten Chondrozyten und Osteoblasten wurden aus dem Humeruskopf eines 69-jährigen Spenders gewonnen. Die Studie erhielt ein positives Votum der lokalen Ethikkommission.

Zellkultur

Knorpel wurde über Nacht mit Kollagenase und Hyaluronidase in DMEM (GibcoBRL) verdaut und die isolierten Chondrozyten als Monolayer in DMEM, 10% FKS, 1% Penicillin/Streptomycin bei 37 °C, 5% CO_2 für 6 Wochen kultiviert. Osteoblasten wuchsen als Monolayer aus Knochenbiopsien aus [3] und wurden für 9 Wochen unter den gleichen Bedingungen wie die Knorpelzellen kultiviert. Mesenchymale Stammzellen wurden aus Knochenmark durch eine Dichtegradientenzentrifugation gewonnen [10] und für 3 Wochen wie oben kultiviert. Für die Induktion des chondrogenen Phänotyps wurden die mesenchymalen Stammzellen anschließend für 2–3 Wochen in DMEM (high glucose), 1% Penicillin/Streptomycin mit den folgenden Zusätzen kultiviert: 0,1 µM Dexamethason, 1 mM Natriumpyruvat, 0,17 µm Ascorbinsäure-2-phosphat, 0,35 mM Prolin, 6,25 µg/ml Insulin, 6,25 µg/ml Transferin, 6,25 µg/ml Selensäure, 1,25 mg/ml BSA und 0,01 µg/ml TGF-β_3 (Sigma).

RNA-Extraktion

Gesamt-RNA wurde aus kultivierten Zellen nach der Guanidinthiocyanat/Phenol-Methode extrahiert (RNAPure, Peqlab). Poly-A-mRNA wurde unter Verwendung oligo-dT-beschichteter paramagnetischer Kügelchen (Dynabeads, Dynal) entsprechend den Herstellerangaben isoliert. Knorpel- und Knochen-mRNA wurde direkt aus schockgefrorenem homogenisiertem Gewebe mit Hilfe oligo-dT-beschichteter Dynabeads gewonnen.

RDA

▓ **Präparation der Amplikons.** cDNA wurde unter Verwendung von Reverser Transkriptase (Superscript II, GibcoBRL) und oligo-dT-Primern synthetisiert. 200 µg der doppelsträngigen cDNA wurde mit *Dpn*II (NEB) verdaut, phenolextrahiert, ethanolgefällt, an den R-Bgl-12/24-Adaptor ligiert und unter Verwendung des R-Bgl-24-Primers PCR-amplifiziert (20 Zyklen, jeweils 1 min 95 °C und 3 min 72 °C). Um genügend Ausgangsmaterial für die RDA zu generieren, wurden diese Produkte in einer zusätzlichen PCR über 5 Zyklen reamplifiziert, und anschließend phenolextrahiert, ethanolgefällt und in einer Konzentration von 0,5 µg/µl in Wasser resuspendiert. Sowohl Tester- als auch Driver-Amplikons wurden mit *Dpn*II verdaut, um die R-Adaptoren zu entfernen. Die Driver-Amplikons wurden anschließend phenolgereinigt, ethanolgefällt und in Wasser resuspendiert, die Tester-Amplikons wurden Gel-gereinigt und an den J-Bgl-12/24-Adaptor ligiert.

■ **Selektive Amplifikation.** Um chondrozytenspezifische Gene zu isolieren, wurden die aus Chondrozyten generierten cDNA-Amplikons als Tester verwendet, und die aus Osteoblasten stammenden Amplikons als Driver. Für die subtraktive Hybridisierung wurde detailliert dem Originalprotokoll von Hubank und Schatz [9] gefolgt.

Oligonukleotide

Die Primer- und Adaptor-Oligonukleotide für die RDA waren:

■ R-*Bg*l-12: 5′-GATCTGCGGTGA-3′,
■ R-*Bg*l-24: 5′-AGCACTCTCCAGCCTCTCACCGCA-3′,
■ J-*Bg*l-12: 5′-GATCTGTTCATG-3′,
■ J-*Bg*l-24: 5′-ACCGACGTCGACTATCCATGAAC-3′,
■ N-*Bg*l-12: 5′-GATCTTCCCTCG-3′,
■ N-*Bg*l-24: 5′-AGGCAACTGTGCTATCCGAGGGAA-3′.

Oligonukleotide für RT-PCR waren:

■ GAPDH forward: 5′-CCACCCATGGCAAATTCCATGGCA-3′,
■ GAPDH reverse: 5′-TCTAGACGGCAGGTCAGGTCCACC-3′,
■ Kollagen Typ II forward: 5′-TGGCCTGAGACAGCATGAC-3′,
■ Kollagen Typ II reverse: 5′-AGTGTTGGGAGCCAGATTGT-3′,
■ CEP-68 forward: 5′-CTCTGGACGCTACTCTATCT-3′,
■ CEP-68 reverse: 5′-CTCTCCTTAACCACCGACC-3′.

Sequenzanalyse

DP3-Fragmente wurden aus einem 3%igen Agarosegel ausgeschnitten, PCR-amplifiziert, aufgereinigt, in pBluescript-KS (Stratagene) kloniert und in den *E.-coli*-Stamm SR101 transformiert. Die Plasmid-DNA wurde mit Hilfe des QIAGen Plasmid Miniprep Kits isoliert und anschließend sequenziert. Der Vergleich der Insertsequenzen erfolgte mit Hilfe des BLAST-Algorithmus in öffentlichen DNA- und Protein-Datenbanken. Proteinmotive wurden unter Zuhilfenahme des „Simple Molecular Architecture Research Tools" (SMART) [15, 16] identifiziert.

Semi-quantitative RT-PCR

Die reverse Transkription wurde durchgeführt mit 10 µl polyA-mRNA (extrahiert aus Knorpel und Knochen) oder mit 5 µg Gesamt-RNA (isoliert aus kultivierten Zellen) unter Verwendung von Reverser Transkriptase und oligo-dT Primern. Die Erststrang-cDNA wurde in 1×TE 1:5 verdünnt und diente als PCR-Template mit genspezifischen Primern. Die CEP-68 spezifische RT-PCR mit den hier angegebenen Primern wurde unter „longrange"-PCR-Bedingungen durchgeführt unter Verwendung des Expand Long Template PCR-Systems (Roche Diagnostics). Nach 20, 25, 30 und 35 PCR-Zyklen wurde ein Aliquot auf einem Ethidiumbromid-gefärbten Agarosegel kontrolliert. In Abhängigkeit der Bandenintensität der GAPDH-spezifischen PCR-Produkte wurde die Menge an Erststrang-cDNA der einzelnen Proben kalkuliert, um die gleiche Menge an DNA-Template in den genspezifischen semi-quantitativen RT-PCR-Experimenten sicherzustellen.

▓ Ergebnisse und Diskussion

Identifikation von Genen, die bevorzugt in kultivierten Chondrozyten exprimiert werden

Chondrozytenspezifische Genexpression wurde mit Hilfe von cDNA-RDA analysiert, wobei RNA aus kultivierten Chondrozyten (Tester) und kultivierten Osteoblasten (Driver) des gleichen Spenders verwendet wurde. Ein reverses Experiment (Tester: Osteoblasten, Driver: Chondrozyten), das knochenzellspezifische Gene detektieren soll, als Kontrolle fungierte. Abbildung 1 zeigt, dass im Startmaterial beider Zelltypen eine nicht unterscheidbare Verteilung an cDNA-Produkten vorlag, wohingegen im letzten Differenzprodukt ein distinktes Bandenmuster für die chondrozyten- und osteoblastenspezifischen Amplifikationsprodukte erkennbar war. Nach Sequenzanalyse konnten 6 der 8 knorpelzellspezifischen Banden dem Gen für das Knorpel-

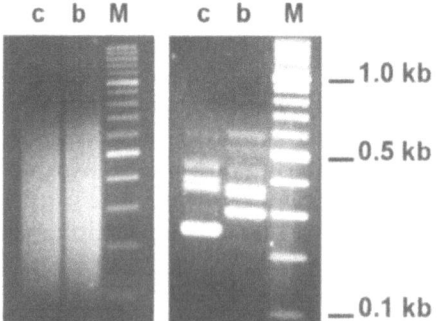

Abb. 1. Zellspezifische Genexpression in kultivierten Knorpel- und Knochenzellen. Agarose-Gelelektrophorese des Startmaterials (Amplikons) der cDNA-RDA (*linke Seite*) und des letzten Differenzproduktes nach drei subtraktiven Hybridisierungsrunden (*rechte Seite*). Das unterschiedliche Bandenmuster, das kultivierte Chondrocyten (c) oder Osteoblasten (b) als Tester ergaben, beweist die hohe Spezifität während des subtraktiven Hybridisierungsprozesses (M: 100 bp DNA-Längenstandard) [17]

Glykoprotein 39 (GP-39) zugeordnet werden und eine dem humanen YKL-39-Vorläuferprotein. Beide Moleküle sind bereits bekannte, in Knorpelzellen exprimierte Mitglieder der Chitinase-Familie, die jedoch beide keine Chitinaseaktivität aufweisen [7, 8]. Das letzte Fragment gehörte zu einem zuvor unbekannten Gen, das wir CEP-68 nannten. Zu den Genprodukten die wir im Kontrollexperiment detektierten und die bevorzugt in kultivierten Osteoblasten exprimiert werden, gehörten u. a. Kollagen Typ I und Typ IV.

CEP-68 wird in kultivierten Chondrozyten jedoch nicht in kultivierten Osteoblasten oder mesenchymalen Stammzellen exprimiert

Zur Bestätigung der Expression von GP-39, YKL-39 und CEP-68 wurde mit spezifischen RT-PCR RNA-Proben aus Chondrozyten, Osteoblasten und mesenchymalen Stammzellen zweier weiterer Spender analysiert. Abbildung 2 bestätigt eine Genexpression von CEP-68 nur in kultivierten Chondrozyten, nicht aber in kultivierten Osteoblasten oder mesenchymalen Stammzellen. Im Gegensatz hierzu waren GP-39 und YKL-39 auch in einigen mesenchymalen Stammzellproben und YKL-39 auch schwach in einigen Knochenzellproben nachweisbar. Somit können GP-39 und YKL-39 zu einer schwachen Hintergrundexpression in mesenchymalen Stammzellkulturen führen, die als Quelle zur Generierung von chondrozytenähnlichen Zellen durch In-vitro-Chondrogenese dienen.

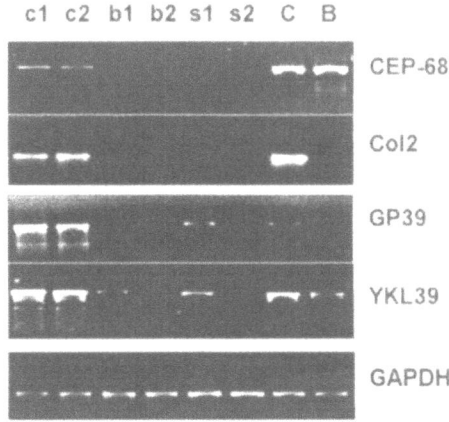

Abb. 2. Expression von GP-39, YKL-39 und CEP-68 in Knorpel-, Knochen- und mesenchymalen Stammzellen. RT-PCR-Experimente konnten zeigen, dass (im Gegensatz zu GP-39 und YKL-39) nur Kollagen Typ II (Col2) und CEP-68 zuverlässig kultivierte Chondrozyten (c1, c2) von kultivierten Osteoblasten (b1, b2) und mesenchymalen Stammzellen (s1, s2) unterscheiden. Im Gegensatz zu Kollagen Typ II wird CEP-68 im primären Gewebe sowohl von Knorpel (C) als auch von Knochen (B) exprimiert. Die GAPDH-Banden belegen den Einsatz gleicher Mengen an cDNA-Template [17]

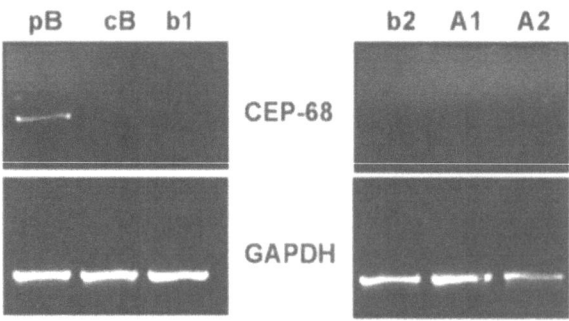

Abb. 3. CEP-68-Genexpression im primären Knochen und kultivierten Osteoblasten. RT-PCR-Experimente konnten zeigen, daß CEP-68 ausschließlich in primären Knochenbiopsien (pB) direkt nach der Entnahme exprimiert wird. Bereits eine einwöchige Kultivierung dieser Biopsien (cB) und die ersten hieraus auswachsenden Knochenzellen (b1) zeigten keine CEP-68-spezifische Genexpression. Auch die Induktion kultivierter Osteoblasten zweier unterschiedlicher Spender (A1, A2) durch BMP-4, GDF-5 und TGFβ_1, was zu einer 15-fachen Steigerung der alkalischen Phosphataseaktivität (ALP) führte, konnte keine erneute CEP-68-Expression bewirken. Die GAPDH-Banden belegen den Einsatz gleicher Mengen an cDNA-Template

Im Gewebe war CEP-68 sowohl in Knorpel als auch in Knochen exprimiert (s. Abb. 2). Die Kollagen-Typ-II-Genexpression war im Gegensatz dazu sowohl für kultivierte Chondrozyten als auch für Knorpelgewebe spezifisch. Dies legte die Vermutung nahe, dass Zellen, die aus Knochen auswachsen, die CEP-68-Genexpression in der Monolayerkultur verloren haben, wohingegen kultivierte Chondrozyten die Expression dieses Gens für mindestens 10 Wochen (längste getestete Kultivierungsdauer) aufrecht erhalten. Tatsächlich besaßen bereits die ersten osteoblastenähnlichen Zellen, die nach wenigen Tagen aus den Knochenbiopsien auswuchsen, keine durch RT-PCR nachweisbare CEP-68 Genexpression. Versuche einer Reinduktion der Osteoblastendifferenzierung in kultivierten, osteoblastenähnlichen Zellen durch eine Kombination von BMP-4, GDF-5 und TGF-β_1 [2] führte zwar zu einer Erhöhung der alkalischen Phosphataseaktivität (einem verbreiteten Marker der Osteoblastendifferenzierung) um das 15-fache, konnte jedoch die CEP-68-Genexpression nicht wieder induzieren (Abb. 3).

CEP-68 Genexpression in mesenchymalen Stammzellen nach chondrogener Differenzierung

Um zu beurteilen, ob die CEP-68-Genexpression als neuer Marker der Ausdifferenzierung von Zellen in Richtung knorpelzellähnlichem Phänotyp dienen kann, wurden mesenchymale Stammzellen aus humanem Knochenmark nach Expansion in ein chondrogenes Medium überführt, das u. a. TGF-β_3 enthielt. RT-PCR-Experimente nach zwei Wochen Kultivierungsdauer zeigten, dass eine Kollagen-Typ-II- und CEP-68-Genexpression ausschließlich in

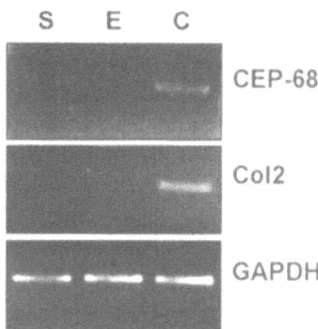

Abb. 4. CEP-68-Genexpression in mesenchymalen Stammzellen nach chondrogener Differenzierung. CEP-68 wird wie Kollagen Typ II (Col2) nur in chondrogen stimulierten mesenchymalen Stammzellen (C) exprimiert, nicht jedoch in der Ausgangspopulation mesenchymaler Stammzellen (S) oder von im Expansionsmedium belassenen mesenchymalen Stammzellen (E). Die Ausgangspopulation war Passage-0-Zellen kultiviert für 4 Wochen, die expandierten Zellen waren Passage-1 kultiviert für weitere 2 Wochen und die chondrogen stimulierten Zellen waren ebenfalls Passage-1 kultiviert für weitere 2 Wochen. Die Genexpression wurde durch RT-PCR ermittelt, wobei die GAPDH-Banden den Einsatz identischer Mengen an cDNA-Template belegen [17]

den Zellen detektiert werden konnte, die in chondrogenem Medium kultiviert wurden (Abb. 4). Die Startkultur, sowie Zellen die in Expansionsmedium belassen worden waren, waren Kollagen-Typ-II- und CEP-68-negativ.

Bestimmung der CEP-68-Gensequenz und seine genomische Organisation

Nach umfangreichen Recherchen in öffentlichen DNA- und Protein-Datenbanken und eigenen Sequenzierungen konnten wir das komplette Leseraster von CEP-68 ermitteln sowie seine genomische Organisation bestimmen [17]. Die cDNA-Sequenz bestand aus 14 Exons, die eine genomische Region von mindestens 74 kb überspannten. An Hand von Daten aus dem Humangenomprojekt konnten wir CEP-68 auf dem Chromosom 10p22 lokalisieren. CEP-68 besitzt ein offenes Leseraster von 1959 Nukleotiden, das für ein 653 Aminosäure großes Protein mit einem kalkulierten Molekulargewicht von 71 kDa kodiert, das am N-terminalen Ende eine 19 Aminosäuren lange Leaderpeptid-Sequenz trägt. Das berechnete Molekulargewicht ohne Leaderpeptid beträgt 68 kDa, was zur Bezeichnung *chondrozytenexprimiertes Protein* 68 (CEP-68) führte.

CEP-68 besitzt eine EGF-ähnliche Proteindomäne

Abgesehen von einer Epidermal-Growth-Factor(EGF)-ähnlichen Domäne in der Nähe des C-Terminus konnten weder computerbasierte Homologievergleiche auf DNA- oder Proteinebene, noch Proteinmotivvorhersageprogramme signifikante Ähnlichkeiten von CEP-68 zu bereits bekannten Proteindomänen erkennen. Wir schließen daraus, dass CEP-68 eine neue Familie von Proteinen begründen könnte.

EGF-ähnliche Domänen wurden nach dem EGF-Polypeptid benannt, dem erstbeschriebenen Protein das dieses Motiv trug. Sie finden sich in einer großen Zahl von Proteinen aus unterschiedlichen Familien mit diversen Funktionen. Die Domäne selbst besteht aus ca. 40 Aminosäuren, mit einer charakteristischen Verteilung von sechs konservierten Cysteinresten, wie sie auch in CEP-68 vorhanden ist. Die vier konservierten Aminosäurereste Asp-551, Asn-553, Glu-554 und Asn-571 in CEP-68 indizieren ein Kalziumbindemotiv, das mit der EGF-ähnlichen Domäne assoziiert ist. Kalziumbindende EGF-ähnliche Domänen finden sich in einem breiten Spektrum von Proteinen mit diversen Funktionen, wie in extrazellulären Matrixmolekülen (z. B. Fibrillin, Fibulin u. a.) oder in Gerinnungsfaktoren (z. B. Faktor IX) [14, 18]. Da die EGF-ähnliche Domäne von CEP-68 zu der EGF-ähnlichen Domäne des extrazellulären Matrixmoleküls Fibulin-1 [1] die stärkste Sequenzähnlichkeit besitzt und ein Leaderpeptid am N-Terminus von CEP-68 seine Sekretion nahelegt, vermuten wir, dass es sich bei CEP-68 ebenfalls um ein extrazelluläres Matrixprotein handelt, das in Knochen, Knorpel und kultivierten Chondrozyten exprimiert wird.

▓ Schlussfolgerung

Mit CEP-68 konnten wir ein neues Gen und ein Mitglied einer neuen Genfamilie identifizieren, das in Knorpel und Knochen exprimiert wird und als Markergen für kultivierte Chondrozyten dienen kann. CEP-68 kann in idealer Weise Kollagen Typ II als Marker für Tissue engineering und stammzellbasierten biologischen Ersatz von Knorpel ergänzen.

▓ Literatur

1. Argraves WS, Dickerson K, Burgess WH, Ruoslahti E (1989) Fibulin, a novel protein that interacts with the fibronectin receptor beta subunit cytoplasmic domain. Cell 58:623–629
2. Benz K, Lorenz H, Ewerbeck V, Gerner HJ, Richter W (2000) Proliferation und Differenzierung von Osteoblasten durch Kombinationen von Wachstumsfaktoren. Osteologie 9:97
3. Beresford JN, Gallagher JA, Poser JW, Russell RG (1984) Production of osteocalcin by human bone cells in vitro. Effects of 1,25(OH)2D3, 24,25(OH)2D3, parathyroid hormone, and glucocorticoids. Metab Bone Dis Relat Res 5:229–234
4. Brittberg M, Lindahl A, Nilsson A, Ohlsson C, Isaksson O, Peterson L (1994) Treatment of deep cartilage defects in the knee with autologous chondrocyte transplantation [see comments]. N Engl J Med 331:889–895

5. Geng M, Wallrapp C, Muller-Pillasch F, Frohme M, Hoheisel JD, Gress TM (1998) Isolation of differentially expressed genes by combining representational difference analysis (RDA) and cDNA library arrays. Biotechniques 25:434–438

6. Grande DA, Pitman MI, Peterson L, Menche D, Klein M (1989) The repair of experimentally produced defects in rabbit articular cartilage by autologous chondrocyte transplantation. J Orthop Res 7:208–218

7. Hakala BE, White C, Recklies AD (1993) Human cartilage gp-39, a major secretory product of articular chondrocytes and synovial cells, is a mammalian member of a chitinase protein family. J Biol Chem 268:25803–25810

8. Hu B, Trinh K, Figueira WF, Price PA (1996) Isolation and sequence of a novel human chondrocyte protein related to mammalian members of the chitinase protein family. J Biol Chem 271:19415–19420

9. Hubank M, Schatz DG (1994) Identifying differences in mRNA expression by representational difference analysis of cDNA. Nucleic Acids Res 22:5640–5648

10. Jaiswal N, Haynesworth SE, Caplan AI, Bruder SP (1997) Osteogenic differentiation of purified, culture-expanded human mesenchymal stem cells in vitro. J Cell Biochem 64:295–312

11. Johnstone B, Hering TM, Caplan AI, Goldberg VM, Yoo JU (1998) In vitro chondrogenesis of bone marrow-derived mesenchymal progenitor cells. Exp Cell Res 238:265–272

12. Muraglia A, Cancedda R, Quarto R (2000) Clonal mesenchymal progenitors from human bone marrow differentiate in vitro according to a hierarchical model. J Cell Sci 113 (Pt 7):1161–1166

13. Pittenger MF, Mackay AM, Beck SC, Jaiswal RK, Douglas R, Mosca JD, Moorman MA, Simonetti DW, Craig S, Marshak DR (1999) Multilineage potential of adult human mesenchymal stem cells. Science 284:143–147

14. Rao Z, Handford P, Mayhew M, Knott V, Brownlee GG, Stuart D (1995) The structure of a Ca(2+)-binding epidermal growth factor-like domain: its role in protein-protein interactions. Cell 82:131–141

15. Schultz J, Copley RR, Doerks T, Ponting CP, Bork P (2000) SMART: a web-based tool for the study of genetically mobile domains. Nucleic Acids Res 28:231–234

16. Schultz J, Milpetz F, Bork P, Ponting CP (1998) SMART, a simple modular architecture research tool: identification of signaling domains. Proc Natl Acad Sci USA 95:5857–5864

17. Steck E, Benz K, Lorenz H, Loew M, Gress T, Richter W (2001) Chondrocyte expressed protein-68 (CEP-68), a novel human marker gene for cultured chondrocytes. Biochem J 353:169–174

18. Van Zoelen EJ, Stortelers C, Lenferink AE, Van de Poll ML (2000) The EGF domain: requirements for binding to receptors of the ErbB family. Vitam Horm 59:99–131

2.3 J. Stöve, J. Fiedler, K. Huch, K.-P. Günther, W. Puhl, H.-P. Scharf, R. Brenner

Gentechnische Veränderung und Kultivierung von Kaninchenchondrozyten

■ Problemstellung

Die Reparatur von Knorpeldefekten führt zur Bildung eines Knorpelersatzgewebes, das die biochemischen und biomechanischen Eigenschaften von hyalinem Gelenkknorpel nicht erreicht. Aufgrund dieses unzureichenden Reparaturmechanismus besteht die Gefahr, dass betroffene Gelenke eine degenerative Gelenkerkrankung entwickeln [2, 7].

Die Gentherapie könnte in der Behandlung von Knorpeldefekten und der Osteoarthrose neue Perspektiven eröffnen. Eine Synthese von therapeutischen Proteinen im Gelenk selbst würde das Problem umgehen, intraartikulär wirkende Therapeutika systemisch oder mittels Gelenkinjektion zu applizieren [10]. Es konnte gezeigt werden, dass mit viralen [12] und nichtviralen Systemen [8] ein Gentransfer in Chondrozyten möglich ist. Virale Systeme sind im Vergleich zu nichtviralen Systemen zwar sehr effektive Verfahren für den Gentransfer, es sprechen aber unter anderem Sicherheitsaspekte (wie z. B. die fehlende Replikationsfähigkeit [10]) für eine weitere Untersuchung von nichtviralen Systemen [13].

Neben dem Problem eines sicheren und effizienten Gentransfers erfordert die Therapie von Knorpelläsionen oder einer Osteoarthrose eine ausreichend lange Genexpression im Gelenk.

Das Ziel unserer Untersuchungen war es, die gentechnische Veränderung von Kaninchenchondrozyten zu untersuchen. Weiterhin sollte die Genexpression eines in die Chondrozyten eingebrachten Reportergens in verschiedenen dreidimensionalen Matrices untersucht werden. Zum Nachweis der Transfektion wurde ein Reportergen (*lac*Z) eingesetzt, das für ein Enzym (β-Galaktosidase) kodiert.

■ Zellkultivierung

Der Kniegelenkknorpel von Kaninchen wurde präpariert und die Zellen mittels Pronase- (0,2%) und Kollagenase-Verdauung (0,02%) (beide Boehringer Mannheim, Mannheim, Deutschland) aus der Matrix gelöst. Die isolierten Chondrozyten wurden in einer Dichte von $2,5 \times 10^5$ pro 25 cm^2 ausgesät und bei 37 °C, 95% Feuchtigkeit und 5% CO_2 inkubiert. Das Kulturmedium enthielt 45% Ham's Medium F12, 45% DMEM (beide Biochrom, Berlin, Deutschland), 10% fötales Kälberserum (FBS) (Biochrome, Berlin, Deutschland), 50 µg/ml Ciprofloxacin (Bayer, Leverkusen, Deutschland), 10 µg/ml Ascorbin-Säure (Sigma, Heidelberg, Deutschland) und 0,2 mM Glutamin (Biochrom, Berlin, Deutschland). Nachdem die Zellen bis zur Konfluenz gewachsen waren, wurden sie trypsiniert (0,05% Trypsin/0,02% EDTA, Biochrom, Berlin, Deutschland), wieder ausgesät und bei einer Zelldichte von 60–70% mit unterschiedlichen Methoden transfiziert. Nach Aussaat der Chondrozyten in eine Monolayerkultur dedifferenzierten die Zellen nach ungefähr einer Woche und nahmen einen fibroblastenähnlichen Phänotyp an.

■ Gentechnische Veränderung

Das Expressionsplasmid pCMV 3,1/MycHis(+)/*lacZ* (Invitrogen, Groningen, Niederlande) wurde entweder mit FuGENE6 (Boehringer Mannheim, Mannheim, Deutschland), Lipofectin (Qiagen, Hilden, Deutschland) oder $CaCl_2$ (Merck, Darmstadt, Deutschland) in die Chondrozyten eingebracht.

Die Transfektionseffizienz wurde mittels X-gal-Färbung (Promega, Mannheim, Deutschland) bestimmt. Dabei wird X-gal durch die β-Galaktosidase in den transfizierten Zellen enzymatisch gespalten und die Zellen blau gefärbt. Zur Auswertung wurden die Zellen unter einem Mikroskop (Zeiss, Oberkochen, Deutschland) ausgezählt. Mit allen getesteten Transfektionssystemen konnte das Gen erfolgreich in die Chondrozyten eingebracht werden. Die erreichten Transfektionseffizienzen lagen zwischen 3 und 20%. Die höchste Effizienz wurde mit dem FuGENE6-System erreicht.

■ Dreidimensionale Kultivierung

Für die Kultivierung in dreidimensionalen Matrices wurde ein Alginatgel (Kelco, Chicago, USA) [13], eine Gelatinematrix (Stypro®, Curasan, Deutschland) und ein Gemisch aus Alginat und Fibrin (Aventis, Straßburg, Frankreich) eingesetzt. Die Chondrozyten wurden nach Transfektion in einer Dichte von 4–5 10^6/ml in die Matrix gegeben und im zuvor beschriebenen Medium weiterkultiviert.

Im Gegensatz zur Monolayerkultur, in der die Expression des Reportergenes nach 4 Wochen sistierte, war in den eingesetzten Matrices auch noch nach mehreren Wochen eine *lacZ*-Expression nachweisbar. Nach Beladung der Gelatinematrix (Stypro®) reduzierte sich innerhalb von 3 Wochen das Volumen auf ca. 20% des Ausgangsvolumens. Über die Kultivierungsperiode von 16 Wochen bildete sich eine konsistente knorpelähnliche Matrix. Bei hoher Zelldichte zeigte sich ein für Chondrozyten typischer sphärischer Phänotyp der Zellen. Nach X-gal-Färbung war eine persistierende Expression von *lacZ* nachweisbar.

Sowohl in der reinen Alginatkultur als auch in der Mischkultur aus Alginat und Fibrin zeigten die Zellen einen chondrozytären Phänotyp und eine Expression des Reportergenes über einen Zeitraum von bis zu sechs Monaten. Innerhalb dieser Beobachtungsperiode fand ein stetiger Rückgang der *lacZ*-Expression statt. Die Rate transfizierter Zellen nahm im zeitlichen Verlauf von 12 Wochen auf durchschnittlich 30% des Ausgangswertes ab. Zwei Kulturen konnten über einen Zeitraum von sechs Monaten beobachtet werden. Der Anteil der das transfizierte Gen exprimierenden Zellen lag nach dieser Zeit zwischen 1–4%.

▦ Histologie und Immunohistochemie

Die dreidimensionalen Matrices wurden in 4% Formalin nach Lillie fixiert. Danach erfolgte die Einbettung in Paraffin und 5 μm-Schnitte wurden präpariert. Zur Übersicht wurden die Präparate mit Hämatoxylin-Eosin (HE) gefärbt. Zum Nachweis von Proteoglykanen wurde mit Safranin-O gefärbt. Der Nachweis von Kollagen Typ II erfolgte mittels Col II-Antikörpern (DPC Biermann, Bad Nauheim, Deutschland).

Eine sphärische Morphologie als Hinweis auf einen chondrogenen Phänotyp der Zellen konnte in allen dreidimensionalen Kulturen nachgewiesen werden. Die in den Alginatmatrices durchgeführte HE- und Safranin-O-Färbung zeigte zusätzlich eine Proteoglykanproduktion und Akkumulation in der Matrix. In der Kollagen-Typ-II-Antikörper-Färbung zeigte sich eine positive Reaktion als Hinweis auf einen stabilen chondrozytären Phänotyp.

▦ Ausblick

Die Applikation von Therapeutika in ein Gelenk ist erschwert, da bei systemischer Gabe allgemeine Nebenwirkungen wahrscheinlich sind und bei regelmässiger Injektion unter anderem das Infektionsrisiko erhöht ist. Mit der Möglichkeit, therapeutische Gene in Chondrozyten einzubringen, könnten diese Probleme umgangen werden [9]. Der Erfolg einer Gentherapie ist neben den hohen Anforderungen an die Sicherheit auch an eine ausreichende Transfektionseffizienz und Dauer der Genexpression gebunden.

Bislang wurden hauptsächlich virale Vektoren eingesetzt [1, 2, 7], um Gene in Chondrozyten einzubringen. Nur wenige Studien beschreiben einen effizienten Gentransfer mit nichtviralen Systemen in Chondrozyten

[8, 4, 14] und es gibt keine Informationen über das Expressionsverhalten eines Reportergenes im Zeitverlauf. In dieser Studie konnten wir zeigen, dass ein effizienter Gentransfer mit einem nichtviralen Lipidsystem möglich ist. Die höchste Effizienz wurde mit FuGENE6 erreicht. Bereits in anderen Untersuchungen konnten humane und bovine Chondrozyten mit diesem System erfolgreich transfiziert werden [8].

Die Behandlung von Knorpeldefekten und chronischen Erkrankungen wie z. B. der Osteoarthrose bedarf einer Expression von Genen, die für ein therapeutisches Protein kodieren, das über einen ausreichend langen Zeitraum in das Gelenk sezerniert wird. In den bisherigen Studien konnte jedoch eine Expression von Reportergenen nur über einen Zeitraum von bis zu 8 Wochen gezeigt werden [1, 2]. Diese Ergebnisse wurden mit einem viralen Vektor erzielt. Mit nichtviralen Systemen betrug die Expression lediglich 2 Wochen [8]. Wir konnten mit der Kultivierung von nichtviral transfizierten Chondrozyten in verschiedenen dreidimensionalen Matrices zeigen, dass eine Expression eines Reportergenes über mehrere Monate grundsätzlich möglich ist. Im Gegensatz zur langen Expression in den Matrices konnte eine Reportergenexpression in der Monolayerkultur nur über 2 Wochen nachgewiesen werden. Der unterschiedliche Differenzierungszustand der Zellen in den beiden Systemen scheint einen wesentlichen Einfluss auf die Expression von *lac*Z zu haben. Aufgrund der nicht stabilen Transfektion, d. h. keinem Einbau der DNA in das Genom der Zelle, nahm jedoch die Expression von *lac*Z auch in den dreidimensionalen Matrices im Zeitverlauf ab. Denn die fehlende Replikation der eingebrachten DNA bei Teilungsvorgängen verhindert eine dauerhafte Expression. Jedoch mag die geringe Proliferationsrate von Chondrozyten in den von uns gewählten Matrices ein Grund dafür sein, dass im Vergleich zu der Monolayerkultur eine Expression über Monate möglich ist.

Eine mögliche Anwendung von gentechnisch veränderten Chondrozyten ist das Auffüllen von chondralen Defekten. Dies erfordert in aller Regel eine Vermehrung von entnommenen Chondrozyten, wie es bereits bei der autologen Chondrozytentransplantation klinisch angewandt wird [11]. Wir konnten zeigen, dass vervielfältigte und transfizierte Chondrozyten in einer 3D-Matrix wieder ihren zelltypischen Phänotyp annehmen und einen charakteristischen Knorpelzellmetabolismus (Proteoglykane u. Kollagen Typ II) aufbauen.

Zusammenfassend lässt sich feststellen, dass die Expression von nichtviral eingebrachten Genen in Chondrozyten über mehrere Monate möglich ist. Insbesondere aufgrund von Sicherheitsaspekten könnten nichtvirale Systeme weitere Möglichkeiten in der Therapie von nichtlebensbedrohlichen Erkrankungen wie der Osteoarthrose oder chondralen Defekten eröffnen und weitere Untersuchungen erscheinen gerechtfertigt. Das Ziel wird es sein, die Transfektionseffizienz zu erhöhen, um eine möglichst gute Ausgangsbasis für das Einbringen von therapeutischen Genen zu schaffen. Weiterhin soll der Rückgang der Expression des Reportergens detailliert untersucht werden.

■ Literatur

1. Arai Y, Kubo T, Fushiki S, Mazda O, Nakai H, Iwaki Y, Imanishi J, Hirasawsa Y (2000) Gene delivery to human chondrocytes by an adeno associated virus vector. J Rheumatol 27:979–982
2. Doherty PJ, Zhang H, Tremblay L, Manolopoulos V, Marshall KW (1998) Resurfacing of articular cartilage explants with genetically-modified human chondrocytes in vitro. Osteoarthritis Cartilage 6:153–159
3. Ghivizzani SC, Lechman ER, Kang R, Tio C, Kolls J, Evans CH (1998) Direct adenovirus-mediated gene transfer of interleukin 1 and tumor necrosis factor alpha soluble receptors to rabbit knees with experimental arthritis has local and distal anti-arthritic effects. Proc Natl Acad Sci USA 95:4613–4618
4. Goomer RS, Maris TM, Gelberman R, Boyer M, Silva M, Amiel D (2000) Nonviral in vivo gene therapy for tissue engineering of articular cartilage and tendon repair. Clin Orthop 379 (Suppl):189–200
5. Häuselmann HJ, Aydelotte MB, Schumacher BL, Kuettner KE, Gitelis SH, Thonar J-M (1992) Synthesis and turnover of proteoglycans by human and bovine adult articular chondrocytes cultured in alginate beads. Matrix 12:116–129
6. Ikeda T, Kubo T, Arai Y, Nakanishi T, Kobayashi K, Takahashi K, Imanishi J, Takigawa M, Hirasawsa Y (1998) Adenovirus mediated gene delivery to the joints of guinea pigs. J Rheumatol 25:1666–1673
7. Kang R, Marui T, Ghivizzani SC, Nita IM, Georgescu HI, Suh JK, Robbins P, Evans CH (1997) Ex vivo gene transfer to chondrocytes in full-thickness articular cartilage defects: a feasibility study. Osteoarthritis Cartilage 5:139–143
8. Madry H, Trippel SB (2000) Efficient lipid-mediated gene transfer to articular chondrocytes. Gene Ther 7:286–291
9. Mi Z, Ghivizzani SC, Lechman ER, Jaffurs D, Glorioso JC, Evans CH, Robbins P (2000) Adenovirus-mediated gene transfer of insulin-like growth factor 1 stimulates proteoglycan synthesis in rabbit joints. Arthritis Rheum 43:2563–2570
10. Oligino TJ, Yao Q, Ghivizzani SC, Robbins P (2000) Vector systems for gene transfer to joints. Clin Orthop 379 (Suppl):17–30
11. Peterson L, Minas T, Brittberg M, Nilsson A, Sjogren-Jansson E, Lindahl A (2000) Two- to 9-year outcome after autologous chondrocyte transplantation of the knee. Clin Orthop 374:212–234
12. Robbins PD, Tahara H, Ghivizzani SC (1998) Viral vectors for gene therapy. Trends Biotechnol 16:35–40
13. Simoes S, Slepushkin V, Pretzer E, Dazin P, Gaspar R, Pedroso de Lima MC, Düzgünes N (1999) Transfection of human macrophages by lipoplexes via the combined use of transferrin and pH-sensitive peptides. J Leukoc Biol 65:270–279
14. Viengchareun S, Thenet-Gauci S, Steimberg N, Blancher C, Crisanti P, Adolphe M (1997) The transfection of rabbit articular chondrocytes is independent of their differentiation state [letter]. In Vitro Cell Dev Biol Anim 33:15–17

2.4 P. Adamietz, C. Goepfert, N. M. Meenen

Die Vermeidung der „Scarring-Reaktion" bei der Herstellung von Gelenkflächenimplantaten

Gelenkoberflächenschäden haben nur eine sehr begrenzte Fähigkeit zur Selbstheilung, insbesondere wenn sie die Knorpelschicht bis zum Knochen durchdringen [7]. Dabei soll unter dem Begriff „Selbstheilung" die volle funktionelle Wiederherstellung des artikulären Knorpels mit seinen außerordentlichen biomechanischen Eigenschaften verstanden werden. Was als spontane Reaktion auf eine Verletzung der Gelenkoberfläche beobachtet wird, ist in der Regel die Auffüllung der Wunde mit minderwertigem Faserknorpel, ein Prozess, der im Angelsächsischen unter dem Begriff „Scarring-Reaktion" bekannt ist. Diese für die Funktionalität der Gelenkflächen ungünstige Entwicklung ist eine direkte Folge der präferentiellen Bildung des Kollagentyps I, der nicht wie der gewebespezifische Kollagentyp II des hyalinen Knorpels in der Lage ist, die für die hohe mechanische Belastbarkeit erforderliche dreidimensionale Vernetzung zu unterstützen.

Als therapeutische Maßnahme mit der zur Zeit höchsten klinischen Erfolgsquote werden in der rekonstruktiven Chirurgie Knorpel-Knochen-Zylinder in das geschädigte Areal transplantiert, die unmittelbar vorher an gesunden, weniger beanspruchten Gelenkstellen entnommen wurden. Diese unter der Bezeichnung Mosaic-Plasty (Smith & Nephew) oder OATS (Artrex) eingeführte Technik profitiert von dem Vorteil, dass es sich bei den Transplantaten um ausdifferenziertes körpereigenes Gewebe mit hoher Kompetenz hinsichtlich seiner mechanischen und biologischen Eigenschaften handelt. Der therapeutische Erfolg muss bisher allerdings mit der nicht zu vernachlässigenden Problematik erkauft werden, dass ein neuer Gelenkflächenschaden in einem bislang gesunden Areal erzeugt wird.

Auf einen möglichen Ausweg aus diesem Dilemma, diese Nachteile durch Transplantation *in vitro* kultivierter Chondrozyten zu vermeiden, wurde in der Vergangenheit bereits hingewiesen [10]. Inzwischen hat die autologe Chondrozytentransplantation Eingang in die klinische Anwendung gefunden [2]. Allerdings kann auch diese Methode viele Kritiker noch nicht überzeugen. So führt sie nur partiell zur Bildung von belastungsfähigem hyalinen Knorpel und bietet *in situ* praktisch keine Möglichkeiten zur Qualitätsverbesserung des gebildeten Knorpels. Daher wird inzwischen alternativ auch die Strategie verfolgt, nicht nur die Vermehrung der Zellen, sondern auch die Bildung des differenzierten Knorpelgewebes *in vitro* durchzuführen, um bereits ein möglichst funktionsfähiges Gewebe implantieren zu können.

Da zur Vermeidung immunologischer Komplikationen nur autologe Zellen als Ausgangsmaterial in Frage kommen, müssen als Voraussetzung zur Herstellung eines solchen Implantats praktische Lösungen für zumindest folgende Probleme angeboten werden:

■ Die aus einer Biopsie isolierbaren wenigen Chondrozyten müssen zunächst *in vitro* vermehrt werden. Da jedoch die zur Stimulierung der Proliferation geeigneten Bedingungen gleichzeitig zum Verlust des differenzierten Phänotyps führen, muss ebenfalls ein Verfahren zur stabilen Redifferenzierung der *in vitro* kultivierten Chondrozyten etabliert werden.

■ *In vitro* vermehrte Chondrozyten lassen sich durch Einbringen in geeignete Strukturate, z. B. Vliese aus biodegradierbaren Fasern oder allein durch Aggregation zur Chondrogenese stimulieren. Doch lässt sich der so *in vitro* hergestellte Knorpel nicht direkt in die Gelenkoberfläche implantieren, weil Knorpelproben mit intakten Oberflächen nicht miteinander verwachsen. Daher muss entweder ein geeigneter biokompatibler Kleber gefunden werden oder der Knorpel muss gleich auf der Oberfläche eines implantierbaren und resorbierbaren Trägers gezüchtet werden.

■ Die In-vitro-Chondrogenese in biodegradierbaren Vliesen z. B. auf der Basis von Polyglykolsäure wird in der Regel von einer signifikanten Bildung von Kollagen des Typs I begleitet. Der resultierende minderstabile Faserknorpel ist nicht für die Transplantation geeignet, da er dem spontan in der beschädigten Gelenkoberfläche gebildeten Faserknorpel hinsichtlich der mechanischen Belastbarkeit langfristig kaum überlegen sein wird.

Lösungsvorschläge für die unter den beiden ersten Punkten angeführten Probleme der Redifferenzierung und Züchtung von Knorpel auf der Oberfläche eines implantierbaren Trägers werden an anderer Stelle diskutiert. Hier soll nur ein neues Verfahren vorgestellt werden, das es erlaubt, die übermäßige Kollagen-I-Bildung im Rahmen der Chondrogenese aus *in vitro* proliferierten Chondrozyten zu vermeiden.

Werden *in vitro* vermehrte Chondrozyten des Schweins zur Herstellung von Knorpel auf ein Vlies aus Polyglykolsäure (ITV, Denkendorf) sedimentiert ($1-3 \times 10^6$ Zellen/cm^2) und eine Woche mit und ohne Unterstützung von Wachstumsfaktoren in Gegenwart von 10% fötalem Kälberserum und DMEM als Medium kultiviert, kann die Bildung von Kollagen des Typs I nicht in ausreichendem Maße verhindert werden. In Gewebeschnitten auf diese Weise hergestellter Knorpelproben erkennt man nach HE-Färbung durchaus eine zufriedenstellende extrazelluläre Deponierung von Glykosaminoglykanen [5]. Erst das in Abbildung 1 gezeigte Ergebnis der immunologischen Analyse der elektrophoretisch aufgetrennten Kollagentypen I und II liefert deutliche Hinweise auf einen unphysiologisch hohen Anteil von Kollagen des Typs I. Dieses ebenfalls von anderen Autoren beobachtete

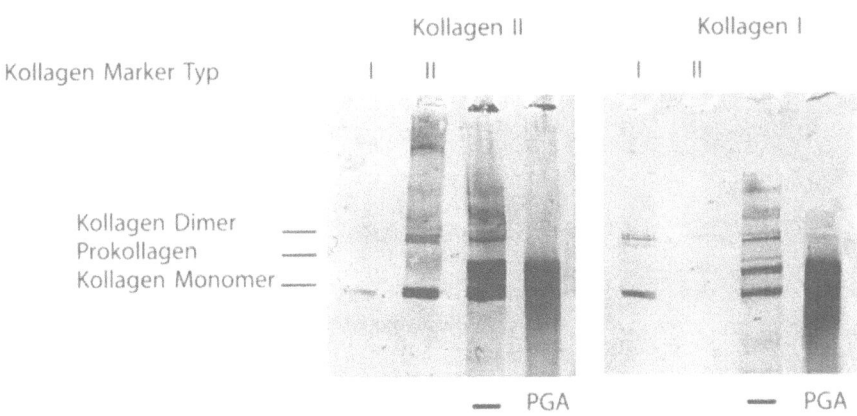

Abb. 1. Immunoblotanalyse von Kollagen des Typs I und II in Knorpelproben, die mit und ohne Einsatz von Polyglykolsäurevliesen als dreidimensionales Strukturat hergestellt wurden. Schweinechondrozyten wurden aus der Gelenkfläche des Knies isoliert [8] und unter Einsatz der konventionellen Monolayertechnik für 3 Wochen expandiert [9]. Knorpelproben wurden *in vitro* durch Sedimentation von jeweils 10^6 Zellen ohne (−) und mit (PGA) Einsatz von Polyglykolsäurevliesen hergestellt und nach elektrophoretischer Auftrennung mit Hilfe von Antikörpern gegen Kollagen Typ I bzw. Typ II analysiert [1]. (*PGA* = Polyglykolsäurevlies)

Phänomen wird meist auf den partiellen Verlust der Fähigkeit der Chondrozyten zur Kollagen-II-Expression als Folge einer zunehmenden Dedifferenzierung während der Proliferation zurückgeführt.

Eine alternative Interpretation dieser Ergebnisse geht von der Möglichkeit aus, dass die Zellen unter den experimentellen Bedingungen nicht zu wenig Kollagen des Typs II, sondern zuviel Kollagen des Typs I synthetisieren. Eine solche Situation tritt auch physiologisch auf, zum Beispiel im Rahmen der Wundheilung als Reaktion auf eine Verletzung der Knorpeloberfläche. Dieser Fall führte uns zu der Hypothese, dass die nach Einbringen der Zellen in das Polymervlies entstehende Mikroumgebung Signale zur Initiierung der „Scarring-Reaktion" hervorbringt, ähnlich wie sie wahrscheinlich ein akuter Knorpelschaden *in situ* erzeugt. Wenn dieses zelluläre Wundheilungsprogramm für die unakzeptable Knorpelqualität verantwortlich ist, sollte sich die unerwünschte Kollagen-I-Bildung durch Optimierung der vermeintlich unzureichenden Kulturbedingungen während der Chondrogenese vermeiden lassen. Zur Überprüfung dieser Hypothese gingen wir von der Überlegung aus, dass die artifizielle Umgebung der Chondrozyten nach Aussaat in ein Strukturat durch eine „natürlichere" ersetzt werden sollte.

Ein seit langem bekanntes Verfahren zur Erhaltung des differenzierten Phänotyps von frisch isolierten Chondrozyten beruht auf der Vermeidung von Kontakten mit artefiziellen Oberflächen, zum Beispiel durch Einschluss der Zellen in ein Gel. So konnte gezeigt werden, dass in Agarose oder Alginat eingeschlossene Chondrozyten bei In-vitro-Kultivierung extrazellulär

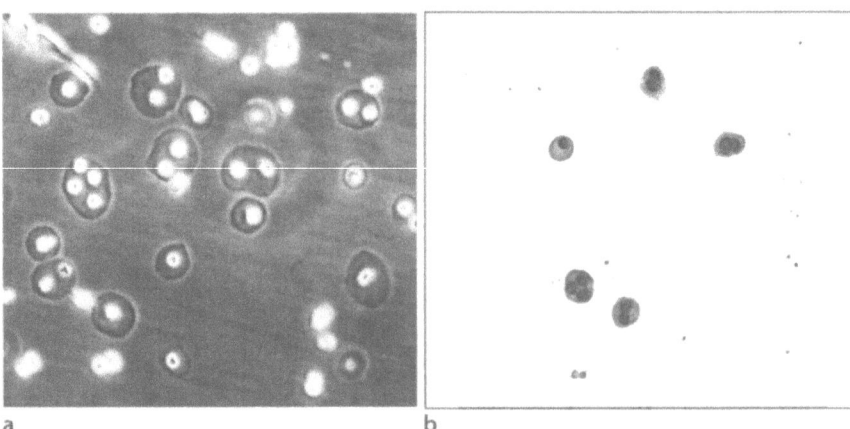

Abb. 2a,b. Visualisierung von Pseudochondronen. Zur Herstellung der Pseudochondronen wurden *in vitro* expandierte Schweinechondrozyten in Kaliumalginat suspendiert (10^6 Zellen/ml) und in einen Ca^{++}-haltigen Puffer (0,1 Mol/l CaCl$_2$) getropft. Die sich bildenden Gelkugeln mit 100–200 µm Durchmesser wurden anschließend für zwei Wochen in DMEM-Medium mit 10% Zusatz von fötalem Kälberserum kultiviert (37 °C, 5% CO$_2$). Zum Herauslösen der Pseudochondrone aus dem Gel wurden die Gelkugeln für 15 min mit einem Zitratpuffer inkubiert. Die Pseudochondrone können entweder direkt im Phasenkontrast (**a**) oder nach Anfärbung mit Dimethylmethylenblau (**b**) [3] identifiziert werden

begrenzte Mengen an Kollagen des Typs II sowie an Glykosaminoglykanen und Hyaluronsäure deponieren [4]. Diese bisher schon als analytischer Test zum Nachweis des Ausmaßes der Redifferenzierung verwendete Methode wurde nun von uns präparativ mit dem Ziel eingesetzt, Zellen mit einer bereits vorgefertigten Hülle mit der für hyalinen Knorpel charakteristischen extrazellulären Matrix zu versehen.

Dazu wurden Chondrozyten nach drei- bis vierwöchiger In-vitro-Expansion in konventioneller Monolayertechnik zunächst für weitere 8–12 Tage in ein reversibles Alginatgel eingeschlossen. Technisch wurde dies durch die Herstellung von Gelkugeln mit 100–200 µm Durchmesser verwirklicht. Im Gel bilden die Zellen unterstützt durch den Einsatz chondrogenetisch wirkender Faktoren wie IGF-I und TGF-β eine im Phasenkontrast sichtbare perizelluläre Hülle, die zwar den *in vivo* beobachteten Chondronen ähneln, sicher aber nicht mit ihnen identisch sind [6]. Zur Unterscheidung sollen sie hier als Pseudochondrone bezeichnet werden. Entscheidend ist, dass diese Hülle innerhalb einer Woche so stabil wird, dass sie auch noch nach Entfernung des Alginatgels mit Hilfe eines Chelatbildners wie Zitrat erhalten bleibt. Das Ergebnis ist in der Abbildung 2 sowohl im Phasenkontrast (a) wie auch nach spezifischer Anfärbung der Glykosaminoglykane mit Dimethylmethylenblau dargestellt (b). Man erkennt, dass teilweise auch mehrere Zellen eine gemeinsame Hülle bilden. Diese Befunde werden durch immunologische Anfärbung des extrazellulär deponierten Kollagens

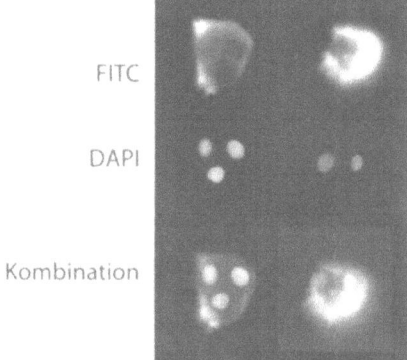

Abb. 3. Immunologischer Nachweis von Kollagen Typ II in Pseudochondronen. Zur Herstellung der Pseudochondrone wurden *in vitro* expandierte Schweinechondrozyten bei 37 °C in Agarose (Sigma, low melting) suspendiert (10^6 Zellen/ml) und jeweils 15 µl auf den flachen Boden der Mulden einer Mikrotiterplatte gegeben. Nach einwöchiger Kultivierung unter chondrogenen Bedingungen wurde gewaschen und zur Entfernung der Hyaluronsäure mit Hyaluronidase inkubiert. Der Nachweis von Kollagen erfolgte mit Hilfe von FITC-markierten Antikollagen-II-Antikörpern (FITC). DNA wurde mit Hilfe von DAPI zur Lokalisierung der Zellen angefärbt (DAPI). Die Fluoreszenz der beiden Farbstoffe wurde separat im Fluoreszenzmikroskop mit Hilfe einer CCD-Kamera detektiert und die Einzelbilder montiert (Kombination)

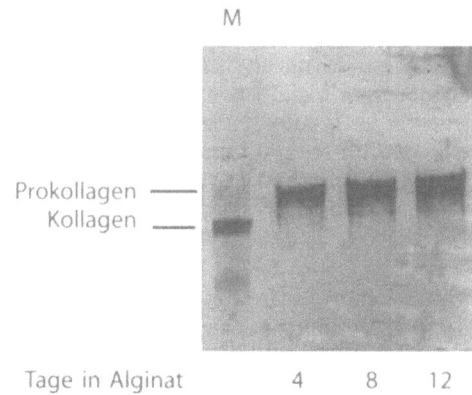

Abb. 4. Nachweis von Prokollagen in Pseudochondronen durch Immunoblotanalyse mit Hilfe von Anti-Kollagen-II-Antikörpern. Pseudochondrone wurden wie in Abb. 2 beschrieben hergestellt und zur Extraktion der Kollagenproteine mit Guanidiniumchlorid behandelt. Elektrophoretische Auftrennung und Nachweis durch Immunoblotanalyse erfolgten wie bereits beschrieben [1]

des Typ II in der Peripherie der Zelle mit Hilfe fluoreszenzmarkierter Antikörper bestätigt. In der Abbildung 3 sind die mit FITC markierten Kollagenantikörper an der grünen Fluoreszenz erkennbar, während die Zellkerne zur Lokalisierung der Zellen aufgrund der Gegenfärbung der DNA mit DAPI blau erscheinen. Eine weitergehende Immunoblotanalyse nach elektro-

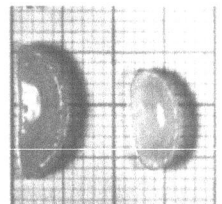

10 mm

Abb. 5. Makrofotos von Knorpelproben, die aus Pseudochondronen hergestellt wurden. Knorpelproben wurden durch direkte Aggregation von Pseudochondronen hergestellt. Die dreiwöchige Chondrogenese erfolgte mit (links) und ohne (rechts) Zusatz von chondrogenen Wachstumsfaktoren (100 ng/ml IGF-1; 10 ng/ml TGF-β_1) zum Kulturmedium

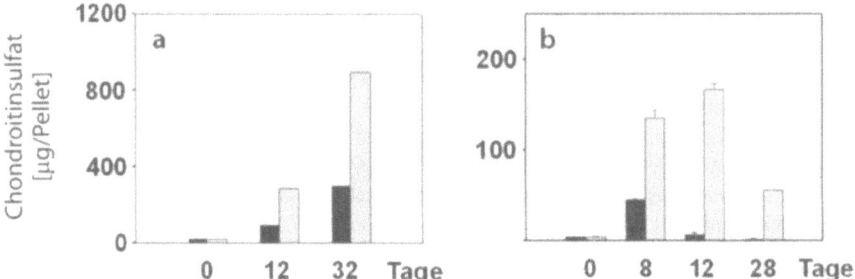

Abb. 6 a, b. Vergleichende Analyse des Glykosaminoglykangehalts in Knorpelproben in Abhängigkeit von der Herstellungstechnik. Knorpelproben wurden entweder durch direkte Aggregation von *in vitro* expandierten Schweinechondrozyten (**b**) oder von Pseudochondronen (**a**) hergestellt. Die Kultivierung erfolgte in DMEM + 10% FCS ohne (dunkle Balken) oder mit (helle Balken) Zusatz von 100 ng/ml IGF-I + 10 ng/ml TGF-β_1. Zu den angezeigten Zeiten wurden je drei Proben mit Papain behandelt und der Gehalt an Chondroitinsulfat im Lysat bestimmt [3]. Wiedergegeben sind die Mittelwerte aus den Messungen von je drei Proben und die daraus berechneten Standardabweichungen

phoretischer Auftrennung des extrahierten Materials ergab, wie in Abbildung 4 gezeigt, dass die Pseudochondrone zu diesem frühen Zeitpunkt praktisch ausschließlich Prokollagen, also die noch unvernetzte Vorstufe des Kollagentyps II, enthalten.

Werden diese bisher nur durch das Protokoll der Herstellung definierten so genannten Pseudochondrone zur Initiierung der Chondrogenese in ein Pellet sedimentiert, so aggregieren sie nach wenigen Stunden zu einem Gewebe, das sich innerhalb von 2–3 Wochen zu einem kompakten Knorpelgewebe entwickelt. Die in der Makroaufnahme zu sehenden Knorpelproben sind durch Aggregation von nur $1{,}5 \times 10^6$ Pseudochondronen entstanden (Abb. 5). Auffallend ist ihre Größe. Proben, die sich unter den selben Kulturbedingungen ohne den Einsatz der Chondrontechnik bilden, erreichen auch mit Unterstützung kaum die Hälfte dieses Ausmaßes. Das in Abbildung 6 dargestellte Ergebnis der quantitativen Bestimmung von Chondroitinsulfat bestätigt, dass die Chondrontechnik unter den besonderen Kultur-

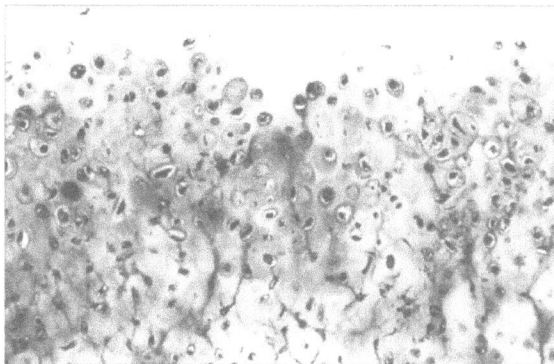

Abb. 7. HE-Färbung von Knorpelgewebeschnitten aus Pseudochondronen. Durch Aggregation von Pseudochondronen gebildete Knorpelproben wurden der Kultur nach 3 Wochen entnommen, nach Fixierung mit Formalin geschnitten und mit Hämatoxylin/Eosin angefärbt

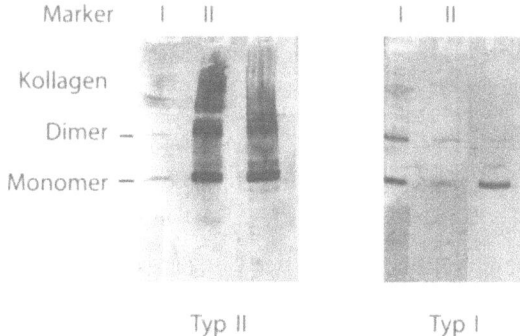

Abb. 8. Semiquantitative Immunoblotanalyse von Kollagen Typ I und II in Knorpelproben, die durch Aggregation von Pseudochondronen entstanden sind. Durch Aggregation von Pseudo-Chondronen gebildete Knorpelproben wurden der Kultur nach 3 Wochen entnommen und zur Extraktion der Kollagenproteine mit Guanidiniumchlorid behandelt (1 h bei Raumtemperatur). Der Extrakt wurde nach Dialyse elektrophoretisch aufgetrennt und nach dem Blotten mit Hilfe von Antikollagen I- und Anti-Kollagen-II-Antikörpern analysiert [1]

bedingungen im Vergleich mit direkt aggregierten Chondrozyten eine deutliche Steigerung der Syntheserate von Glykosaminoglykanen erlaubt. Der in Abbildung 7 dargestellte Befund des HE-angefärbten histologischen Schnittes steht ebenfalls in Übereinstimmung mit der Vorstellung, dass mit dem Einsatz der Pseudochondrone gute Voraussetzungen für die Deponierung von Proteoglykanen zwischen den Zellen zur Verfügung stehen.

Ebenfalls zweifellos für die Chondrontechnik sprechende Argumente liefern die immunologischen Analysen unter Einsatz von Antikollagen-I- und Antikollagen-II-Antikörpern. Im Vergleich zu den in Abb. 2 dargestellten Immunoblots von konventionell hergestellten Knorpelproben weisen die Er-

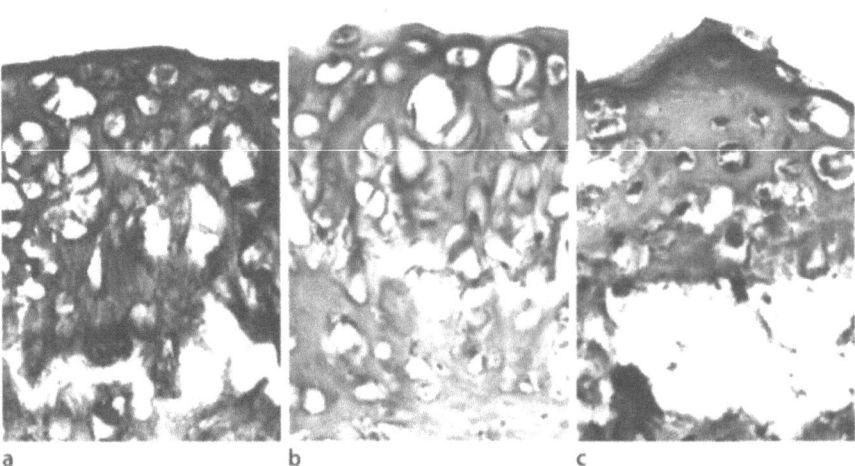

a   b   c

Abb. 9 a–c. Immunohistologische Lokalisierung von Kollagen Typ I und Typ II in Gewebeschnitten von Knorpel aus Pseudochondronen. Durch Aggregation von Pseudochondronen gebildete Knorpelproben wurden der Kultur nach 3 Wochen entnommen und zur Herstellung von Gefrierschnitten tiefgefroren. Die mit Azeton fixierten Schnitte wurden nach Blockieren unspezifischer Bindungsstellen mit Antikörpern gegen Kollagen Typ II (**a**), Kollagen Typ I (**c**) und 10% Serum statt primärer Antikörper (Kontrolle, **b**) inkubiert. Die Anfärbung erfolgte durch an alkalische Phosphatase gekoppelte sekundäre Antikörper. Der Antikollagen-Typ-I-Antikörper zeigte unter den konkreten Versuchsbedingungen eine Kreuzreaktion zu Antigenen im Zellkern der Chondrozyten

gebnisse bei Einsatz der Chondrontechnik auf ein deutlich günstigeres Verhältnis von Kollagen Typ II zu Typ I hin (Abb. 8). Die immunohistochemische Analyse von Gewebeschnitten der aus Aggregation von Pseudochondronen hervorgegangenen Knorpelproben bestätigt zusätzlich, dass der unvermeidliche Restanteil von Kollagen des Typs I präferentiell peripher lokalisiert ist, also dort, wo man das Fasern bildende Kollagen I auch im originalen hyalinen Knorpel *in vivo* findet (Abb. 9).

Der Einsatz von Pseudochondronen erweist sich damit als möglicherweise sehr vorteilhafte Methode gegenüber bisher verwendeten Techniken zur In-vitro-Herstellung von Gelenkflächenimplantaten. Die Produktion und Deponierung der spezifischen extrazellulären Matrix des hyalinen Knorpels erscheint nicht nur effektiver, sondern hilft vor allem, die schädliche Bildung von Faserknorpel im Rahmen der „Scarring-Reaktion" zu vermeiden. Darüber hinaus kann es ebenfalls als Gewinn gewertet werden, dass als Folge der besonderen Aggregationstendenz der Pseudochondrone auf die Verwendung von Strukturaten auf der Basis von Polyglykolsäurevliesen, wie sie bisher zur dreidimensionalen Ansiedlung der Zellen empfohlen wurden [5], verzichtet werden kann.

■ Literatur

1. Adamietz P, Goepfert C, Meenen NM (2001) Proliferation und Differenzierung von Gelenkchondrozyten: Einfluss von Wachstumsfaktoren. In: Meenen NM, Katzer A, Rueger JM (Hrsg) Zelluläre Interaktionen mit Biomaterialien. Springer, Heidelberg, New York, S 128–139
2. Brittberg M, Lindahl A, Nilsson A, Ohlsson C, Petersen L (1994) Treatment of deep cartilage defects in the knee with autologous chondrocyte transplantation. N Engl J Med 331:889–895
3. Farndale RW, Buttle DJ, Barrett AJ (1986) Improved quantitation and discrimination of sulfated glycosaminoglycans by use of dimethylene blue. Biochim Biophys Acta 838:144–150
4. Häuselmann HJ, Aydelotte MB, Schumacher BL, Kuettner KE, Gitelis SH, Thonar EJMA (1992) Synthesis and turnover of proteoglycans by human and bovine articular chondrocytes cultured in alginate beads. Matrix 12:116–129
5. Kim WS, Vacanti JP, Cima L, Mooney D, Upton J, Puelacher WC, Vacanti CA (1994) Cartilage engineered in predetermined shapes employing cell transplantation on synthetic biodegradable polymers. Plast Reconstr Surg 94:233–237
6. Knudson W, Aguiar DJ, Hua Q, Knudson CB (1996) CD44-anchored hyaluronan-rich pericellular matrices: an ultrastructural and biochemical analysis. Exp Cell Res 228:216–228
7. Mankin HJ (1982) The response of articular cartilage to mechanical injury. J Bone Joint Surg 64A:460–466
8. Meenen NM, Jüres TT, Adamietz P, Lorke DE, Dallek M, Jungbluth KH (1993) Der Effekt von synthetischer Hydroxylapatitkeramik auf Langzeitkulturen isolierter Chondrozyten. Unfallchirurgie 5:257–266
9. Nehring D, Adamietz P, Meenen NM, Pörtner R (1999) Perfusion cultures and modelling of oxygen uptake with three-dimensional chondrocyte pellets. Biotechnology Techniques 13:701–706
10. Solursh M (1991) Formation of cartilage tissue in vitro. J Cell Biochem 45:258–260

3 Tissue engineering von Korpelgewebe *in vivo*

3.1 M. Rudert

Probleme bei der histologischen Beurteilung von Reparationsgewebe

■ Einleitung

Die langwierigen Arbeiten mit der Untersuchung von histologischen Schnitten zur Evaluation von osteochondralen Defekten im Kaninchen nach erfolgter Transplantation von bioartifiziellem Knorpel (siehe Kap. 2.4) bildeten die Grundlage des vorliegenden Kapitels.

Für diejenigen, die sich dazu entschließen, ihre theoretischen Überlegungen oder praktischen Vorarbeiten aus Versuchen *in vitro* ins experimentelle Tiermodell umzusetzen, sollen Anregungen gegeben und häufige Fehlerquellen und Irrtümer aufgezeigt werden. Auch diejenigen, die bereits mit Tiermodellen arbeiten, können hier Hinweise finden, um ihre eigenen Methoden zu bestätigen oder auch in Frage zu stellen. Bei der Vielzahl der Publikationen auf dem Gebiet der experimentellen Therapie von Knorpeldefekten fallen durchaus ernstzunehmende Mängel in der Methodik auf, die die gesamte Arbeit bzw. deren oft ungerechtfertigt enthusiastisch dargestellten Ergebnisse deutlich relativieren.

Hyaliner Knorpel ist ein sehr komplex aufgebautes, dreidimensionales Oberflächengewebe, dass durch seine spezifische Zusammensetzung aus Wasser, Kollagenen und Proteoglykanen ein praktisch reibungsfreies Gleiten von Gelenken ermöglicht. Es sorgt in den Gelenken für die Erhaltung der Beweglichkeit und für die gleichmäßige Lastübertragung auf den darunter liegenden Knochen. Eine nahtlose Verbindung mit dem Knochen, der subchondralen Grenzlamelle und dem darunter gelegenen Markraum ist daher ein weiteres Charakteristikum des hyalinen Knorpels in Gelenken, wo er wegen seiner einzigartigen Architektur auch als artikulärer Knorpel bezeichnet wird [17]. Gut ist die architektonische Gliederung des artikulären Knorpels im histologischen Schnitt durch die Verwendung von Polarisationsfiltern nachzuempfinden (Abb. 1). Neben dem sehr deutlich sichtbaren Übergang zum Knochen kann hier auch gut die sog. „Tidemark" abgegrenzt werden, eine basophile Grenzlamelle, die zwischen der untersten Zone des mineralisierten Knorpels und der radiären Zone liegt. Ihre Bedeutung ist bis heute unklar. Für eine „narbenfreie" Regeneration eines osteochondralen Defektes scheint sie aber eine besondere Rolle zu spielen, da sie praktisch nie komplett wiederhergestellt wird. Sie stellt somit ein

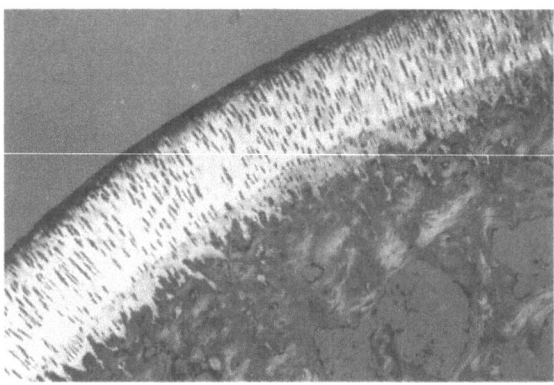

Abb. 1. Histologischer Schnitt durch den medialen Kondylus beim Kaninchenkniegelenk. Safranin-O-Färbung. Betrachtung mit polarisiertem Licht (×15)

gutes erstes Kriterium zur Beurteilung eines histologischen Schnittes dar, der in einem Reparaturdefekt liegt. Kann man die Grenzlamelle durchgehend ausmachen, so ist entweder der Defekt nicht richtig angeschnitten worden oder die Reparatur des Defektes durch die Wahl der Therapie ist sehr gut und wir sind alle dem Problem der Therapie von osteochondralen und möglicherweise chondralen Defekten ein gutes Stück näher gekommen und sicherlich sehr dankbar.

▨ Versuchsmodell

Prinzipiell gibt es verschiedene Überlegungen, die bei der Wahl eines Versuchstieres und eines Defektmodells berücksichtigt werden sollten. Die Tierart, die Besonderheiten der Knorpel- und Knorpel-Knochen-Defekte und die Versuchsdauer sind zumindest drei Hauptpfeiler, die eine kurze Überlegung wert sein sollten.

Versuchstiere

▨ **Anatomische Übertragbarkeit.** Bei den Versuchstieren ist die Grundvoraussetzung eine einigermaßen annehmbare Übertragbarkeit der anatomischen Verhältnisse zum Menschen, der im Endeffekt ja therapiert werden soll. Prinzipiell eignen sich theoretisch die meisten Säugetiere bei der groben anatomischen Betrachtung. Der Nachteil der Mobilisation und geänderten Belastung des Kniegelenkes durch die Verteilung der Last auf vier Beine ist bei den gängigen Versuchstieren ebenfalls gleichermaßen vorhanden und muss deshalb akzeptiert werden, es sei denn, die Möglichkeit zur Forschung an Affen ist gegeben. Natürlich spielen hier auch finanzielle Betrachtungen eine Rolle, die neben der Anschaffung auch bei der Tierhaltung zu berücksichtigen sind.

Das Kniegelenk des Kaninchens besitzt eine gute grobmorphologische Ähnlichkeit im Vergleich zum menschlichen Kniegelenk, den Knochen- und Knorpel- sowie den Sehnenapparat betreffend. Das Gelenk besitzt einen lateralen und medialen Femurkondylus (konvexe Oberfläche), die über ihre Belastungszonen und zwei Menisken mit dem Tibiaplateau artikulieren. Das Kniegelenk wird über die Seitenbänder und zwei Kreuzbänder geführt, die beim Kaninchen als kraniales und kaudales Kreuzband bezeichnet werden. Die Patella liegt dem konkav geformten patellofemoralen Gleitlager auf und ist über ein kräftiges Ligamentum patellae mit der Tuberositas tibiae verbunden. Lediglich die Länge des patellofemoralen Gleitlagers erscheint etwas vergrößert, was wahrscheinlich mit der vorwiegend flektierten Haltung des Beines beim Kaninchen zu tun hat. Eine anatomische Besonderheit des Kaninchenknies ist die ventral des lateralen Kondylus verlaufende Sehne des Musculus extensor digitorum communis, der am proximalen Femur entspringt [5].

▪ **Tierhaltung.** Offensichtlich sind die Dimensionen beim Kaninchen mit dem menschlichen Kniegelenk nicht vergleichbar. Für ein vergleichbares Ausmaß der Gelenke müssten Großtiere eingesetzt werden (z.B. Pferde), was jedoch meistens den Rahmen der Tierhaltung sprengt, zumindest wenn statistisch auswertbare Fallzahlen erreicht werden sollen. Zu den sonst in diesem Bereich häufig verwendeten Tieren gehören Schafe und Hunde. Bei Kaninchen sind die Kosten für die Versuchstiere, die Tierhaltungskosten und der Platzbedarf akzeptabel und auch für größere Versuchsreihen gut geeignet. Durchaus üblich ist die Haltung der Tiere in Leichtmetallkäfigen mit Ausmaßen von ca. 60×40×40 cm. Beobachtet man die Tiere in Käfigen dieser Größe, so wird schnell klar, dass die Bewegungen nicht wirklich frei ablaufen. Wir hatten bei eigenen Versuchen die Möglichkeit, einen Teil der Versuchstiere in Bodenkäfigen mit einer Fläche von etwa 4 m^2 zu halten. Dies hat zwar zum Teil zu weiter ausladenden Bewegungen der Tiere geführt, sich jedoch nicht auf das Ergebnis der Defektreparatur ausgewirkt.

Beim Setzen der Defekte sollten zwei Auswirkungen der gebeugten Haltung des Kniegelenkes beim Kaninchen berücksichtigt werden. Erstens sind die hinteren Anteile der Kondylen hauptsächlich unter Belastung, was sich auch in den biomechanischen Eigenschaften des Knorpels beim Kaninchenknie widerspiegelt [11]. Zweitens ist durch die ständig gebeugte Haltung eine Entlastung des Patellofemoralgelenks eher unwahrscheinlich. Trotz der konkaven Gelenkfläche im Gleitlager gehört diese beim Kaninchenknie daher nicht zu den weniger belasteten Bereichen. Dies ist ein häufig begangener Irrtum bei der Planung von unterschiedlichen Defektlokalisationen bezüglich belasteter und weniger belasteter Gelenkanteile.

▪ **Kritische Defektgröße.** Bei jedem Defektmodell sollte vor dessen Verwendung geklärt werden, ob die intrinsische Heilungskapazität nicht so hoch ist, dass das Ergebnis durch die speziesbedingte Regeneration zu stark verfälscht wird. Für das Kaninchen wird im Allgemeinen postuliert: „in diesem Tier heilt alles". Das mag für den Knochen oder die Regeneration der Menisken und der Kreuzbänder zutreffen. Beim osteochondralen Defekt ist eine narbenfreie Spontanheilung aus unserer Erfahrung absolut ausgeschlossen. Bei der Durchsicht der Literatur wird dies ebenfalls deutlich. Bis auf ein fetales Defektmodell im Schaf konnte bisher eine richtige Regeneration von Knorpelgewebe noch in keinem Tier nachgewiesen werden [7]. Wie bei allen Heilungsvorgängen ist der Prozess der Reparation natürlich altersabhängig (s. u.).

▪ **Literaturvergleich.** Die Vergleichbarkeit für osteochondrale Knorpeldefekte in der Literatur ist momentan sicher für das Kaninchen am größten, was an den bereits genannten Gründen liegen mag. Auch dies spielt natürlich eine Rolle bei der Auswahl des Versuchstieres. Etwas weniger häufig wird das Schaf verwendet, in größerem Abstand gefolgt vom Hund und Pferd.

Defektmodell

▪ **Juvenil oder Adult.** Das Alter der Versuchstiere spielt eine besondere Rolle und wird oft vernachlässigt. In der Medizin ist allgemein bekannt, dass beim jungen Individuum eine Defektregeneration oder Ausheilung von Verletzungen schneller auftritt als beim Erwachsenen. Auch diesem Kriterium wurde beim Kaninchen bereits nachgegangen. Dazu wurden Defekte ohne weitere Therapie in die distalen Femora von Kaninchen unterschiedlichen Reifungsgrades eingebracht und die Reaktion und Heilungskapazität im Verlauf beurteilt [19]. Die bessere Heilungskapazität von jüngeren Tieren ließ sich dabei bestätigen. Dies betraf vor allem den subchondralen Knochen. Am Knorpel konnte auch bei jungen Tieren keine komplette Regeneration beobachtet werden. Nach Untersuchungen anderer Arbeitsgruppen ist bei einem Alter der Versuchstiere von 6 Monaten eine Vergleichbarkeit mit gerade ausgewachsenen Individuen gegeben [2, 6]. In Röntgenkontrollen konnten wir auch bei 6 Monate alten Tieren (ca. 3,5–5,5 kg) noch nicht vollständig verschlossene Wachstumsfugen erkennen. Wenn auf keinen Fall juvenile Kaninchen verwendet werden sollen, müssen deshalb Tiere mit einem Alter von mindestens 6 Monaten gewählt werden. Für Versuche zur Orientierung erscheint dies jedoch nicht unbedingt notwendig, zumal die Defektheilung bei den noch nicht ausgewachsenen Tieren ebenfalls nicht optimal ist. Erst wenn hier der Eindruck entstanden ist, es sei zu einer wirklichen Verbesserung der Heilung gekommen, müssen ausgewachsene Tiere gefordert werden.

▪ **Defektgröße.** Nun stellt sich die Frage, welche Defektgröße gewählt werden soll. Im Grunde genommen ist das der Vorliebe und technischen Fähigkeit des Experimentators überlassen. Vernünftigerweise sollte der Defekt groß genug sein, um mechanischen Belastungen ausgesetzt zu werden und einen gewissen Umfang nicht überschreiten, um nicht zu einer postoperativen Instabilität des Gelenkes und zu konsekutiven Frakturen zu führen. Der Defekt sollte in seiner Größe reproduzierbar sein, was ein standardisiertes Instrumentarium meist mit rundem Durchmesser mit sich führt. Aus unserer Sicht hat sich eine Defektgröße von 3 mm für Kondylen und Gleitlager beim Kaninchen bewährt. Im Bereich des Gleitlagers ist zwar ein größerer Defektdurchmesser erreichbar, in den Kondylen kommt es jedoch dann zu Frakturen, da die verbleibenden knöchernen Ränder zu schmal werden. Die Tiefe des Defektes ist kaum zu standardisieren, zumindest wenn im Gleitlager und Kondylus gebohrt wird, da hier konkave mit konvexen Flächen verglichen werden. Für den osteochondralen Defekt muss die Tiefe den subchondralen Markraum erreichen, was bei vorsichtigem Arbeiten mit einem Handbohrer (hier entfällt die nicht erwünschte Wärmeentwicklung) durch den Beginn von Blutungen aus der Tiefe des Defekts ersichtlich ist. Da 3 mm-Defekte zusätzlich in der Literatur am häufigsten beschrieben werden und eine wirklich gute Defektreparation damit noch nicht erreicht wurde, besteht auch kein Grund, größere (z.B. 3×5–6 mm im Bereich der Trochlea) anzufertigen, die zudem noch schwerer zu reproduzieren sind. Die Verwendung von Stanzen hat sich weniger bewährt, da sie kaum in der Lage sind, dosiert in den subchondralen Markraum einzudringen.

■ **Osteochondral oder chondral.** Die Knorpeldicke am Femurkondylus beträgt beim Kaninchen etwa 400 µm im Vergleich zu 2–3 mm beim Menschen. Der Wunsch, beim Kaninchen neuere Arbeiten zur Transplantation von isolierten Chondrozyten in rein chondrale Defekte nachvollziehen zu wollen, erscheint damit illusorisch. Leider ist die Knorpelschicht beim Schaf ebenfalls nur 1½ bis 2 mal so dick wie beim Kaninchen und somit nicht bedeutend besser für chondrale Defektmodelle geeignet [4]. Lediglich beim Hund ist der Versuch einer chondralen Defekttherapie mit isolierten Zellen und Matrixkonstrukten anscheinend gelungen [1, 8]. Allerdings waren in 50% bei den Nachkontrollen Verletzungen im Bereich der subchondralen Grenzlamelle zu verzeichnen [8]. Es bleibt die Frage, wann der Operateur in der Klinik es tatsächlich mit rein chondralen Defekten zu tun hat. Dies dürfte lediglich der Fall sein, wenn es zu frischen Abscherungen des Knorpels beim akuten Trauma gekommen ist. Wird dieser Bereich längere Zeit unbehandelt gelassen, muss die subchondrale Zone auf die veränderte Situation reagieren, was sie aus der klinischen Erfahrung am ehesten mit einer vermehrten Sklerosierung tut. Ob auf diesem Boden eine Rekonstruktion der Gelenkfläche ohne vorheriges Aufbrechen dieser Sklerose sinnvoll erscheint, bleibt fraglich. Der rein chondrale Defekt ist jedoch sicherlich der seltenere und sollte deshalb nicht als Standard für die Evaluation von Tiermodellen gefordert werden.

Der Effekt der Eröffnung des Markraumes ist evident und soll nicht nochmals rekapituliert werden [14].

▨ **Defektlokalisation.** Bezüglich der Lokalisation des Defektes gibt es in der Literatur sehr unterschiedliche Angaben. Einige Autoren haben Defekte im patellofemoralen Gleitlager unter der Vorstellung gesetzt, den initial weniger belastbaren Defektbereich nicht zu überlasten [3], andere haben diesen Bereich ohne weitere Begründung gewählt [16]. Das Gleitlager ist nach den vorliegenden Erfahrungen technisch sicher einfacher zu erreichen als die Oberfläche der Kondylen. Diese sind in der Literatur mit der Begründung gewählt worden, um belastete Gelenkbereiche zu verwenden [18]. Berücksichtigt man jedoch die spezielle Anatomie des Kaninchenkniegelenkes, so sind zu diesem Zweck vor allem die besonders weit dorsal liegenden Anteile der Kondylen zu wählen, da das Kaninchen im Gegensatz zum Menschen hauptsächlich mit stark gebeugtem Kniegelenk lebt [11]. Aus diesem Grund ist sicher auch die Belastung bzw. Entlastung des patellofemoralen Gleitlagers nicht ganz mit der des Menschen vergleichbar. Technisch ist das Setzen von 3 mm-Defekten in beide Kondylen und das Gleitlager an beiden Kniegelenken ohne zu große Belastung für das Kaninchen möglich. Beim lateralen Kondylus darf man jedoch nicht vergessen, dass er von der Sehne des M. extensor digitorum communis überlagert wird und deshalb die Ergebnisse möglicherweise verfälscht werden. In unseren Untersuchungen konnten wir allerdings keine statistischen Unterschiede in den Ergebnissen bezüglich der gewählten Lokalisation erkennen.

▨ **Beobachtungszeitraum.** Eine weitere wichtige Frage, die es bei Tiermodellen zu beantworten gibt, ist die Dauer des Experiments. Wann können Aussagen über die Heilungsvorgänge getroffen werden? Auch hier lassen Beobachtungen über die natürliche Heilungskapazität von osteochondralen Defekten beim Kaninchen Rückschlüsse zu. Shapiro beschrieb in seinem Defektmodell mit 3 mm osteochondralen Defekten erstaunlich gute Ergebnisse der Reparation in der frühen Phase der Beobachtungen. Nach 48 Wochen ließ sich bei allen Tieren jedoch eine zunehmende Degeneration des Reparaturgewebes nachweisen [16]. Aus der Sicht der Autoren sollte eine sinnvolle Nachbeobachtungszeit mindestens 6 Monate betragen. Ebenso berichten Shahgaldi et al. über das vermehrte Auftreten von degenerativen Veränderungen an reparierten chondralen Defekten nach 12 Monaten postoperativer Beobachtung. Diese Gruppe untersuchte die Reparation von Knorpelläsionen mit verschiedenen biologischen Materialien in Kniegelenken von Ziegen. Die Mehrzahl der Defekte wies nach sechs Monaten eine vielversprechende Entwicklung auf. Es kam jedoch bei fast allen Defekten zu deutlichen degenerativen Veränderungen nach 12 Monaten [15].

Ein Beobachtungszeitraum von einem halben Jahr reicht folglich zur erstmaligen Überprüfung einer Therapie. Sind die Ergebnisse gut, sollte ein längerer Zeitraum gewählt werden.

▨ Die histologische Auswertung

Färbungen

Einige wenige Färbungen reichen aus, um die histologische Beschaffenheit des Reparaturgewebes recht gut einschätzen zu können. Bei den üblichen Paraffinschnitten beträgt die Schnittdicke 4–5 µm. Zur Verringerung der Gefahr des Ablösens der Präparate während der folgenden Färbeschritte können die Schnitte aus dem Wasserbad auf mit 3-Triethoxysiliytpropylamin beschichtete Objektträger aufgezogen werden. Durch Erhitzen auf einer regulierbaren Wärmeplatte werden die Schnitte geglättet und in einem Trockenschrank einige Stunden getrocknet. Zur Färbung lassen sich die Präparate in Xylol (2×10 min) schrittweise entparaffinieren und mit den folgenden histologischen Methoden färben:

▨ **Hämatoxylin-Eosin (HE).** Färbung als Standard-Übersichtsfärbung. Die Färbung zeigt Zellkerne, Kalk und saure Verbindungen blau (Kittlinien, Knorpelmatrix), alle übrigen Strukturen in verschiedenen Tonabstufungen rot (Kollagenfasern) [12].

▨ **Toluidinblau.** Toluidinblau ist ebenfalls eine gute Übersichtsfärbung, die Gewebe kontrastreich blau anfärbt und gut in die Grundsubstanz des Knorpels diffundiert (Abb. 2). Darüber hinaus besitzt dieser Farbstoff metachromatische Eigenschaften. Bestimmte Gewebsbestandteile werden durch basische Farbstoffe in einem anderen Ton gefärbt als dem der angebotenen Farblösung. So zeigt eine rotviolette Färbung in der Knorpelgrundsubstanz die Anwesenheit von hochpolymeren sauren Proteoglykanen [12].

▨ **Safranin-O.** Diese Färbung stellt das Gewebe kontrastreich in verschiedenen Tönen rot und orange dar. Der Farbstoff dringt gut in die Knorpelgrundsubstanz ein und bindet stöchiometrisch an saure Gruppen, so dass eine quantitative Abschätzung der sauren Proteoglykane möglich wird [12, 13].

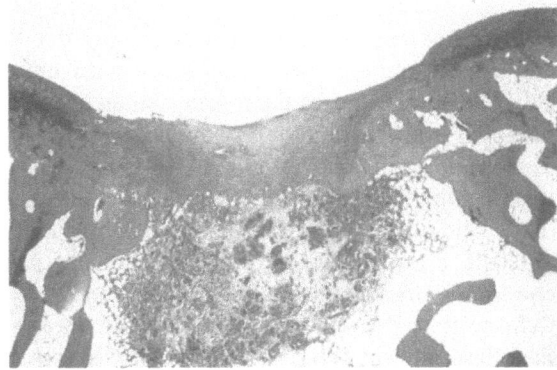

Abb. 2. Übersichtsfärbung eines Defektbereiches mit Toluidinblau. Fasergewebe hat den Defektbereich aufgefüllt. Unter dem Füllgewebe sind noch Reste des implantierten PLLA-Vlies erkennbar (×6,5)

■ **Alcianblau.** Alcianblau ist ein wasserlöslicher Farbstoff, der zur selektiven Färbung von sulfatierten Glykosaminoglykanen bei niedrigem pH (1,0) verwendet wird. Diese werden leuchtend blau gefärbt. Zellkerne werden von Alcianblau nicht angefärbt; sie lassen sich mit Kernechtrot gegenfärben [12].

■ **Mallory Azan.** Mit der Mallory-Azan-Färbung ist eine unspezifische Darstellung der Kollagenproduktion möglich. Die Kollagenfasern werden dabei dunkelblau abgebildet [20].

Mit diesen Färbungen hat man den gesamten Bereich für die grobmorphologische Beurteilung abgedeckt. Bei der Untersuchung der experimentell hergestellten Defekte hat man den Vorteil, dass das gesunde Vergleichsgewebe nah neben dem Defekt auf dem gleichen Schnitt zu finden ist. Zwischen Toluidinblau und HE kann eine Methode der Wahl verwendet werden. Ebenso kann zwischen Safranin-O und Alcianblau gewählt werden, wobei eine gute Alcianblaufärbung sicher schwerer zu erhalten ist, was oft an der Qualität des Farbstoffs selbst liegt.

Diese Färbungen reichen für die Anwendung eines der Scores, die unten angegeben sind. Es sollten jedoch zusätzlich unbedingt immunohistochemische Untersuchungen über die Kollagentypen angeschlossen werden. Es ist nicht leicht, gute Antikörper zu bekommen, die keine hohe Kreuzreaktivität aufweisen. Leider muss das praktisch für jedes Labor neu evaluiert werden. Extreme Sorgfalt bei den Kontrollen ist erforderlich, um korrekte und verwertbare Ergebnisse zu erhalten. Obwohl die Kollagendarstellung vom Typ II immer besonders hervorgehoben wird, da es den Hauptteil des Kollagens im hyalinen Knorpel darstellt, ist der Anteil an Kollagen Typ I der wichtigere. So lange Kollagen Typ I nachweisbar ist, handelt es sich um ein Reparaturgewebe aus Faserknorpel. Dieses mag mehr oder weniger Faserknorpel enthalten, hyaliner Knorpel ist es jedoch mit Kollagen Typ I trotzdem nicht!

„Ausschnitte und Anschnitte"

Auf die Ausschnitte von Abbildungen bei der Publikation von Ergebnissen aus osteochondralen Defektmodellen wird hier gesondert eingegangen, da sie ein echtes Problem darstellen, das hauptsächlich mit der daraus folgenden Missinterpretation der Qualität des Reparaturgewebes zusammenhängt.

Hohe Vergrößerungen aus Defektbereichen sind nur eingeschränkt verwertbar. In Abbildung 3 wurde eine Reihe von Ausschnitten aufgestellt, die in der höchsten Vergrößerung guten hyalinen Knorpel im Defektbereich darstellt. Bei niedrigerer Vergrößerung wird aber ersichtlich, dass die subchondrale Grenzlamelle nicht rekonstruiert worden ist und das Defektgewebe weit in den Knochen hineinreicht. In der Übersicht lässt sich erkennen, dass nur ein Teil des Defektes mit diesem Gewebe ausgefüllt ist. Ande-

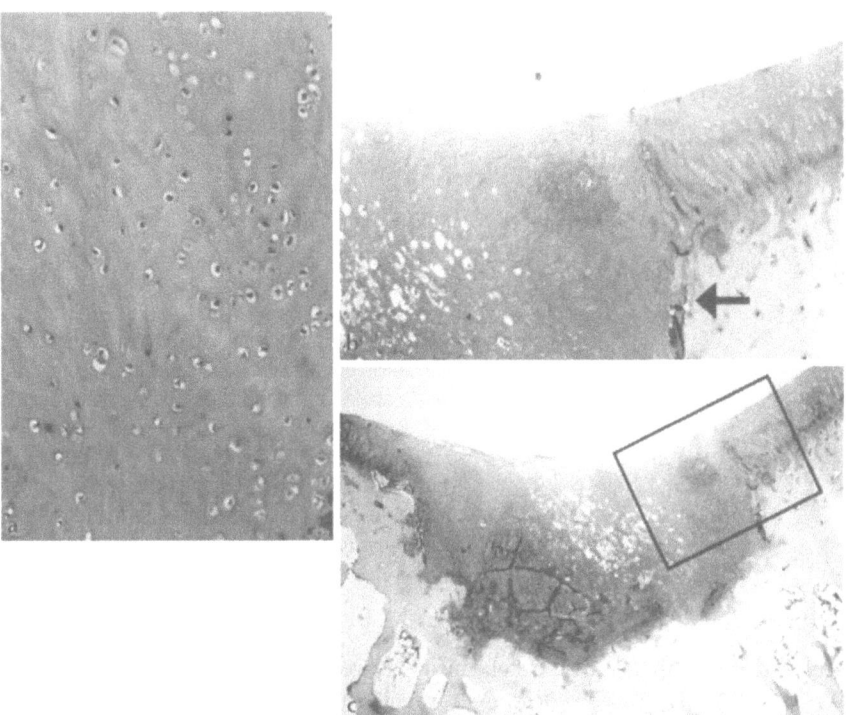

Abb. 3 a–c. Osteochondraler Defekt 12 Monate nach Auffüllung mit einem PLLA-Vlies, das vorher mit isolierten Chondrozyten beimpft wurde. Die unterschiedlichen Vergrößerungen bzw. Ausschnitte machen die Variabilität der Darstellungsmöglichkeiten deutlich. Färbung der Schnitte mit Safranin-O. **a** Ausschnitt aus dem Defektknorpel. Hyaliner Knorpel ist deutlich erkennbar. Es lassen sich kaum faserhaltige Strukturen ausmachen. Die Anordnung der Chondrozyten erscheint fast geordnet (×64). **b** Übergangsbereich vom originären Knorpel zum Defekt. Die subchondrale Grenzlamelle fällt tief im Defekt ab (Pfeil, ×15). **c** In der Übersicht lassen sich deutlich die Materialreste des PLLA erkennen. Die Füllung des Defektes ist zwar gut, ebenso wie die Anbindung an die Umgebung, das Defektgewebe selbst ist jedoch noch gut abgrenzbar (×6,5)

re Bereiche lassen trotz guter Füllung des Defektbereiches deutliche Schwächen wie z. B. Materialreste des eingebrachten Vlieses erkennen.

Ein weiteres Problem bei der Verarbeitung der Defekte zu histologischen Schnitten stellt die Schnittposition und die Schnittorientierung dar. Diese kann leicht zur falschen Beurteilung des Reparaturgewebes führen. In Abbildung 4 sind deshalb die verschiedenen Möglichkeiten der Fehler beim Schneiden bzw. Auswerten der Schnitte schematisch dargestellt. Bei einem guten Schnitt, der etwa im Zentrum des Defektes liegt und nicht schräg verläuft (4 a), müsste der gesamte Defekt mit seinem Durchmesser von 3 mm gut dargestellt sein (4 b). Voraussetzung ist natürlich auch hier, dass der Defekt überhaupt sichtbar (das bedeutet nicht völlig verheilt) ist, wovon man aber primär einmal ausgehen sollte. Wird ein Bereich vor oder

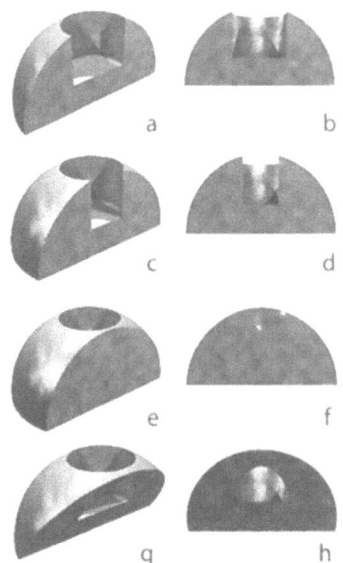

Abb. 4a–h. Graphische Darstellung der Schnittebenen durch einen stilisierten Femurkondylus mit einem zentralen zylinderförmigen Defekt (linke Spalte) und deren Auswirkungen bei der zweidimensionalen Betrachtung von der Seite, wie sie entsprechend in einem histologischen Schnittbild dargestellt würde (rechte Spalte). In der rechten Spalte ist der Defektbereich jeweils zweidimensional abgebildet (Details zu **a–h** siehe Text)

hinter dem Zentrum der Defektmitte verwendet (4c), so ist die gesamte Weite des Reparaturgewebes nicht mehr sichtbar (4d). Hat man jedoch noch einen gut getroffenen Defekt vor Augen (4b) so kann das Überwiegen an originärem, unverletztem Knorpel eine bessere Defektreparation vortäuschen. Bei einigen Schnitten sollte man durchaus auch in Betracht ziehen, dass der Defekt überhaupt nicht getroffen wurde (4e/f). Oft ist die Person, die die Defekte schneidet und die sie auswertet, nicht die selbe, weshalb es sein kann, dass bei solchen Situationen Fehlinterpretationen auftreten können. Wie bereits erwähnt, ist eine komplett durchgängige Tidemark immer ein wenig verdächtig und sollte zu Kontrollen der Schnitte anregen. Der zuletzt aufgeführte Fall ist am schwierigsten zu erkennen und sicherlich der tückischste. Wenn die Orientierung des Schnittes schräg zum Defekt verläuft (4g), kann es vorkommen, dass an der Oberfläche originärer Knorpel und in der Tiefe tatsächlich das Defektgewebe getroffen wird (4h). Dies täuscht eine perfekte Rekonstruktion der Oberfläche vor und wiegt den Beurteilenden in Sicherheit, da Bereiche des Defektes noch deutlich abgrenzbar sind.

Die Auflistung der möglichen Fehllagen der Schnitte soll nicht entmutigen, sondern nur den Blick für ungewöhnliche Ergebnisse bei der Auswertung der eigenen Arbeiten aber auch bei der Beurteilung von Abbildungen in der Literatur schärfen.

Scores

Leider gibt es wie so oft eine Menge unterschiedlicher Bewertungssysteme und deren Modifikationen auch für die Beurteilung der Reparatur von osteochondralen Defekten. Zumindest bei den Kaninchen haben sich jedoch hauptsächlich zwei unterschiedliche Scores durchgesetzt: 1. ein Score, der von O'Driscoll 1988 beschrieben wurde [9], und 2. ein Score von Wakitani [18], modifiziert nach Pineda [10]. Für den Score von O'Driscoll sind zwei Färbungen ausreichend, eine Übersichtsfärbung (z. B. HE) und eine Safranin-O-Färbung zur Darstellung der sulfatierten Glykosaminoglykane. Der Score wird in der Literatur am häufigsten angewandt (entweder in seiner originalen Form oder daran angelehnt). Er hat gegenüber dem Score von Wakitani den Vorteil, dass degenerative Veränderungen mit in die Ergebnisse einbezogen werden. Dies erscheint gerade bei der Beurteilung der Behandlung von Knorpeldefekten von außergewöhnlicher Wichtigkeit im Hinblick auf die biomechanische Belastbarkeit und langfristige Widerstandsfähigkeit des Reparaturgewebes. Wakitani hat seinen Score, der einfacher anzuwenden ist als der erstgenannte, deshalb auch nur für kurzfristige Beobachtungen von Defekten empfohlen. Bei dem wegen seines einfachen Aufbaus häufig verwendeten Score handelt es sich außerdem um einen „inversen" Score, der bei einem guten Ergebnis eine möglichst niedrige Punktzahl erreicht. Dies ist allgemein eher unüblich und führt leicht zu falschen Interpretationen beim Vergleich der Literaturangaben.

▪ Fazit

- ▪ Das Kaninchen ist für die Untersuchung der Reparatur von osteochondralen Defekten geeignet.
- ▪ Die Übertragbarkeit auf den Menschen bleibt weiterhin unklar. Eine experimentelle Überprüfung von Heilungsvorgängen erscheint jedoch sinnvoll, gerade wenn man davon ausgeht, dass die Heilung im Tiermodell besser ist als beim Menschen.
- ▪ Die Dauer der Beobachtung sollte bei primären Versuchen etwa 1½ Jahr betragen. Sind die Ergebnisse vielversprechend, muss ein Nachbeobachtungszeitraum >12 Monate gewählt werden.
- ▪ Ausschnittsvergrößerungen aus Defekten sind zwar schön, für die wirkliche Beurteilung der Reparatur sollten jedoch vor allem Übersichten über den gesamten Defekt bewertet werden.
- ▪ Der Score nach O'Driscoll ist zur Evaluation geeignet. Er ist nicht einfach, wird jedoch häufig in der Literatur angewandt und beinhaltet degenerative Veränderungen des Reparaturgewebes.

■ Literatur

1. Breinan HA, Minas T, Hsu HP, Nehrer S, Sledge CB, Spector M (1997) Effect of cultured autologous chondrocytes on repair of chondral defects in a canine model. J Bone Joint Surg [Am] 79:1439-1451
2. Eggli PS, Hunziker EB, Schenk RK (1988) Quantitation of structural features characterizing weight- and less-weight-bearing regions in articular cartilage: a stereological analysis of medial femoral condyles in young adult rabbits. Anat Rec 222:217-227
3. Freed LE, Grande DA, Lingbin Z, Emmanual J, Marquis JC, Langer R (1994) Joint resurfacing using allograft chondrocytes and synthetic biodegradable polymer scaffolds. J Biomed Mater Res 28:891-899
4. Hunziker EB (1999) Biologic repair of articular cartilage. Defect models in experimental animals and matrix requirements. Clin Orthop 367 (Suppl):S135-S146
5. MacLaughlin CA, Chiasson RB (1979) Laboratory anatomy of the rabbit. Dubuque, Iowa
6. Masoud I, Shapiro F, Kent R, Moses A (1986) A longitudinal study of the growth of the New Zealand White rabbit. J Orthop Res 4:221-231
7. Namba RS, Meuli M, Sullivan KM, Le AX, Adzick NS (1998) Spontaneous repair of superficial defects in articular cartilage in a fetal lamb model. J Bone Joint Surg [Am] 80:4-10
8. Nehrer S, Breinan HA, Ramappa A, Hsu HP, Minas T, Shortkroff S, Sledge CB, Yannas IV, Spector M (1998) Chondrocyte-seeded collagen matrices implanted in a chondral defect in a canine model. Biomaterials 19:2313-2328
9. O'Driscoll SW, Keeley FW, Salter RB (1988) Durability of regenerated articular cartilage produced by free autogenous periosteal grafts in major full-thickness defects in joint surfaces under the influence of continuous passive motion. A follow-up report at one year. J Bone Joint Surg [Am] 70:595-606
10. Pineda S, Pollack A, Stevenson S, Goldberg VM, Caplan AI (1992) A semi-quantitative scale for histologic grading of articular cartilage repair. Acta Anat 143:335-340
11. Räsänen T, Messner K (1996) Regional variations of indentation stiffness and thickness of normal rabbit knee articular cartilage. J Biomed Mater Res 31:519-524
12. Romeis B (1989) Mikroskopische Technik. Urban & Schwarzenberg, München
13. Rosenberg L (1971) Chemical basis for the histological use of safranin O in the study of articular cartilage. J Bone Joint Surg [Am] 53:69-82
14. Rudert M, Wirth CJ (1998) Knorpelregeneration – Knorpelersatz. Orthopäde 27:309-321
15. Shahgaldi BF, Amis AA, Heatley FW, McDowell J, Bentley G (1991) Repair of cartilage lesions using biological implants. A comparative histological and biomechanical study in goats. J Bone Joint Surg [Br] 73:57-64
16. Shapiro F, Koide S, Glimcher MJ (1993) Cell origin and differentiation in the repair of full-thickness defects of articular cartilage. J Bone Joint Surg [Am] 75:532-553
17. Tillmann B (1987) Skelettsystem. In: Leonhardt H, Tillmann B, Töndury G, Zilles K (Hrsg) Anatomie des Menschen. Thieme, Stuttgart, S 52-127

18. Wakitani S, Goto T, Pineda SJ, Young RG, Mansour JM, Caplan AI, Goldberg VM (1994) Mesenchymal cell-based repair of large, full-thickness defects of articular cartilage. J Bone Joint Surg [Am] 76:579–592
19. Wei X, Gao J, Messner K (1997) Maturation-dependent repair of untreated osteochondral defects in the rabbit knee joint. J Biomed Mater Res 34:63–72
20. Yasui N, Osawa S, Ochi T, Nakashima H, Ono K (1982) Primary culture of chondrocytes embedded in collagen gels. Exp Cell Biol 50:92–100

3.2 H.G. Simank, C. Sergi, M. Jung, S. Adolf, M. Rickert, J. Pohl, W. Richter

Erste Ergebnisse der lokalen Applikation eines Kollagen-I/GDF-5-Komposits im „Full thickness"-Defekt am Kaninchen

■ Einleitung

Die Arthrose, die sich mit fortschreitendem Alter nahezu bei allen Menschen entwickelt, ist die häufigste Ursache für Gelenkknorpelläsionen. In Deutschland werden daher jährlich ca. 150 000 Hüfttotalendoprothesen- und ca. 60 000 Knietotalendoprothesenimplantationen durchgeführt.

Eine der Ursachen für die „Volkskrankheit Arthrose" ist die fehlende Regenerationsfähigkeit des Gelenkknorpels. Der adulte, hyaline Gelenkknorpel hat nur eine sehr beschränkte Möglichkeit, auf chronische Insulte und akute traumatische Läsionen zu reagieren. Bis heute gibt es keine spezifische Therapie der Arthrose. Aus diesem Grund werden Reparationstechniken gesucht mit dem Ziel, eine osteochondrale Regeneration unter Ausbildung von hyalinem, belastbarem Knorpel zu induzieren. Derzeit stehen dem Kliniker jedoch keine sicheren Möglichkeiten der Knorpelregeneration zur Verfügung. Techniken in der klinischen Praxis beruhen häufig auf der Induktion eines osteochondralen Defekts und damit Eröffnung des Markraumes [1, 4, 15, 17]. Dieses Vorgehen macht es möglich, dass undifferenzierte Knochenmarksstammzellen in den Defekt einwandern können und sich zumindest potenziell zu Chondrozyten differenzieren. Verschiedene tierexperimentelle Studien zeigten aber, dass auf diese Weise behandelte Knorpeldefekte niemals vollständig heilten und sich im Regelfall ein fibröser Faserknorpel bildete [10, 11, 17]. Neuere Studien untersuchten deshalb die lokale Anwendung von chondrotropen Wachstumsfaktoren [14].

Der Growth differentiation factor 5 (GDF-5; synonym CDMP-1) [6] gehört zur „superfamily" der „transforming growth factors" (TGF-β). Er beeinflusst und induziert die Knochen- und Knorpelentwicklung [8]. Das Protein teilt sich 40–50% der Proteinsequenz mit den Wachstumsfaktoren BMP-2 und BMP-7. GDF-5 spielt eine wichtige Rolle während der embryonalen Gelenkentwicklung [2, 3, 9]. Des Weiteren wurde GDF-5 auch in adultem humanen Knorpel nachgewiesen und stimuliert die metabolische Aktivität von Chondrozyten *in vitro* [5].

Diese Studie untersucht den Effekt von GDF-5 auf die Regeneration von osteochondralen „Full thickness"-Defekten im Kaninchenmodell.

■ Material und Methodik

Tiermodell

54 weibliche „White New Zealand"-Kaninchen (Gewicht: 3–3,5 kg) im Alter von 7 Monaten wurden mit einer intramuskulären Injektion von jeweils 10 mg Benzodiazepin (Valium 10, Roche) und 0,5 mg Atropin (Atropin 0,5, Braun) prämediziert. Die Anästhesie erfolgte durch die Gabe von Ketamin (50 mg/kg KG, Hostaket, Hoechst Roussel Vet) in Kombination mit Xylazin (5 mg/kg KG, Rompun, Bayer).

Anschließend wurde das rechte Knie durch eine parapatellare Inzision eröffnet. Ein 3,2 mm Durchmesser messender „Full thickness"-Defekt mit einer Tiefe von 5 mm wurde in das Patellagleitlager gebohrt, wobei der subchondrale Knochen eröffnet wurde. Während der Bohrung wurde der Standardbohrer (Aesculap/Tuttlingen) zur Kühlung permanent gespült. Im Anschluss wurde der Defekt nochmals mit einem scharfen Löffel kürretiert und gespült. Nach intraoperativer Randomisierung wurde bei 18 Tieren der Defekt leer belassen. Bei 18 Tieren wurde der Defekt mit einem Kollagenschwamm gefüllt und bei weiteren 18 Tieren ein Kollagenschwamm in Verbindung mit dem Wachstumsfaktor GDF-5 implantiert. Anschließend wurde die Wunde schichtweise verschlossen. Zur Infektprophylaxe erhielten die Tiere Netilmycin (4 mg/kg KG, Essex Pharma), als Schmerzmedikation Caprofen (4 mg/kg KG Rimadyl, Pfizer). Nach 4, 8 und 24 Wochen wurden die Tiere mit einer Überdosis Pentobarbital (Narcoren, Rhone Merieux) getötet.

Matrix

Ein boviner Kollagen-I-Schwamm (Integra Life Science, Plainsboro, New Jersey) wurde verwendet. Der Kollagenschwamm wurde mit 10 µg in Pufferlösung gelöstem, rekombinantem humanen GDF-5 dotiert. Der Kontrollkollagenschwamm wurde mit Puffer ohne Zugabe des Wachstumsfaktors behandelt. Das Komposit zeigte biologische Aktivität im ALP-Assay in einem Osteoblastenzellkultursystem.

Aufarbeitung

Das rechte Kniegelenk wurde entnommen und makroskopisch untersucht. Anschließend wurde der Bereich des Defektes aus dem Knochen gesägt und das Gewebe in 10%igem Formalin für 5 Tage fixiert. Für 3–4 Wochen wurden die Knochen-Proben in 0,5 molarer EDTA-Lösung entkalkt.

Nach der Entkalkung wurden die Proben in Paraffin eingebettet. Danach wurden 3 µm dicke transversale Serienschnitte hergestellt. Die Schnitte vom jeweiligen Zentrum des Defektes wurden mit Hematoxillin-Eosin und

Safranin-O-fast-green gefärbt. Die Auswertung erfolgte verblindet deskriptiv und semiquantitativ nach dem so genannten Pineda-Score [13, 14].

▪ Ergebnisse

Nach 4 Wochen war der Defekt in der Leer- und Kollagengruppe vorwiegend mit fibrösem Gewebe gefüllt. Die Übergänge zwischen normalem Knorpel und dem Regenerationsgewebe zeigten sich avital mit Lücken im Bereich des angrenzenden Knorpels. Bei den GDF-5-behandelten Tieren waren die meisten Defekte mit hyperzellulärem Gewebe, welches eine Vielzahl von hypertrophen Chondrozyten enthielt, gefüllt. Die Regeneration des subchondralen Knochens war bei den behandelten Tieren weit fortgeschritten (Abb. 1, 2).

Nach 8 Wochen zeigten die Kontroll- und die mit Kollagen-I behandelten Defekte eine fortschreitende Füllung mit fibrösem Gewebe oder Faserknorpel gegenüber dem vorherigen Zeitpunkt. Eine Safranin-O-Anfärbung fand sich vor allem in den Bereichen regenerativer Knorpelformationen mit hypertrophen Chondrozyten. An den Grenzen des Defekts waren in nahezu allen Präparaten Lücken und Risse zu finden. Bei den mit dem Wachstumsfaktor behandelten Tieren dominierte hyperzellulärer Regeneratknorpel mit Clusterformationen. Der knöcherne Defekt war weitgehend aufgefüllt und wandelte sich in einen lamellären Aufbau (Abb. 3).

Die 24-Wochen-Gruppe ist derzeit noch nicht vollständig ausgewertet. Mit dieser Einschränkung fanden sich nach 24 Wochen bei den Leer- und Kollagendefekten eine ähnliche Morphologie mit einer starken Variabilität des Regenerats. Der subchondrale Defekt war mit Knochen und der ehemals chondrale Defekt mit Regenerationsgewebe subtotal gefüllt. Der Regeneratknorpel war dünner als der angrenzende ursprüngliche Knorpel. Des Weiteren konnte man im Regenerat eine partielle Desorganisation und degenerative Veränderungen an der Oberfläche erkennen. Ein ähnlicher Befund war auch bei den Präparaten der mit Wachstumsfaktor behandelten

Abb. 1. Mikroskopisches Präparat eines GDF-5-behandelten Defekts 4 Wochen postoperativ. Die Höhe des Knorpels ist wiederhergestellt, reichlich blasige Chondroblasten in den tiefen Knorpelschichten (Safranin-O-fast-green, ×4)

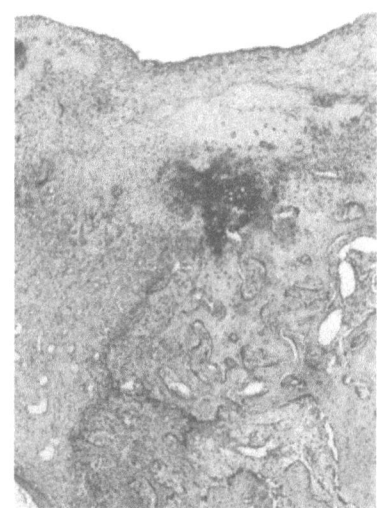

Abb. 2. Mikroskopisches Präparat eines kollagenbehandelten Defekts 4 Wochen postoperativ. Der Defekt ist nahezu vollständig mit Bindegewebe gefüllt (Safranin-O-fast-green, ×4)

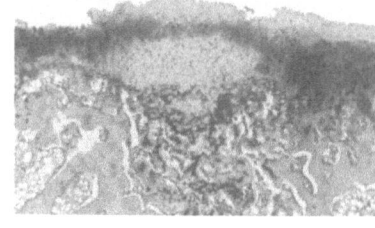

Abb. 3. Mikroskopisches Präparat eines GDF-5-behandelten Defekts 8 Wochen postoperativ. Der subchondrale Knochen ist weitgehend aufgebaut, wechselnde Safranin-O-Anfärbbarkeit im Defekt (Safranin-O-fast-green, ×4)

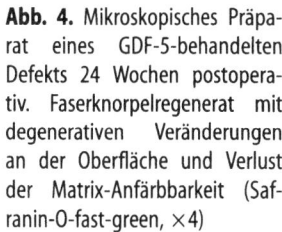
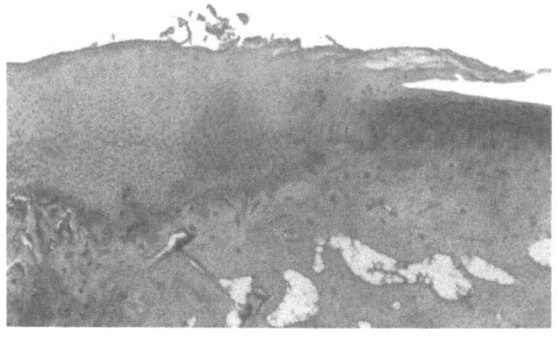

Abb. 4. Mikroskopisches Präparat eines GDF-5-behandelten Defekts 24 Wochen postoperativ. Faserknorpelregenerat mit degenerativen Veränderungen an der Oberfläche und Verlust der Matrix-Anfärbbarkeit (Safranin-O-fast-green, ×4)

Defekte vorhanden. In dieser Gruppe fanden sich bei der histologischen Untersuchung ebenfalls degenerative Oberflächenveränderungen. Die Ränder der Defekte waren weiterhin zellarm mit einer klaren Demarkation zwischen hyalinem und regenerativem Knorpel. Organisierter, hyaliner Knorpel im Defekt wurde in keiner der Studiengruppen gefunden.

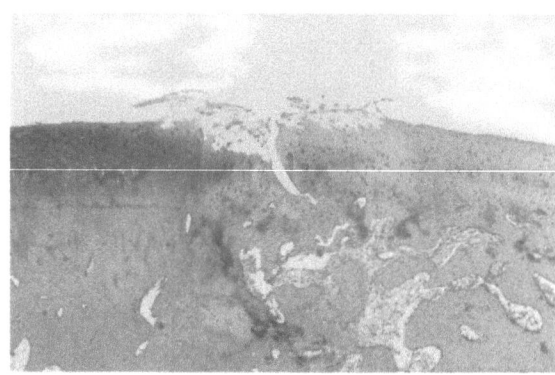

Abb. 5. Mikroskopisches Präparat eines Leerdefekts 24 Wochen postoperativ. Der Schnitt zeigt die Randzone zum gesunden Knorpel mit einer Spaltenbildung. Die Oberfläche des faserigen Regeneratknorpels ist degenerativ verändert (Safranin-O-fast-green, ×4)

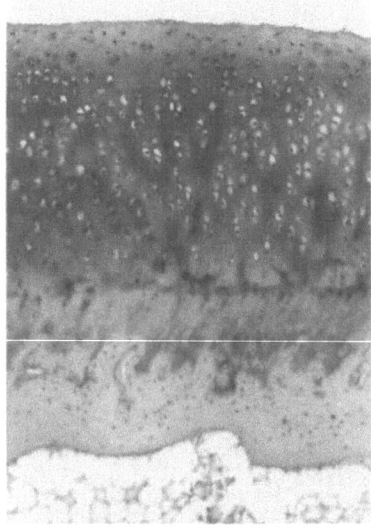

Abb. 6. Mikroskopisches Präparat von gesundem hyalinen Knorpel am Kaninchenknie (Safranin-O-fast-green, ×10)

Der Score-Wert der mit Wachstumsfaktor behandelten Tiere war signifikant besser nach 4 und 8 Wochen im Vergleich zur Leer- und Kollagengruppe. Mit der Einschränkung, dass die vollständige Auswertung in der 24-Wochen-Gruppe noch nicht abgeschlossen ist, scheint eine Differenz im Score-Wert für diese Gruppe nicht zu bestehen (Abb. 4, 5, 6).

■ Diskussion

Diese Studie beschreibt den Effekt eines rekombinanten Wachstumsfaktors auf den Heilungsverlauf eines osteochondralen Defekts im Patellagleitlager im adulten Kaninchen.

Wie zuvor beschrieben [11, 12], wurde eine spontane Defektheilung bei den nicht wachstumsfaktorbehandelten Tieren (Leer- oder Kollagengruppe) dokumentiert. Nach 24 Wochen fand sich faseriger Regeneratknorpel, der subchondrale Knochen war wieder aufgebaut. Bei den wachstumsfaktorbehandelten Tieren war die chondrale und ossäre Regeneration beschleunigt. Dies führte in der histologischen Untersuchung nach 4 und 8 Wochen zu deutlich besseren Ergebnissen. Aber nach 24 Wochen manifestierten sich auch im Regeneratknorpel der behandelten Tiere degenerative Veränderungen. Dies schlug sich in den Score-Werten nieder, wo ein Unterschied zwischen den Gruppen in der 24. Woche nicht mehr bestand. Organisierter, hyaliner Gelenkknorpel war zu keinem Zeitpunkt der Studie und in keiner Gruppe nachweisbar. Der initiale Vorteil, induziert durch den Wachstumsfaktor, konnte somit während der kompletten Zeitspanne der Studie nicht aufrechterhalten werden.

Die theoretischen Gründe für diesen Befund sind vielfältig und liegen beispielsweise im „Delivery-System". Das verwendete Trägersystem bestand aus einem Kollagen-I-Schwamm, welcher nach einem Zeitraum von 6–8 Wochen postoperativ resorbiert wurde und somit keine langfristige Proteinfreisetzung garantierte. Ebenso ist es möglich, dass durch diesen Kollagenträger nur ein Anteil des Wachstumsfaktors zurückgehalten wurde und der initiale Proteinverlust hoch war [16]. Hierdurch ist eine relativ kurze Wirkdauer des Wachstumsfaktors erklärbar und möglicherweise auch das Ergebnis nach 6 Monaten.

Daneben war die Integration des Regeneratknorpels in allen Gruppen inkomplett. Dies stellt eines der schwerwiegenden Probleme dar und liegt u. a. darin begründet, dass die Chondrozyten des angrenzenden, gesunden Knorpels nicht regenerationsfähig sind und keine Migrationsfähigkeit besitzen, mit der Folge einer insuffizienten Bindung des Regeneratknorpels an den ortsständigen Knorpel [14]. Mikroskopisch zeigte sich keine feste Verbindung zwischen dem Regeneratknorpel und dem umgebenden Knorpel. In den meisten Proben fanden sich Risse und Lücken im Übergangsbereich unabhängig von der Studiengruppe. Der randständige Knorpel um das Bohrloch herum imponierte mikroskopisch avital. In dieser Situation können mechanischer Stress und Mikrobewegungen zu einer Degeneration des Regeneratgewebes und zu einer Verschlechterung der histologischen Untersuchungsergebnisse 24 Wochen postoperativ führen. In der Literatur wurde deshalb eine enzymatische Behandlung des umgebenden Knorpels vorgeschlagen [7].

Zusammenfassend lässt sich sagen, dass der Wachstumsfaktor GDF-5 eine verstärkte initiale Heilung eines osteochondralen Defektes *in vivo* induzierte. Diese lokale Wirkung des Wachstumsfaktors ist vielversprechend, konnte jedoch nicht über den gesamten Verlauf der Studie nachgewiesen werden.

■ Literatur

1. Bert JM, Maschka K (1989) The arthroscopic treatment of unicompartmental gonarthrosis: a five-year follow-up study of abrasion arthroplasty plus arthroscopic debridement and arthroscopic debridement alone. Arthroscopy 5(1): 25–32
2. Buxton P, Edwards C, Archer CW, Francis-West P (2001) Growth/differentiation factor-5 (GDF-5) and skeletal development. J Bone Joint Surg Am 83-A (Suppl 1/Pt 1):S23–30
3. Chang SC, Hoang B, Thomas JT, Vukicevic S, Luyten FP, Ryba NJ, Kozak CA, Reddi AH, Moos M (1994) Cartilage-derived morphogenetic proteins. New members of the transforming growth factor-beta superfamily predominantly expressed in long bones during human embryonic development. J Biol Chem 269(45):28227–28234
4. Erggelet C, Mandelbaum B, Lahm A (2000) Der Knorpelschaden als therapeutische Aufgabe – Klinische Grundlagen. Deutsche Zeitschrift für Sportmedizin 51(2):48–54
5. Erlacher L, Ng CK, Ullrich R, Krieger S, Luyten FP (1998) Presence of cartilage-derived morphogenetic proteins in articular cartilage and enhancement of matrix replacement in vitro. Arthritis Rheum 41(2):263–273
6. Hotten GC, Matsumoto T, Kimura M, Bechtold RF, Kron R, Ohara T, Tanaka H, Satoh Y, Okazaki M, Shirai T, Pan H, Kawai S, Pohl JS, Kudo A (1996) Recombinant human growth/differentiation factor 5 stimulates mesenchyme aggregation and chondrogenesis responsible for the skeletal development of limbs. Growth Factors 13(1–2):65–74
7. Hunziker EB, Kapfinger E (1998) Removal of proteoglycans from the surface of defects in articular cartilage transiently enhances coverage by repair cells. J Bone Joint Surg Br 80(1):144–150
8. King JA, Storm EE, Marker PC, Dileone RJ, Kingsley DM (1996) The role of BMPs and GDFs in development of region-specific skeletal structures. Ann N Y Acad Sci 785:70–79
9. Luyten FP (1995) Cartilage-derived morphogenetic proteins. Key regulators in chondrocyte differentiation? Acta Orthop Scand Suppl 266:51–54
10. Meachim G, Roberts C (1971) Repair of the joint surface from subarticular tissue in the rabbit knee. J Anat 109(2):317–327
11. Mitchell N, Shepard N (1976) The resurfacing of adult rabbit articular cartilage by multiple perforations through the subchondral bone. J Bone Joint Surg Am 58(2):230–233
12. O'Driscoll SW (1998) The healing and regeneration of articular cartilage. J Bone Joint Surg Am 80(12):1795–1812
13. Pineda S, Pollack A, Stevenson S, Goldberg V, Caplan A (1992) A semiquantitative scale for histologic grading of articular cartilage repair. Acta Anat (Basel) 143(4):335–340
14. Sellers RS, Peluso D, Morris EA (1997) The effect of recombinant human bone morphogenetic protein-2 (rhBMP-2) on the healing of full-thickness defects of articular cartilage. J Bone Joint Surg Am 79(10):1452–1463
15. Steadman JR, Rodkey WG, Briggs KK, Rodrigo JJ (1999) The microfracture technic in the management of complete cartilage defects in the knee joint. Orthopäde 28(1):26–32

16. Uludag H, Gao T, Porter TJ, Friess W, Wozney JM (2001) Delivery systems for BMPs: factors contributing to protein retention at an application site. J Bone-Joint Surg Am 83-A (Suppl 1/Pt 2):S128–135
17. Vachon A, Bramlage LR, Gabel AA, Weisbrode S (1986) Evaluation of the repair process of cartilage defects of the equine third carpal bone with and without subchondral bone perforation. Am J Vet Res 47(12):2637–2645

3.3 P. Behrens, U. Meisner

Die Rolle von Matrices im Tissue engineering

■ Einleitung

Tissue engineering is the application of the principles and methods of engineering and the life science toward the fundamental understanding of structure/function relationships in normal and pathological mammalian tissues and the development of biological substitutes to restore, maintain, or improve functions.
National Science Foundation, USA, 1988

Dieser Satz aus dem Jahr 1988 charakterisierte bereits die Bedeutung des Tissue engineering, übersetzbar als Gewebetechnologie.

Das Tissue engineering umfasst die Entwicklung von biologischen Materialien, um eine physiologische und biologische Gewebefunktion wieder herzustellen, aufrechtzuerhalten oder zu verbessern [6, 14]. Dabei wird der autogene Gewebeersatz angestrebt, der auf den Patienten zugeschnitten ist. Für eine Züchtung von in Form und Funktion den klinischen Anforderungen entsprechenden Geweben werden bestimmte Proliferationsfähigkeiten, Differenzierungsgrade und Migrationsfähigkeiten der einzelnen Zellen verlangt. Um diesen Anforderungen gerecht zu werden bedarf es entsprechender Trägermaterialien, sog. Matrices [13]. Die Matrix als Grundgerüst hat wesentlichen Einfluss auf die anhaftenden Zellen. So bildet die Matrix zum einen eine passive Struktur und erfüllt eine morphologische Funktion hinsichtlich Strukturgebung, zum anderen dient sie der aktiven Regulation auf der Ebene der Zell-Zell- und Zell-Matrix-Interaktion [11].

■ Matrix und Tissue engineering

Die Matrix bildet das Grundgerüst und ist Strukturgeber für die Zellorganisation, wie bei Haut, Knochen, Knorpel oder Sehnen, und besitzt eine morphologische Funktion. Zum anderen ist die Matrix an der aktiven Regulation, wie bei der Frakturheilung, Wundheilung und somit Zelldifferenzierung beteiligt. Der Ansatz des Tissue engineerings liegt zunächst darin,

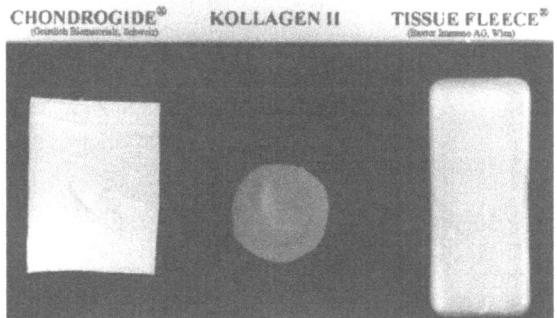

Abb. 1. Kollagenmatrices

geeignete Zellen zu isolieren, aus denen dann ein entsprechendes Gewebe oder sogar Organe rekonstruiert werden können. Die zur Verfügung stehenden Zellen können autogenen als auch allogenen, aber auch xenogenen Ursprungs sein. Die Zellen nehmen eine zentrale Rolle in der Herstellung von Geweben oder Organen im Tissue engineering ein. Das Ziel ist, proliferationsfähige Zellen zu generieren, möglichst humanen Ursprungs, die zunächst *in vitro* vermehrt werden, um sie dann in geeigneter Form zu transplantieren. Als Transportvehikel dienen dreidimensionale Matrices, in denen sich die Zellen vermehren und organspezifische Gewebe ausbilden können [9, 14]. Die Matrixstrukturen können in Form eines Netzwerks oder auch Schwämme, z. B. aus Kollagen, Alginat, Fibrin oder Bestandteilen der natürlichen extrazellulären Matrix hergestellt werden [3] (Abb. 1). Daneben können synthetische Polymere [10], Peptide oder anorganisch-mineralische Substrate, wie Hydroxylapatit, azellulärer deproteinierter Knochen als Matrix eingesetzt werden [2, 4, 8] (Übersicht siehe Abb. 2). Die zu verwendende Matrix sollte die Eigenschaften der Zellen bei der Ausbildung spezifischer Gewebeformationen unterstützen. Hierfür ist es wichtig, dass sich die Zellen an der Oberfläche anhaften, migrieren, differenzieren und proliferieren können. Voraussetzung hierfür sind wiederum spezielle Materialeigenschaften, wie Porosität, geeignete biomechanische Eigenschaften, die der natürlichen biologischen Umgebung angepasst sind. Des Weiteren wichtig sind die Biokompatibilität, Biodegradierbarkeit und notwendige Formbarkeit [3].

▪ Aussicht

Erste Ansätze im Bereich des Tissue engineerings zur Behandlung von Knorpeldefekten bietet die matrixgekoppelte autogene Chondrozytentransplantation (MACT) (Abb. 3). Hierbei wird zunächst Knorpelgewebe aus dem Kniegelenk gewonnen, anschließend werden *in vitro* die autogenen chondrozytären Zellen vermehrt und dann mit Hilfe einer Matrix, z. B. Kol-

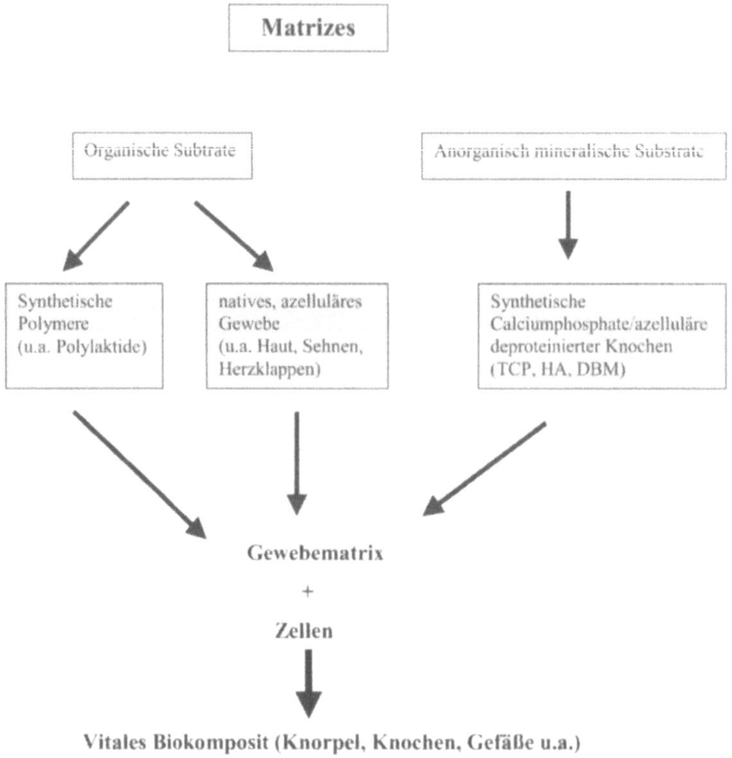

Matrizes
Organische Subtrate
Anorganisch mineralische Substrate
Synthetische Polymere (u.a. Polylaktide)
natives, azelluläres Gewebe (u.a. Haut, Sehnen, Herzklappen)
Synthetische Calciumphosphate/azelluläre deproteinierter Knochen (TCP, HA, DBM)
Gewebematrix
+
Zellen
Vitales Biokomposit (Knorpel, Knochen, Gefäße u.a.)

Abb. 2. Flussdiagramm Matrix und Tissue engineering

Biopsy of healthy cartilage in arthroscopic technique
Lesion
Enzymatic digestion
Cultivation for 3-4 weeks
Mechanical removal of cells by scraping or trypsination
Seeding the cells on the collagen membrane for 3 days
Arthroscopic implantation of the cell seeded collagen membrane over the lesion by fibrin glueing

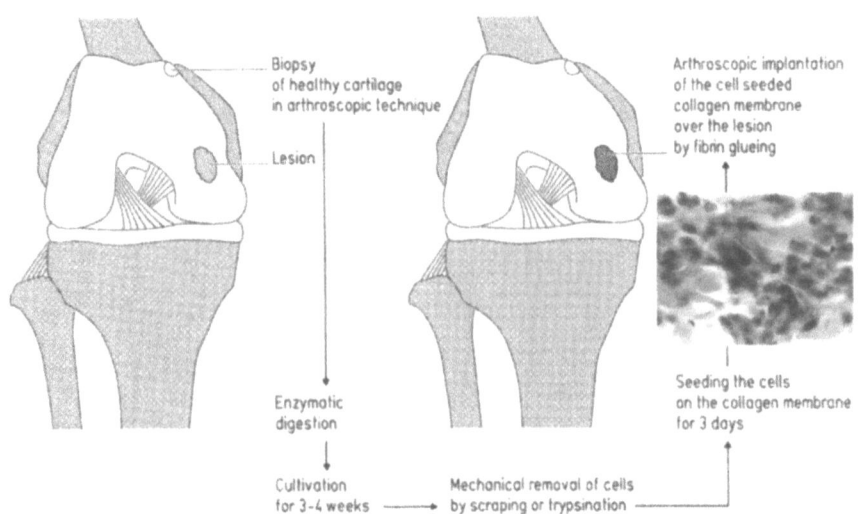

Abb. 3. Prinzip der matrixgekoppelten autogenen Chondrozytentransplantation (MACT)

lagen oder Fibrin/Alginat, in den Knorpeldefekt transplantiert [1]. Ein anderer Ansatz liegt in der Verwendung von zellfreien, dem biologischen Lager angepassten Matrices, die implantiert werden und somit nach Aktivierung ortsständiger Zellen die Bildung von Neogewebe induzieren (autogene matrixinduzierte Chondrogenese; AMIC®).

Daneben haben neue Herstellungsverfahren im Bereich der synthetischen Materialien Matrices entstehen lassen, die als Röhren für Blutgefäße und Nerven, als Knochen-Knorpel-Konstrukte zur Fingerrekonstruktion oder auch als Herzklappen eingesetzt werden können [5, 12, 15, 16].

Die weiteren Entwicklungen im Bereich des Tissue engineerings hängen vom Verstehen der Interaktionen zwischen der zu verwendenden Matrix und dem Zelltyp ab [13]. Hiermit eröffnen sich auch Möglichkeiten, an Modellsystemen Untersuchungen hinsichtlich pathologischer Mechanismen der extrazellulären Matrix durchzuführen und besser zu verstehen.

▇ Zusammenfassung

Bereits seit Jahrzehnten werden in der orthopädischen Chirurgie Prinzipien des Tissue engineerings, übersetzt etwa als Gewebeherstellung, angewendet. Transplantiert werden und wurden Matrices, z.B. Sehnen, Knorpel und Knochen, die als Leitstruktur dienen. Diese Matrices sind mit und ohne Zellen transplantiert worden. Hierbei wurde durch entsprechende Aufarbeitung/Anfrischung des Transplantatbetts die Voraussetzung zur besseren Heilung und Funktionswiederherstellung des defekten Gewebes geschaffen. Das sogenannte Tissue engineering hat das Ziel, regenerationsfähiges Gewebe herzustellen. Das Verstehen der Zusammenhänge zwischen Zell-Matrix-Interaktion und Zellverhalten könnte den Weg zur Herstellung neuer Biomaterialien öffnen und im Sinne des Tissue engineering dazu dienen, Gewebefunktionen wiederherzustellen, zu erhalten oder zu verbessern.

▇ Literatur

1. Behrens P, Ehlers EM, Köchermann KU, Rohwedel J, Russlies M, Plötz W (1999) Neues Therapieverfahren für lokalisierte Knorpeldefekte. MMW-Fortschr Med 141 (45):793–795
2. Behrens P, Wolf E, Bruns J (2000) In vitro Anzüchtung humaner autogener osteoblastärer Zellen auf natürlichem Knochenmineral. Der Orthopäde 29:129–134
3. Hutmacher DW (2000) Scaffolds in tissue engineering bone and cartilage. Biomaterials 21:2529–2543
4. Ishaug-Riley SL, Okun LE, Prado G, Applegate MA, Ratcliffe A (1999) Human articular chondrocyte adhesion and proliferation on synthetic biodegradable polymer films. Biomaterials 20: 2245–2256

5. Isogai N, Landis W, Kim TH, Gerstenfeld LC, Upton J, Vacanti JP (1999) Tissue engineering of a phalangeal joint for application in reconstructive hand surgery. J Bone Joint Surg Am 81:3061
6. Langer R, Vacanti JP (1993) Tissue engineering. Science 260:920–926
7. Langer R, Vacanti JP (1999) Tissue engineering: the challenges ahead. Sci Am 280:6265
8. Maddox E, Zhan M, Mundy G R, Drohan WN, Burgess WH (2000) Optimizing human demineralized bone matrix for clinical application. Tissue Engineering 6 (4):441–448
9. Mooney DJ, Mikos AG (1999) Growing new organs. Sci Am 280:38–43
10. Pietrzak WS (2000) Principles of development and use of absorbable internal fixation. Tissue Engineering 6 (4):425–433
11. Reddi AH (2000) Morphogenesis and tissue engineering of bone and cartilage: Inductive signals, stem cells, and biomimetic biomaterials. Tissue Engineering 6 (4):351–357
12. Shinoka T, Shumtin D, Ma PX, Tamel RE, Isogai N, Langer R, Vacanti JP, Mayer JE Jr (1998) Creation of viable pulmonary artery autografts through tissue engineering. J Thor Cardiovasc Surg 115 (3):536–545
13. Vacanti JP, Langer R, Upton J, Marler JJ (1998) Transplantation of cells in matrices for tissue regeneration. Adv Drug Deliv Rev 33 (1/2):165–182
14. Vacanti JP, Langer R (1999) Tissue engineering: the design and fabrication of living replacement devices for surgical reconstruction and transplantation. Lancet 354 (Suppl 1):3234
15. Vacanti CA, Bonassar LJ, Vacanti MP, Schufflebarger J (2001) Replacement of an avulsed phalanx with tissue-engineered bone. N Engl J Med 344:1511–1514
16. Zeltinger J, Landeen LK, Alexander HG, Kidd ID, Sibanda B (2001) Development and characterization of tissue-engineered aortic valves. Tissue Engineering 7 (1): 9–22

Vergleich kokultivierter synthetischer und biologischer Trägermaterialien bei der Behandlung osteochondraler Defekte

■ Einleitung

Schäden des Gelenkknorpels stellen unabhängig von ihrer Ätiologie ein Problem dar. Sie heilen nicht, wie das von anderen Geweben mit mehr oder weniger stark ausgeprägter regenerativer Kapazität her bekannt ist. Hunter stellte dies bereits 1743 fest [6]. Sir James Paget schrieb 1853: „there are, I believe, no instances in which a lost portion of cartilage has been restored or wounded portion repaired with new and well-formed permanent cartilage in the human subject" [13]. In der deutschen Literatur findet man im „Handbuch der Gewebelehre des Menschen" von Kölliker 1852 die Bestätigung: „Wiedererzeugungsfähigkeit besitzen Knorpel nicht, und ebenso wenig heilen Knorpelwunden durch Knorpelsubstanz" [8]. Diese Erkenntnis wurde in den letzten beiden Jahrhunderten mit neuen Untersuchungstechniken immer wieder experimentell bestätigt.

Über 100 Jahre später werden Knorpelschäden bei älteren wie auch bei jüngeren Patienten als Problem betrachtet. Es wird allgemein angenommen, dass artikulärer Knorpel nur eine ausgesprochen geringe Kapazität zur Eigenreparatur aufweist. Ist die mechanische Belastbarkeit des Gelenkes durch eine Knorpelverletzung gestört, kommt es zum verstärkten Verschleiß der verbleibenden Knorpelareale und damit zur Arthrose [10]. Diese betrifft nicht nur den Gelenkknorpel sondern auch die Gelenkkapsel mit der Gelenkschleimhaut, den subchondralen Knochen und das periartikuläre Weichteilgewebe. Wegen der fehlenden intrinsischen Heilungskapazität des Knorpelgewebes schreitet die Schädigung weiter fort und kann so starke Beschwerden hervorrufen, dass eine Resektion oder ein alloarthroplastischer Ersatz des Gelenkes notwendig wird, um die Mobilität des Patienten zu erhalten und eine Schmerzfreiheit zu erreichen. Heute ist als Ausdruck dieser Tatsache die endoprothetische Versorgung großer Gelenke eine probate Therapie des älteren Patienten.

Beim jüngeren Patienten kommt diese Form der Therapie unter normalen Voraussetzungen nicht in Frage. Als Ursachen sind hier meist traumatische Schädigungen der Knorpeloberfläche zu nennen. Bezüglich der posttraumatischen Genese der Arthrose steht deshalb weiterhin die frühe Therapie des Knorpelschadens unabhängig von seiner genauen Ursache im

Vordergrund. Ziel der therapeutischen Bemühungen müsste die Restitutio ad integrum der Knorpeloberfläche mit ihren mechanischen Eigenschaften sein. Alternativ ist beim bereits geschädigten Gelenk der biologische Gelenkersatz mit sich den Belastungen adaptierenden Materialien anzustreben. Erst durch die komplette Regeneration von hyalinem, artikulärem Knorpel wird die fortschreitende Zerstörung der Gelenkoberflächen nach einer initialen Schädigung aufzuhalten sein.

Bisher ist es weder in experimentellen Untersuchungen noch bei klinischen Anwendungen gelungen, originären hyalinen, artikulären Knorpel zu regenerieren. Dies erscheint weiterhin ein vordringliches Ziel, wenn man die sozioökonomischen Folgen betrachtet, die durch Verletzungen des Knorpels mit konsekutivem Gelenkverschleiß entstehen. Das bei den heutigen Techniken produzierte faserknorpelige Ersatzgewebe ist bekanntlich von biomechanisch geringerer Qualität als artikulärer Knorpel und kann deshalb nur zur vorübergehenden symptomatischen Verbesserung führen.

Einen hoffnungsvollen Ausblick bietet die praktische Anwendung von Zellkulturtechniken, um eine Verbesserung der Knorpelheilung zu erreichen. Die Transplantation von Chondrozyten, die im Defekt ihre knorpelspezifische Matrix ablegen und weiter produzieren können, erscheint sinnvoll und erfolgversprechend. In vorausgegangenen Untersuchungen zu dieser Thematik wurde gezeigt, dass die Herstellung von artifiziellem Knorpel *in vitro* auf unterschiedlichen dreidimensionalen Materialien möglich ist. Die Transplantation solcher Konstrukte führt im Tiermodell meist zu einer Verbesserung der Knorpelheilung, eine Restitutio ad integrum wurde jedoch auch hier bisher nicht beobachtet.

In der vorliegenden Arbeit wurden unterschiedliche Trägermaterialien bezüglich ihrer Eignung zur Herstellung von artifiziellem Knorpel *in vitro* verglichen und *in vivo* in einem geeigneten Tiermodell getestet.

▨ Material und Methoden

In vitro

Vier verschiedene Materialien wurden als potentielle Trägermaterialien für die Implantation von isolierten und kultivierten Chondrozyten untersucht. Die Materialien wurden aufgrund ihrer unterschiedlichen Eigenschaften ausgewählt und haben sich alle bereits im operativen Einsatz in der Chirurgie bewährt. Zur Eignung als Trägersubstanz mussten folgende Kriterien erfüllt sein:

- ▨ die äußere Form der Trägermaterialien soll möglichst stabil sein, damit Defekte passgerecht rekonstruiert werden können;
- ▨ die interne Oberfläche der Materialien soll möglichst groß sein, damit eine hohe Zahl von Chondrozyten an dem Material anheften kann;

■ die Masse an Fremdmaterial muss gering sein, das heißt es müssen poröse Materialien oder Netze eingesetzt werden und diese sollen eine möglichst hohe Homogenität und Reproduzierbarkeit in ihrer Struktur besitzen;

■ die Materialien müssen die Herstellung von artifiziellen Knorpelprodukten erlauben, also keine negativen Einflüsse auf die Zellen in der Kultur haben.

Verwendet wurden:

■ Ein nicht resorbierbares Netz: Mersilene® (Ethicon, Norderstedt)
Mersilene® (Polyethylen-Terephthalat) findet bei chirurgischen Eingriffen täglich Verwendung im Bereich von Nähten und um defekte Gewebebereiche zu überbrücken [1]. Das Polyester Mersilene® wird nicht resorbiert und bietet damit die Möglichkeit einer permanenten Verankerung des Implantates.

■ Ein resorbierbares Vlies: Ethisorb® 210 (Ethicon, Norderstedt)
Ethisorb® ist ein Kompositvlies aus Polydioxanon (PDS) und Polyglactin (PGL = Vicryl® = Glykolid/Laktid-Kopolymer) das ebenfalls in der Chirurgie zur Defektdeckung Verwendung findet [7]. Es ist bereits *in vitro* auf seine Eignung zur Züchtung von Knorpelgewebe untersucht worden und hat sich auch bezüglich seiner Abbauprodukte als verträglich und gut anwendbar erwiesen [17]. Der unterschiedliche Schmelzpunkt der beiden resorbierbaren Kunststoffe PDS (ca. 100 °C) und PGL (ca. 200 °C) wird ausgenutzt, um die Fasern des Vlieses durch Wärmebehandlung miteinander zu verkleben. *In vivo* wurde die Resorption des Vicrylanteils nach etwa 60 Tagen beobachtet, die PDS-Schmelze soll nach ca. 200 Tagen resorbiert sein.

■ Ein resorbierbares Vlies: PLLA V 19-1 (Institut für Textil- und Verfahrenstechnik, Denkendorf)
Dieses resorbierbare Vlies besteht aus Poly-L-Laktid (PLLA) und wurde ebenfalls bereits in Kombination mit isolierten Chondrozyten zur Kultivierung verwendet [4]. Seine Materialeigenschaften sind variierbar und können den jeweiligen Bedingungen angepasst werden [3]. PLLA ist als polymerisierte Alpha-Hydroxycarbonsäure ein Polyester, dessen Abbau durch Hydrolyse erfolgt. Es wird ein stufenweiser Abbauprozess angenommen, dessen Ablauf *in vivo* jedoch noch nicht vollständig geklärt ist [11]. Dabei werden die Polymerketten in kleinere Laktatsäureeinheiten degradiert, die ähnlich der Glykolsäure über natürliche Stoffwechselvorgänge in CO_2 abgebaut und über die Lunge abgeatmet werden [18]. PLLA gehört zu den festesten biodegradablen Materialien in der Medizin (Anwendungen z.B. in Form biodegradabler Schrauben für die Osteosynthese).

■ Ein biologisches, vliesartiges Material: lyophilisierte Dura (Lyodura®, B. Braun-Dexon, Spangenberg)
Die Dura mater encephali (cranialis) ist die äußerste Schicht der Hirnhäute und ist als derbe Hülle aus zwei Blättern aufgebaut, dem äußeren

periostalen und dem inneren meningealen Blatt. Zwischen den beiden Blättern liegt als potenzieller Spaltraum die Cavitas epiduralis. Das durch die Gefriertrocknung devitalisierte Gewebe, hauptsächlich aus Kollagen Typ I, lässt sich nach der Überführung in feuchtes Milieu in seine beiden Blätter trennen. Dabei ergibt sich jeweils eine raue innere Oberfläche des Materials, die eine vliesartige Struktur aufweist. Anwendung fand dieses Material bei Sehnen- und Bandplastiken, Plastik bei Luxatio acromio-clavicularis, Deckung von Bauchwandbrüchen, Behandlung der Fazialisparese und anderen plastischen Eingriffen [2].

Die Materialien wurden rasterelektronenmikroskopisch untersucht und ihr Nass- und Trockengewicht bestimmt [15, 16].

Der für die In-vitro-Untersuchungen verarbeitete Kaninchenknorpel ist von 3–6 Monate alten Kaninchen (New Zealand white rabbits) steril entnommen worden. Die enzymatische Isolierung erfolgte mit geringen Variationen nach üblichen Techniken, die bereits beschrieben wurden [15]. Zur Überführung der Knorpelzellen aus der Monolayerkultur auf die dreidimensionalen Gewebematerialien (3D-System) wurden die Zellen nach der Konfluenz in der Monolayerkultur durch Inkubation mit Trypsin-EDTA vom Boden der Kulturflaschen gelöst, 10 min bei 250 g zentrifugiert und in DMEM mit Antibiotikazusatz und Glutamin in Suspension gebracht. Anschließend wurde ein Tropfen von 200 µl dieser Suspension (enthält ungefähr $1-5\times10^5$ Chondrozyten) mit einer Pipette auf ein 3×3 mm großes Stück des Trägermaterials in Mikrotiterplatten aufgetragen. Unter Zugabe von Antibiotikalösung und 50 µg/ml Ascorbinsäure ließen sich die Zellen in diesen dreidimensionalen Kulturen mehrere Wochen im Brutschrank bei 37 °C züchten. Ein Mediumwechsel erfolgte alle zwei bis drei Tage.

Nach der Kultivierung der isolierten Chondrozyten auf den unterschiedlichen Trägermaterialien für einen Zeitraum von 3–4 Wochen wurden die Konstrukte in 4% Paraformaldehyd zur weiteren histologischen Verarbeitung fixiert und danach in Paraffin eingebettet. Die histologischen Färbungen erfolgten an 4–5 µm dicken Schnitten (Toluidinblau, Safranin-O, Alcianblau). Immunhistochemische Untersuchungen wurden ebenfalls an paraffineingebetteten Schnitten zum Nachweis der Kollagentypen I und II durchgeführt. Diese Färbungen erfolgten sowohl an den *in vitro* hergestellten Konstrukten wie auch an den *in vivo* getesteten Transplantaten.

In vivo

Als Versuchstiere für den In-vivo-Versuch wurden 33 weibliche Kaninchen, New Zealand white rabbits, verwendet. Sie wurden unter tierärztlicher Kontrolle, bei sauberen hygienischen Bedingungen und ausgewogener Ernährung aufgezogen. Die Tiere lebten in Einzelhaltung in standardisierten Leichtmetallkäfigen von $55\times35\times40$ cm oder in Gehegen mit ca. 4 m^2 Grundfläche für 2 Kaninchen. Futter und Wasser stand den Tieren unbe-

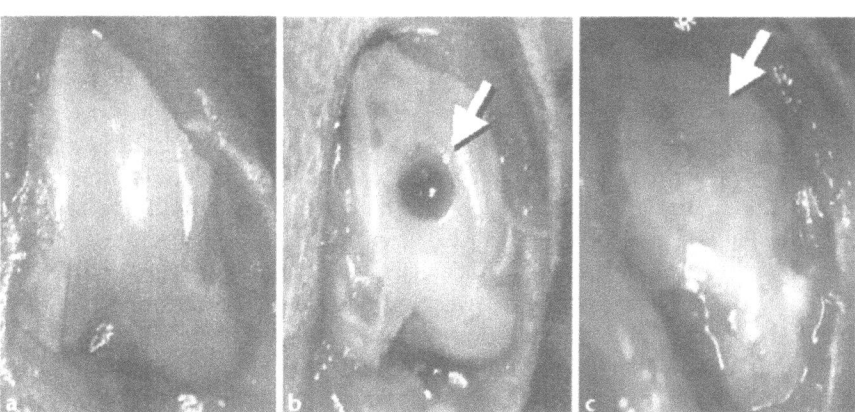

Abb. 1 a–c. Intraoperativer Situs des Kniegelenkes der Kaninchen mit luxierter Patella. **a** Das patellofemorale Gleitlager ist gut einsehbar. **b** Ein osteochondraler Defekt mit einem Durchmesser von 3 mm wurde in der Mitte der transversalen Ausdehnung des Gleitlagers gesetzt. Die Blutung aus dem subchondralen Markraum ist gut sichtbar. **c** Der osteochondrale Defekt wurde mit lyophilisierter Dura, die mit isolierten Chondrozyten kokultiviert wurde, gedeckt

grenzt zur Verfügung. Die Tiere waren zu Versuchsbeginn 6 Monate alt. Das Gewicht der Tiere betrug zwischen 3,5 und 5,5 kg und blieb bei ca. 14-tägigen Kontrollen bis zur Opferung bei allen Tieren weitgehend konstant. Die Versuchstiere konnten sich in den Gehegen und Käfigen frei bewegen, eine Immobilisierung nach der Operation fand nicht statt. Alle Tiere erhielten präoperativ einen Zeitraum von mindestens 14 Tagen, um sich an die neuen Räumlichkeiten gewöhnen zu können. Die operativen Eingriffe wurden unter den üblichen chirurgischen Bedingungen durchgeführt. Nach gründlicher Inspektion und Spülung des Kniegelenkes erfolgte das Setzen der Defekte. Dazu wurde eine scharfe Bohrhülse mit einem Innendurchmesser von 3 mm auf das patellofemorale Gleitlager gepresst und mit einem Hammer wie eine Stanze in den oberflächlichen Knorpel eingeschlagen, um die Position der folgenden Bohrung festzulegen. Die Defekte wurden mit einem Handbohrer (Durchmesser 3 mm) gesetzt. Die Tiefe des Defektes betrug ca. 1–2 mm. Dazu wurde unter leichtem Druck gebohrt, bis aus dem vaskularisierten subchondralen Knochen auftretende Blutungen sichtbar waren. Damit war die subchondrale Knochenzone erreicht. Anhand einer Markierung auf den Bohrern konnte im Vergleich zum Ende der Bohrhülse die Tiefe des Defektes ebenfalls abgeschätzt werden. Die Auffüllung des Defektes erfolgte mit einem Zell-Trägermaterial-Konstrukt in Abhängigkeit von der jeweiligen Versuchsgruppe, der das Tier angehörte (Abb. 1). Das Knie wurde maximal gebeugt, ein weiterer Defekt in den medialen Kondylus gebohrt und ein Implantat eingesetzt. Bei einigen Tieren wurde ein weiterer Defekt in den lateralen Kondylus gesetzt und mit Trägermaterialien aufgefüllt, oder als Kontrolldefekt leer belassen. 33 Tiere, die für die histologische Untersuchung vorgesehen waren, erhielten insgesamt 101 osteochondrale Defekte. 38 Defekte wurden über 6 Wochen, 27 Defekte über 6 Monate und 36 Defekte über 12 Monate verfolgt.

Zur makroskopischen Untersuchung wurde die Synovialis auf Entzündungszeichen (Rötung, Proliferation) und die knöchernen Gelenkanteile auf degenerative Veränderungen (z. B. Osteophyten) überprüft. Die makroskopische Bewertung der Defekte erfolgte nach einem Punkteschema mit einem Maximum von 8 und einem Minimum von 3 Punkten. Bewertet wurden die Füllung des Defektes (ein bis drei Punkte), die Farbe des Defektes (ein bis drei Punkte) sowie die Oberfläche des Defektes (ein oder zwei Punkte). Die mikroskopische Auswertung der Defektreparation erfolgte anhand des leicht modifizierten Auswertungsschemas nach O'Driscoll [12] mit einer maximalen Punktzahl von 24 Punkten. Für die Beurteilung der Kollagenexpression, die immunhistochemisch mit monoklonalen Antikörpern nachgewiesen wurde, ließ sich eine semiquantitative Technik anwenden, die lediglich einen Eindruck über die tatsächliche Genexpression geben kann. Die histochemischen Untersuchungen der Kollagene Typ I und II wurden mit der gebräuchlichen indirekten Methode über die Unkonjugierter-Antikörper-Enzym-Brücken-Methode [14] an Paraffinschnitten durchgeführt. Nach Austestung mehrerer Antikörper gegen die o.g. Kollagene ließen sich die folgenden mit reproduzierbaren Ergebnissen anwenden: Monoklonaler Antikollagen-Typ-I-Antikörper (COL-1, Maus IgG1, C2456, Sigma; 1:500 [19]) und monoklonaler Antikollagen-Typ-II-Antikörper (CIIC1, Maus IgG2a, Developmental Studies Hybridoma Bank, Iowa, USA; 1:20 [5]). Die Paraffinschnitte wurden in Xylol entparaffiniert, mit 0,1% Pepsin in 0,5 M Essigsäure bei 37 °C vorbehandelt und mit Hyaluronidase bei 37 °C angedaut. Die proteolytische Behandlung der paraffinfixierten Schnitte führte zu einer deutlichen Verbesserung der Färbungsintensität bei der Anwendung der PAP-Methode [9]. Die Vorinkubation mit 0,6% H_2O_2-Methanol erfolgte danach, um die endogene Peroxidaseaktivität der Zellen zu hemmen. Der erste Antikörper wurde bei Raumtemperatur für 60 min in einer feuchten Kammer inkubiert, gefolgt vom PAP-Anti-Maus-Antikörper (Dako, 1:200, 30 min). Mit dem DAB Substrat-Kit (3,3'-Diaminobenzidine, Serva, Heidelberg) wurde die Peroxidase histochemisch innerhalb von 10–20 min sichtbar gemacht. Eine Gegenfärbung wurde mit Hämalaun nach Mayer (1:1 in Aqua dest., 30 s [14]) bei ausgewählten Präparaten zur besseren Beurteilung der Zellkerne durchgeführt. Kontrollen erfolgten ohne die Applikation des ersten Antikörpers. Positivkontrollen wurden an hyalinem Knorpel (Typ-II-Kollagen) und an Knochen (Typ-I-Kollagen) durchgeführt.

Sämtliche histologischen Schnitte wurden von mindestens zwei Begutachtern unabhängig 2–3 mal bewertet, die Ergebnisse verglichen und bei deutlicher Abweichung der Befunde erneut begutachtet. Die Füllung der Defekte war dabei so kodiert, dass die tatsächliche Therapieform erst bei der endgültigen Auswertung bekannt wurde. Die Dokumentation der Daten für die Tierversuche und der Ergebnisse erfolgte vollständig auf einem PC-kompatiblen Rechner mit dem Programm SPSS® für Windows (Version

10). Die statistischen Analysen der Ergebnisse wurden über eine multivariate Analyse (allgemeines lineares Modell) mit Post-Hoc-Test (Tukey-HSD) durchgeführt. Dabei wurde ein p-Wert < 0,005 als signifikant, ein p-Wert <0,0005 als hochsignifikant betrachtet. Zur Kontrolle der Analysen wurden die Mittelwerte der einzelnen Variablen in geeigneten Einzelfällen nochmals separat mit dem ANOVA-Test überprüft.

■ Ergebnisse

Regelhaft konnten gute Ergebnisse bei der Isolierung und Kultur der Zellen erreicht werden. Im Mittel ließen sich $1,5$–2×10^6 Zellen pro Kniegelenk bzw. etwa 4×10^6 Zellen pro Gramm isolieren. Innerhalb der ersten 7–10 Tage wurden die Chondrozyten meist am Boden der Kulturgefäße adhärent und begannen mit der Zellteilung. Vor diesem Zeitpunkt wurde ein Medienwechsel vermieden. Eine Verdopplung der Zellzahl wurde bei den Kaninchen im Mittel pro Woche erreicht. Die mit dem Trypanblau-Ausschlusstest gemessene Vitalität lag generell über 90% (meist bei knapp unter 100%). Die Beimpfung der Trägermaterialien erfolgte ohne weitere Behandlung der Materialien. Vergleicht man die unterschiedlichen Vliese mit dem Netz, so lässt sich festhalten, dass auf dem Netz insgesamt nur wenig Zellen anhaften und diese eher in einer einschichtigen Struktur wie bei einer Monolayerkultur auf dem Material wachsen. Eine nennenswerte Matrixproduktion ließ sich ebenfalls nicht erkennen. Da zusätzlich noch zytotoxische Effekte des Netzes nachgewiesen werden konnten, ist dieses Trägermaterial von uns nicht weiter verwendet worden. Im Gegensatz dazu sind die vliesartigen Materialien nach kurzer Zeit bereits mit dichten Zellhaufen besetzt, so dass deren Beurteilung im inversen Mikroskop immer schwieriger wird. Bei der rasterelektronenmikroskopischen und histologischen Untersuchung lässt sich jedoch ein guter Eindruck über die Matrixproduktion und die Morphologie der Zellen gewinnen (Abb. 2).

Die Implantation der Zell-Träger-Konstrukte ins Kaninchenknie stellte sich insgesamt als unproblematisch dar. Bei der postoperativen Betreuung der Versuchstiere ließen sich keine Besonderheiten feststellen. Eine auffällige Bewegungseinschränkung oder Schonung der Hinterläufe wurde lediglich am ersten postoperativen Tag festgestellt. Keines der Tiere erlitt eine bakterielle Infektion am operierten Gelenk. Die Opferung der Versuchstiere erfolgte nach den angegebenen Versuchszeiträumen. Nach dem Durchbewegen der Hinterläufe, bei dem eine Einsteifung der Gelenke ausgeschlossen wurde, ließen sich die Gelenke alle problemlos eröffnen und die Femora makroskopisch nach Durchtrennung des Lig. patellae und der Kollateralbänder beurteilen. Makroskopisch fielen bei keinem der operierten Gelenke auffällige Veränderungen im Bereich der Gelenkschleimhaut auf. Bei der Auswertung des Scores ließ sich ein sehr variables Ausmaß der erreichten Punkte erkennen. Im Rahmen der statistischen Auswertung ergab sich,

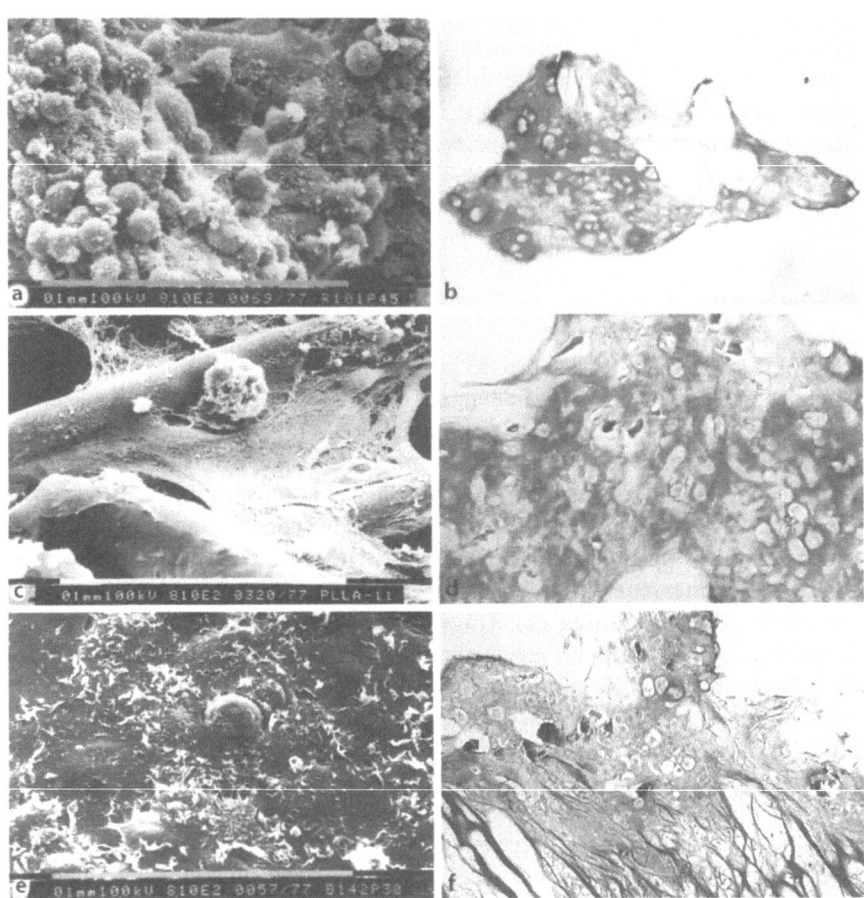

Abb. 2 a–f. Rasterelektronenmikroskopische Untersuchung zur dreidimensionalen Darstellung der Zellmorphologie und Matrixproduktion sowie Alcianblaufärbung der Zell-Träger-Konstrukte zur Darstellung der sulfatierten Proteoglykane der Matrix bei niedrigem pH. **a** Rasterelektronenmikroskopische Darstellung vom Ethisorb® mit isolierten Kaninchenchondrozyten für 45 Tage kokultiviert, ×800; **b** Ethisorb® mit Zellen in Kultur für 4 Wochen, x 64, Alcianblau. Die größeren Hohlräume müssen am ehesten dem Material zugeordnet werden; **c** Rasterelektronenmikroskopische Darstellung vom PLLA mit isolierten Kaninchenchondrozyten für 20 Tage kokultiviert, ×800, ein feines Netz von wahrscheinlich kollagenen Fasern spannt sich zwischen den Polymerfasern aus; **d** PLLA mit Zellen in Kultur für 4 Wochen, ×64, Alcianblau. Auch hier sind Materialartefakte sichtbar; **e** Dura mit isolierten Chondrozyten kokultiviert, ×800, die runden Zellen sind unter einem feinen Netz aus Matrix auszumachen; **f** Dura mit Zellen in Kultur für 3 Wochen, ×64, Alcianblau. Die Matrix wird zwischen den Kollagenfasern der Dura abgelegt

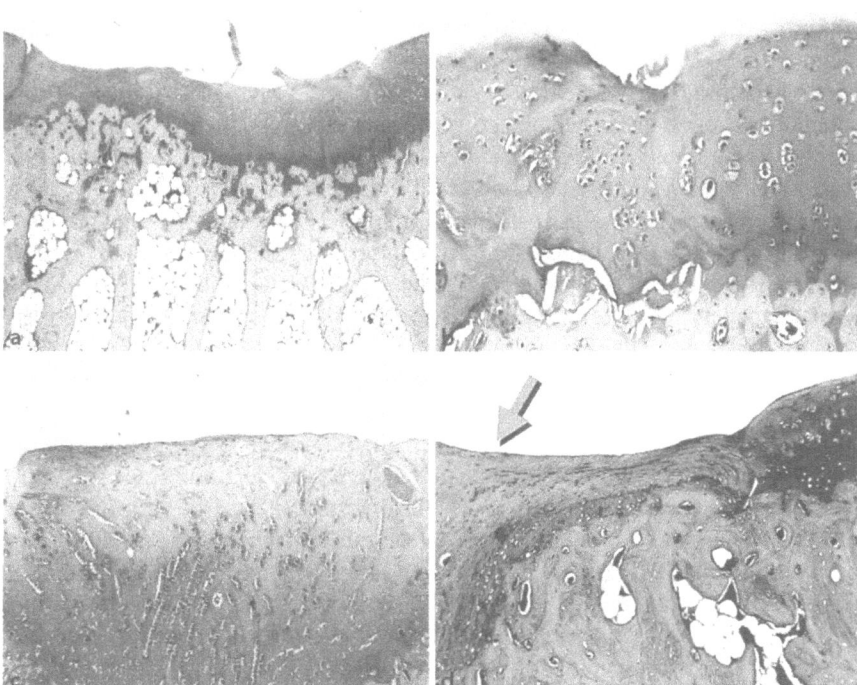

Abb. 3 a–d. Beispielhafte Darstellung der mikroskopischen Ergebnisse. **a** Defekt im Gleitlager nach 6 Monaten Laufzeit mit Ethisorb® mit Zellen gefüllt (Safranin-O, ×6,5): der Defekt ist gut gefüllt, die Anbindung an den originären Knorpel erscheint rechts übergangsfrei. **b** Gleitlagerdefekt mit gleichem Implantat nach 6 Monaten (×25): rechts der Originalknorpel, links der Defektbereich. Hyalines Gewebe ist erkennbar. **c** Defekt im medialen Kondylus mit PLLA mit Zellen gefüllt (Safranin-O, ×15): Materialreste sind ersichtlich, die Füllung ist gut. **d** Übergangsbereich von einem mit Ethisorb® gefüllten Defekt nach 6 Monaten Laufzeit (Toluidinblau, ×12,5): im mit dem Pfeil markierten Areal ist fibröses Gewebe gegenüber dem originären Knorpel (rechts) abgrenzbar

dass die Variable „makroskopischer Punktewert" in der Bewertung der Ergebnisgrößen nur eine geringe Bedeutung hat. Insgesamt ließ sich zwischen den verwendeten Materialien kein signifikanter Unterschied erkennen. Die p-Werte lagen im Hinblick auf die Einflussgröße „Transplantat mit oder ohne Zellen" bei $p = 0,26$, bei der Betrachtung des Einflusses des Materials bei $p = 0,91$.

Bei der mikroskopischen Bewertung wurde das modifizierte Bewertungsschema nach O'Driscoll [12] verwendet, um ein Maß für die Qualität des vorliegenden Füllmaterials zu erhalten. Im Vordergrund steht hier die Safranin-O-Färbung zur Beurteilung des Gewebes. Beispiele sind in Abbildung 3 dargestellt. Die Auswertung der erreichten mikroskopischen Punktzahlen ergab insgesamt sehr breit gestreute Werte mit einer minimalen Punktzahl von 3 und einer maximalen Punktzahl von 21 Punkten bei 24 erreichbaren Punkten.

Im Rahmen der statistischen Auswertung waren die mikroskopischen Punktwerte der entscheidende Faktor für den hochsignifikanten Unterschied ($p < 0{,}0005$) durch die Verwendung von Zellen bei der Behandlung der osteochondralen Defekte (je nachdem, ob die Defekte mit einem Transplantat mit oder ohne Zellen gefüllt waren). Es ergab sich unabhängig von der postoperativen Laufzeit der Tiere und unabhängig von dem verwendeten Material ein signifikant besseres Ergebnis für all diejenigen Defekte, bei denen gezüchtete Knorpelzellen implantiert wurden. Es bestand ebenfalls ein deutlich messbarer Unterschied zwischen der Gruppe der mit Zell-Träger-Konstrukten behandelten Defekte und den Leerdefekten ($p < 0{,}002$). Zwischen den Leerdefekten und der alleinigen Verwendung des Trägermaterials ließ sich kein signifikanter Unterschied nachweisen ($p < 0{,}84$). Schlüsselt man den verwendeten Score in seine Kriterien auf, lässt sich statistisch überprüfen, welche Parameter der histologischen Beurteilung an diesen signifikanten Unterschieden mitgewirkt haben. Besonderen Einfluss auf das Ergebnis hatte dabei die Beurteilung der Erscheinung des dominanten Gewebes (hyalin bis fibrös, 0–4 Punkte, $p < 0{,}001$). Die Safranin-O-Färbung ließ ebenfalls ausgeprägte Unterschiede zwischen den Versuchsgruppen erkennen (0–3 Punkte, $p < 0{,}005$). Etwas weniger Einfluss hatten die Oberflächencharakteristik (Glätte, 0–3 Punkte, $p < 0{,}011$), die Anbindung an das ursprüngliche Knorpelgewebe (Spaltbildung, 0–2 Punkte, $p < 0{,}012$) und die degenerativen Veränderungen des umgebenden Knorpels (0–3 Punkte, $p < 0{,}015$). Die wenigsten Unterschiede ließen sich zwischen den Therapiegruppen bei der Beurteilung des Grades der Füllung der Defekte erkennen (0–2 Punkte, $p < 0{,}15$).

Die Anhäufung von Kollagen Typ II, dem Hauptkollagen des Knorpels, ist für die Qualität einer Defektreparatur sicherlich von besonderer Bedeutung. Der immunohistochemische Nachweis ließ sich semiquantitativ erfassen, wobei die Fläche des Kollagen-Typ-II-positiven Defektausmaßes eingeschätzt wurde. Das Ergebnis ließ sich dann in Punktwerte umwandeln. In gleicher Weise wurde zur Beurteilung des Kollagen-Typ-I-Anteils vorgegangen. Dieser ist neben dem Knochen vor allem im Faserknorpel zu finden und ergibt ein ebenso wichtiges Maß für die Qualität des Knorpelreparates. Beide sollten deshalb auch nicht unabhängig voneinander betrachtet werden. Beim Vergleich der Mittelwerte weisen die Materialien, die mit Zellen kokultiviert wurden, einen höheren Punktwert bezüglich der maximal erreichbaren 3 Punkte beim Kollagen Typ II auf (Dura mit Zellen: 2,5; Ethisorb® mit Zellen: 2; PLLA mit Zellen: 1,83) als der Leerdefekt mit 1,14 Punkten oder die Materialien, die ohne Zellen implantiert wurden. Der Anteil von Kollagen Typ II nahm mit der Versuchsdauer zu, der Anteil an Kollagen Typ I nahm ab. Bei der statistischen Analyse ließ sich sowohl für die Verteilung des Kollagen-Typ-II-Gehalts als auch für die des Kollagen-Typ-I- Anteils eine hochsignifikante Beteiligung am Unterschied des Ergebnisses der Implantation von Materialien mit Zellen gegenüber dem ohne Zellen ($p < 0{,}005$ für Kollagen Typ II, $p < 0{,}0005$ für Kollagen Typ I) als auch gegenüber dem Leerdefekt ($p < 0{,}005$ für Kollagen Typ II, $p < 0{,}0005$ für Kollagen Typ I) nachweisen. Zwischen der Behandlung des Defektes mit dem Trägermaterial ohne Zellen und dem Leerdefekt bestand sowohl für Kollagen Typ II (p < 0,274) als auch für Kollagen Typ I (p < 1,0) kein nennenswerter Unterschied.

▪ Zusammenfassung

Verletzungen des Gelenkknorpels sind ein häufiges Problem im klinischen Alltag. Sie treten primär durch traumatische Ereignisse auf oder entstehen sekundär im Rahmen von posttraumatischen Fehlbelastungen, iatrogen bei Gelenkeingriffen durch ungewollte Verletzung mit dem Instrumentarium, in Folge von lokalen Versorgungsstörungen eines begrenzten Knorpel-Knochen-Areals wie bei der Osteochondrosis dissecans, als Folge von Veränderungen des Gelenkmilieus durch Erkrankungen, die das gesamte Gelenk betreffen, oder einfach durch die Alterung des Knorpels. Die besondere Problematik des Gelenkknorpels wurde eingangs bereits geschildert und liegt daran, dass er aus eigener Kraft keine Regeneration des verletzten Bereiches erwirken kann. Auch das alleine wäre nicht von Nachteil, wenn ab einer gewissen Größe des Knorpelschadens nicht die Folgen für die den Defekt umgebenden Gelenkbereiche so gravierend und unwiderruflich wären. Die Funktion des artikulären Knorpels, die nicht nur in der Erhaltung der Bewegungsfähigkeit des Gelenkes besteht, sondern auch im Schutz des angrenzenden Knorpels, des darunter gelegenen Knochens und damit des gesamten Gelenkes, geht langsam verloren. Eine Zerstörung des Gelenkes ist langfristig die Folge. Daher ist der Wunsch verständlich, möglichst frühzeitig in diesen Prozess einzugreifen, um die Schäden so weit wie möglich einzugrenzen.

Bis zur heutigen Zeit ist leider keine Technik bekannt, die eine narbenfreie Regeneration des originären Knorpels ermöglicht. Umso größer ist das wissenschaftliche Interesse an neuen Techniken, die ein großes Potenzial für zukünftige Therapieformen von Schäden am artikulären Knorpel bieten. Diese Techniken haben jedoch wie so oft zu Beginn rein experimentellen Charakter und müssen sich erst bewähren. Als üblicher Weg hat sich vor der Anwendung solcher Techniken beim Menschen daher die Evaluation im Tierversuch herausgestellt.

Ziel der vorliegenden Untersuchungen war es, die Eignung von unterschiedlichen Trägermaterialien zur Herstellung von artifiziellem Knorpelgewebe *in vitro* zu überprüfen und die dabei hergestellten Zell-Träger-Konstrukte *in vivo* in einem Defektmodell beim Kaninchen zu testen. Obwohl einzelne resorbierbare Materialien schon für die Behandlung von osteochondralen Defekten im Tiermodell verwendet wurden, ist ein paralleler Vergleich unterschiedlicher Träger bisher nie erfolgt.

Im ersten Schritt wurden deshalb vier Trägermaterialien, die sich in ihrem Abbauverhalten, ihrer dreidimensionalen Struktur und ihrer Biokompatibilität voneinander unterscheiden, zur Kokultivierung mit isolierten Chondrozyten vom Kaninchen verwendet. Bereits in der frühen Phase der

Kokultivierung stellte sich dabei heraus, dass das nichtresorbierbare Material Mersilene® offensichtlich zytotoxische Eigenschaften aufwies. Neben dem vermehrt beobachteten Zelluntergang besiedelten die überlebenden Zellen das Material lediglich in einer einschichtigen, fibroblastenartigen Form, die einen chondrozytenähnlichen Phänotyp nicht erkennen ließ. Dieses Material wurde daher von den weiteren Untersuchungen ausgeschlossen. Die übrigen drei biodegradablen Trägermaterialien ließen eine gute Differenzierung der isolierten und vermehrten Zellen vom morphologischen Gesichtspunkt her erkennen. Die Zellen bildeten eine runde, chondrozytentypische Morphologie aus und begannen im dreidimensionalen Kultursystem auf den Trägermaterialien mit einer knorpelspezifischen Matrixproduktion. Vermehrte Zelluntergänge wurden auf diesen Trägern ebenfalls nicht beobachtet. Ein deutlicher Unterschied zwischen den Materialien in Bezug auf die Matrixproduktion ließ sich nicht erkennen.

Alle drei biodegradablen Trägermaterialien wurden daher für den Tierversuch ausgewählt, bei dem ein manuell gesetzter osteochondraler Defekt im Gleitlager und in den Kondylen mit einem Durchmesser von 3 mm mit den *in vitro* hergestellten Konstrukten behandelt wurde. Die Zell-Träger-Konstrukte konnten „press fit" gut in den Defekten verankert werden. In der direkten postoperativen Phase traten keine Beeinträchtigungen oder Komplikationen durch die Operation auf. Nach einer Laufzeit von 6 Wochen, 6 Monaten und 12 Monaten wurde ein Teil der Tiere geopfert und das Reparationsgewebe makroskopisch, histologisch und immunohistochemisch untersucht.

In der In-vivo-Untersuchung der Heilungspotenz von isolierten Chondrozyten auf unterschiedlichen Trägermaterialien hat sich die lyophilisierte Dura als das beste Material bezüglich der Qualität des Reparaturgewebes zur Behandlung von osteochondralen Defekten beim Kaninchen erwiesen. Lediglich bei der Anbindung der Implantate an das umliegende Gewebe erreichte der Träger aus Poly-L-Laktid (PLLA) eine bessere Beurteilung. Die beobachteten Unterschiede der natürlichen Dura zu den beiden synthetischen Vliesmaterialien waren jedoch nicht signifikant. Ein signifikanter Unterschied bestand aber zwischen den Defekten, die mit Zell-Träger-Konstrukten behandelt worden sind und den Defekten, die lediglich mit dem Trägermaterial gefüllt oder leer gelassen wurden. Eine narbenlose Ausheilung des Defektes konnte dabei in keinem der Fälle beobachtet werden. Durch die Verwendung von isolierten Zellen ist aber eine deutliche Verbesserung des Reparaturgewebes im Vergleich zur alleinigen Anbohrung des subchondralen Markraumes entstanden.

Dieses für uns sehr interessante Ergebnis rechtfertigt die zellunterstützte Therapie von Knorpeldefekten und begründet die weitere Modifikation der Trägermaterialien je nach den Erfordernissen, wie sie durch den klinisch vorliegenden Zustand des Knorpelschadens vorgefunden werden. Der biologische Ersatz von geschädigten Oberflächen im Bereich der Gelenke mit unterschiedlichen biodegradierbaren Materialien wird, weiter verbessert, eine Therapiealternative der Zukunft werden.

▉ Literatur

1. Costantino PD (1994) Synthetic biomaterials for soft-tissue augmentation and replacement in the head and neck. Otolarygol Clin North Am 27:223–262
2. Crasselt C (1967) Band- und Sehnenplastiken mit lyphilisiertem homologen Gewebe. Beitr Orthop Traumatol 14:666–670
3. Dauner M, Hierlemann H, Müller E, Planck H (1998) Degradation verschiedener Strukturen aus resorbierbaren Polymeren. Hefte Unfallchir 265:75–82
4. Freed LE, Marquis JC, Nohria JC, Emmanual J, Mikos AG, Langer R (1993) Neocartilage formation in vitro and in vivo using cells cultured on synthetic biodegradable polymers. J Biomed Mater Res 27:11–23
5. Holmdahl R, Rubin K, Klareskog L, Larsson E, Wigzell H (1986) Characterization of the antibody response in mice with type II collagen-induced arthritis, using monoclonal anti-type II collagen antibodies. Arthritis Rheum 29:400–410
6. Hunter W (1743) On the structure and diseases of articulating cartilages. Philos Trans Roy Soc 42:514–521
7. Knopf W (1992) Ethisorb Patch als synthetischer Duraersatz. Ethicon OP Forum 150:2–5
8. Kölliker A (1867) Handbuch der Gewebelehre des Menschen. Engelmann, Leipzig
9. Laurent-Maquin D, Bouthors S, Gaillard D (1993) The influence of tissue pretreatment on the immunohistochemical demonstration of type I and III collagens and tenascin in fetal human tooth germs. Int J Dev Biol 37:365–368
10. Mankin HJ (1974) The reaktion of articular cartilage to injury and osteoarthritis. N Engl J Med 291:1285–1292
11. Müller D, David A, Eitenmüller J, Pommer A, Muhr G (1998) Beeinflussen hydrolytischer Enzyme die Degradation des Poly-L-Lactids? Hefte Unfallchir 265:107–110
12. O'Driscoll SW, Keeley FW, Salter RB (1988) Durability of regenerated articular cartilage produced by free autogenous periosteal grafts in major full-thickness defects in joint surfaces under the influence of continuous passive motion. A follow-up report at one year. J Bone Joint Surg [Am] 70:595–606
13. Paget J (1853) Healing of injuries in various tissues. Lect Surg Pathol 1:262–291
14. Romeis B (1989) Mikroskopische Technik. Urban & Schwarzenberg, München
15. Rudert M, Hirschmann F, Wirth CJ (1999) Wachstumsverhalten von Chondrozyten auf unterschiedlichen Trägersubstanzen. Orthopäde 28:68–75
16. Rudert M, Wirth CJ, Schulze M, Reiss G (1998) Synthesis of articular cartilage like tissue in vitro. Arch Orthop Trauma Surg 117:141–146
17. Sittinger M, Bujia J, Minuth WW, Hammer C, Burmester GR (1994) Engineering of cartilage tissue using bioresorbable polymer carriers in perfusion culture. Biomat 15:451–456
18. Thomson RC, Ishaug SL, Mikos AG, Langer R (1996) Polymers for biological systems. In: Meyers RA (eds) Encyclopedia of molecular biology and molecular medicine. VCH, Weinheim, S 31–44
19. Werkmeister JA, Ramshaw JA (1989) Monoclonal antibodies to collagens for immunofluorescent examination of human skin. Acta Derm Venereol 69:399–402

3.5 C. Perka, R.-S. Spitzer, K. Lindenhayn

Soft-Tissue-engineering unter Verwendung von Fibrinkleber

■ Einleitung

Die Behandlung artikulärer Knorpeldefekte stellt bis heute ein Problem in der orthopädischen Chirurgie dar, wobei der Einsatz des Tissue engineering interessante Alternativen für die Knorpelreparatur bietet.

Zelluläres Wachstum, Zellmorphologie und -differenzierung werden durch die Bedingungen der extrazellulären Matrix beeinflusst. Aus diesem Grund wurde eine Vielzahl von Matrixsubstanzen untersucht, um optimale Bedingungen für die Chondrozytendifferenzierung und nachfolgende Transplantation zu finden.

Dreidimensionale, dem normalen Gewebe entsprechende Kulturbedingungen für Chondrozyten wurden unter Verwendung von Agarosegel [1], Kollagen [2], Fibrin [3] und Alginate [4, 5] etabliert. Eine alternative Technik stellt die Besiedlung resorbierbarer biodegradabler Polymere mit isolierten Chondrozyten dar [6–10]. Obwohl Polymere interessante strukturelle Optionen bieten, werden die Zell-Polymer-Interaktionen und die Veränderungen des zellulären Mikroenvironments infolge des Abbaus dieser synthetischen Polyester, bestehend aus Glykolsäure und L-Milchsäure, bisher kontrovers diskutiert.

Die Charakterisierung des zellulären Phänotyps, der Zellproliferationsrate, der Matrixsynthese und der Matrixdegradation sind unter In-vitro-Bedingungen essentielle Parameter für die Herstellung eines Knorpeltransplantats.

Alginat, ein lineares Polysaccharid, das aus Braunalgen isoliert wird, besteht aus zwei Uronsäuren: L-Guluron- und D-Mannuronsäure, verbunden durch eine $\beta_{1,4}$-$a_{1,4}$-Glykosidbindung. In Anwesenheit divalenter Kationen unterliegt das Polymer einer sofortigen ionotrophen Gelierung. Kalziumalginatgel wurde erfolgreich für die Kultivierung von Chondrozyten eingesetzt [11]. Im Vergleich zu anderen Matrixsubstanzen für die Zellkultivierung ist Alginat über den Weg der Dissolution in Monomere unter Verwendung von Chelatbildnern, wie Citrat, wieder relativ leicht entfernbar. Nachteile des Alginatsystems sind die eingeschränkte Biodegradierbarkeit und die schlechte Biokompatibilität. Dieses Problem ist nur durch die Zellverkapselung in hochgereinigten Alginaten zu reduzieren [12–15].

Fibrin ist als Bestandteil von Gewebekleber und als biodegradierbare Trägersubstanz bei klinischen und experimentellen Anwendungen weit verbreitet [16–18]. In Chondrozytenkulturen unterstützt Fibringel die spezifische Matrixproduktion und Chondrozytenproliferation, resultierend in der Formation großer Cluster [3, 19, 20]. Das Problem der Kultivierung von Chondrozyten in Fibrin besteht in der Dedifferenzierung der Zellen und der mit zunehmender Kulturdauer einhergehenden Desintegration der Matrix [3]. Die temporäre Matrixstabilisierung ist keine essentielle Voraussetzung für den Erhalt funktionell aktiver Chondrozyten *in vitro*, jedoch für die Herstellung eines vitalen Knorpeltransplantats, das die Transplantatintegration in das Wirtsgewebe ermöglicht und die immunologische Toleranz, insbesondere bei Transplantation allogener und xenogener Chondrozyten erhält, notwendig [21–24].

Bisher kann keine der verwendeten Matrixsubstanzen alle Bedingungen für eine optimale Kultur und Transplantatgenerierung erfüllen, so dass die Etablierung einer Kulturtechnik unter Verwendung einer Kombination von Matrixsubstanzen sinnvoll erscheint [25, 26].

Das Ziel der vorliegenden Studie war die Etablierung eines sequentiellen Kultursystems, welches eine initiale Zellproliferation erlaubt und nachfolgend den Erhalt differenzierter Chondrozyten in einer stabilen Matrix ermöglicht. Dazu wurde eine Mischung aus Fibrin und Alginat hinsichtlich des Nutzens für die Knorpeltransplantation evaluiert.

■ Material und Methoden

Gewinnung und Isolierung der Zellen

Im Rahmen der Implantation von Knietotalendoprothesen wurden makroskopisch nicht arthrotisch veränderte osteochondrale Fragmente ausgewählt und in Ringerlösung zum Labor transportiert. Das Knorpelgewebe wurde vom subchondralen Knochen getrennt und zerkleinert.

Die gewonnenen Knorpelstücke wurden mit 0,4% Pronase (4 mg/ml Pronase E – SERVA 33635, Heidelberg) für eine Stunde und anschließend mit 0,05% Kollagenase (0,5 mg/ml – SERVA 17449) über Nacht für ca. 18 Stunden jeweils in Ham's F-12 (SEROMED, Berlin) mit 5% FCS (SEROMED), 100 IE/ml Penicillin, 100 µg/ml Streptomycin und 0,5 µg/ml Amphotericin B im Kulturschrank bei 37 °C, 20,9% O_2 und 3,5% CO_2 verdaut [4, 27]. Die entstandene Zellsuspension wurde durch eine Gaze mit 52 µm Porengröße (ESTAL MONO, Thal/Schweiz) filtriert und anschließend dreimal mit einer Lösung aus 10 mmol/l HEPES (ROTH, Karlsruhe), 140 mmol/l NaCl, 5 mmol/l KCl und 10 mmol/l Glucose (pH 7,4) gewaschen. Die Zellzahl wurde durch Auszählen in einer Neubauerkammer ermittelt und die Vitalität durch die Zugabe von 0,5% Trypanblau (GIBCO-BRL, Deisenhofen) bestimmt.

Herstellung der Zell-Matrix-Konstrukte

Es wurde keine Monolayerkultur durchgeführt. Die bei der Verdauung gewonnenen Zellen wurden direkt in die Zellträgersuspensionen mit einer Zelldichte von $7,64 \times 10^5$ Zellen je ml eingebracht.

■ **Gruppen I und II (Alginat).** 1,2% Alginat (Natriumsalz – SIGMA A 0682, München) für Gruppe I und 2,4% Alginat für Gruppe II wurden in 150 mM NaCl-Lösung gelöst und bei 115 °C für 20 Minuten autoklaviert. Die Chondrozyten wurden in dieser Lösung resuspendiert und diese Suspension in 102 mmol/l CaCl$_2$-Lösung getropft und zehn Minuten bei Raumtemperatur zur Ausbildung der Quervernetzungen belassen. Danach wurden die Beads einmal mit isotoner NaCl-Lösung und zweimal mit Ham's F-12 (HEPES-gepuffert; pH 7,3) gewaschen.

■ **Gruppe III (Fibrin-Alginat-Konstrukte).** Die Chondrozyten wurden in einer Lösung aus Fibrinogen (Beriplast®, Centeon Pharma GmbH, Marburg, Deutschland) und Alginat (SIGMA) in der Weise suspendiert, dass eine Endkonzentration von 4,5% Fibrinogen und 0,6% Alginat resultierte.

Diese Suspension wurde mit einer Pipette in 102 mmol/l CaCl$_2$-Lösung mit 50 IE/ml Thrombin aus einer 1:10 verdünnten handelsüblichen Thrombinlösung (Beriplast®) ebenso vorsichtig eingetropft und 20 Minuten bei Raumtemperatur zur Ausbildung der Quervernetzungen und Auspolymerisierung des Fibrins darin belassen. Danach wurden die Beads einmal mit isotoner NaCl-Lösung und zweimal mit Ham's F-12 (HEPES-gepuffert; pH 7,3) gewaschen.

■ **Gruppe IV („Porous"-Fibrin-Konstrukte).** Die Zellsuspensionen wurden wie für Gruppe III beschrieben angefertigt. Der Alginatbestandteil wurde anschließend in einer Lösung aus 55 mmol/l Na-Citrat, 150 mmol/l NaCl und 30 mmol/l EDTA (pH 6,8) herausgelöst (Abb. 1).

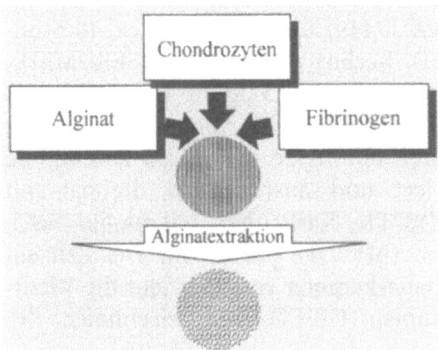

Abb. 1. Prinzip der Herstellung eines Alginat-Fibrin-Beads mit nachfolgender Extraktion der Alginatkomponente

▪ **Kultivierung.** Alle Beads wurden in Ham's F-12 mit 10% FCS, 100 IE/ml Penicillin, 100 µg/ml Streptomycin und 0,5 µg/ml Amphotericin B bei 37°C, 20,9% O_2 und 3,5% CO_2 kultiviert. Bei den Alginat-Fibrin-Beads und den Fibrin-Beads wurden dem Medium zusätzlich noch 500 KIE/ml Aprotinin (Trasylol®/ BAYER, Leverkusen) zugesetzt, um eine zu schnelle Degradation des Fibrins zu verhindern. Ein Mediumwechsel wurde alle zwei Tage vorgenommen.

▪ **Ermittlung der Zellzahl.** Für jede Versuchsreihe wurden an den Kulturtagen 1, 5, 9, 13, 15, 20, 26 und 30 jeweils vier Beads entnommen die Zellen isoliert (1,06% Trypsin [3× kristallin, bovine pancreas, 39 U/mg/ SERVA 37273] in 55 mmol/l Na-Citrat, 150 mmol/l NaCl und 30 mmol/l EDTA [pH 6,8]). Anschließend wurde die Zellzahl in der Neubauer-Kammer ermittelt und die Vitalität mit 0,5%-igem Trypanblau bestimmt.

▪ **Verlaufsbeobachtung.** Die Beads wurden bezüglich der Form und der Stabilität während des gesamten Kulturzeitraums beurteilt. Weiterhin wurde mit einem Umkehrmikroskop im Phasenkontrast bei jedem Mediumwechsel eine Einschätzung hinsichtlich des Erhaltes der chondrozytären runden Form der Zellen, der Zellverteilung, Zellteilungsaktivität und der Trägerintegrität vorgenommen.

Histologie und Immunohistochemie

Beads jeder Gruppe wurden in O.C.T. Compound (TISSUE-TEK®, Sakura Finetek USA Inc., Torrance, USA) eingebettet, nachfolgend in flüssigem Stickstoff eingefroren und bei –140 °C gelagert.

Von diesen Proben wurden Gefrierschnitte von 4–6 µm angefertigt, auf den, wie nachfolgend für Histologie und Immunohistochemie beschrieben, vorbehandelten Objektträgern abgelegt und 24 Stunden bei Raumtemperatur getrocknet.

Die Objektträger für die Histologie wurden mit Eiweißglycerin vorbehandelt. Die Fixierung erfolgte mit Kryofix (MERCK, Darmstadt). Daraufhin wurden die Gefrierschnitte mit Hämatoxylin allein, HE, Alcianblau (pH 1,7), nach Masson-Goldner und Safranin-O gefärbt.

Für die Immunohistochemie wurden die Objektträger nach Hoffstrom und Waymer mit 3%-igem 3-Aminotrietoxy-silan (SIGMA) in Azeton beschichtet [28].

Die Schnitte wurden nach Trocknung bei Raumtemperatur für fünf Minuten mit Azeton fixiert.

Die Methode wurde mit monoklonalen Mausantikörpern gegen humanes Kollagen Typ I, humanes Kollagen Typ II und gegen adultes Knorpel-Proteoglycan als Primärantikörper durchgeführt (alle Primärantikörper von CHEMICON International Inc., Temecula, USA). Als Sekundärantikörper wurde ein biotinylierter Kaninchen-Immunglobulin-gegen-Maus-Immunglobulin-Antikörper (DAKO Diagnostika, Hamburg) eingesetzt. Der anschließend verwendete Streptavidin-alkalische Phosphatasekomplex (DAKO Diagnostika) wurde, wie auch die vorgenannten Antikörperpräparationen, 30 Minuten mit den Schnitten inkubiert. Die Visualisierung erfolgte mit Neufuchsin (Neufuchsin-Substratsystem, DAKO Diagnostika). Es wurde mit Hämatoxylin gegengefärbt.

Transmissionselektronenmikroskopie

Die Beads wurden eine Stunde mit 2,5% Glutaraldehyd (ROTH) in 100 mmol/l Natrium-Cacodylat, Puffer mit 4% Sucrose fixiert. Sie wurden in 1% Osmiumtetroxid (PAESEL, Frankfurt/Main) und 1,5% Ferrocyanid nachfixiert und nach Entwässerung in einer aufsteigenden Alkoholreihe in Epon (Epon 812, ROTH) eingebettet. Semidünnschnitte (1 µm) wurden mit Toluidin-Blau gefärbt und lichtmikroskopisch beurteilt. Daraufhin wurden Ultradünnschnitte (0,1 µm) angefertigt und mit Uranylacetat (MERCK) kontrastiert.

▦ **Statistik.** Als statistische Testverfahren fanden der Friedman-Test (Friedman Two-Way Anova) zur Erkennung signifikanter Unterschiede in der Zellzahlentwicklung im Verlauf des Kulturzeitraumes innerhalb einer Gruppe, der Kruskal-Wallis-Test (Kruskal-Wallis One-Way Anova) zur Feststellung von Unterschieden zwischen den Gruppen und der Mann-Whitney-U-Test (Mann-Whitney-U/Wilcoxon-Rank-Sum-W-Test) zur Sicherung von signifikanten Unterschieden zwischen einzelnen Gruppen an definierten Tagen Verwendung. Das Signifikanzniveau wurde auf $p < 0,05$ gesetzt.

▦ Ergebnisse

Form und Stabilität der Zellträger

Alle Zellträger blieben über den gesamten Kulturzeitraum stabil. Es wurde eine verstärkte Fibrindesintegration bei den Fibrinträgern der Gruppe IV beobachtet, welche durch die Aprotininzugabe ins Kulturmedium hervorragend kontrolliert werden konnte.

Am Ende der Kultivierungsperiode war es bei den Fibrin-Alginat-Konstrukten ohne makroskopisch und mikroskopisch nachweisbare Stabilitätsverluste möglich, den Alginatanteil mit Chelatbildnern zu entfernen. Alle fibrinhaltigen Zellträger wiesen gegenüber den Alginat-Beads eine sehr gute Verformbarkeit ohne Zerstörung der Textur auf.

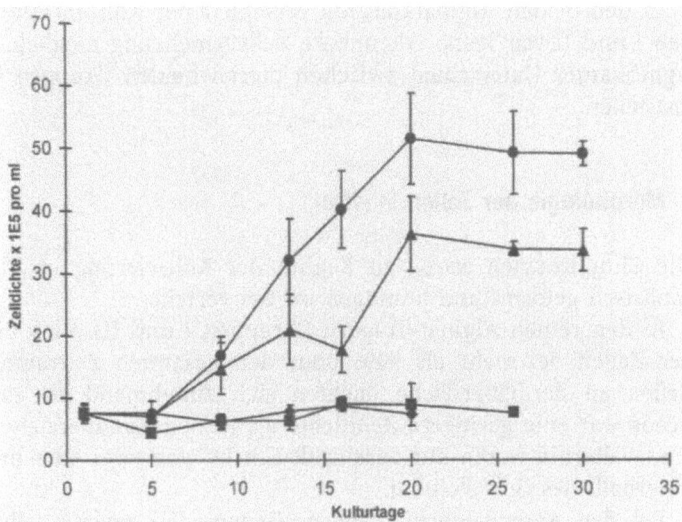

Abb. 2. Wachstumsverhalten humaner Chondrozyten eines 65-jährigen Patienten, kultiviert in 1,2% (◆) und 2,4% Alginat (■) sowie in einem Alginat-Fibrin-Gemisch (0,6% Alginat, 4,5% Fibrin) mit (▲) und ohne Extraktion (●) der Alginatfraktion. Jeder Punkt repräsentiert den Durchschnittswert von 4 Bestimmungen. Die Standardabweichung ist angegeben

Zellzahl und -vitalität

Direkt nach der Knorpelverdauung war die Zahl der vitalen Chondrozyten größer als 80%. Die zum Auflösen bzw. zum Verdauen der Träger zur Zellzählung verwendete Trypsin-Zitrat-Lösung ermöglichte eine Vitalität der Knorpelzellen von über 95%.

Die Zellproliferation war innerhalb dieser Versuchsreihe in der Fibrinpräparation (Gruppe IV) am höchsten. Es wurde eine über sechsfache Vermehrung der Ausgangszellzahl nach 20 Kulturtagen erreicht. Danach schloß sich bis zum Kulturende eine stationäre Phase mit einem geringen, statistisch nicht relevanten Abfall in der Zellzahl an. Bei einer initialen Zelldichte von $7,64 \times 10^5$ Zellen je ml entsprach das einer Zellkonzentration von ca. $5,14 \times 10^6$ Zellen je ml nach 20 Tagen. In der Gruppe III mit belassenem Alginatanteil im Mischgel ergab sich eine fast fünffache Zellvermehrung nach 20 Tagen Kultur und damit eine ungefähre Zelldichte von $3,63 \times 10^6$ Zellen je ml (Abb. 2).

Die Zellzahlerhöhung erwies sich sowohl in Gruppe III als auch in Gruppe IV als statistisch signifikant ($p < 0,01$). Im Vergleich der Gruppen III und IV gegen die Alginat-Gruppen I und II zeigte sich die Zellzahl ab dem neunten Kulturtag als signifikant größer ($p < 0,01$). Ein signifikanter Unterschied zwischen den beiden Gruppen III und IV war ab dem 16. Kulturtag zu beobachten ($p < 0,05$).

In den beiden Alginatkulturen verschiedener Konzentrationen der Gruppen I und II war keine erkennbare Zellvermehrung möglich. Ein statistisch signifikanter Unterschied zwischen diesen beiden Gruppen ließ sich nicht feststellen.

Morphologie der Zellen *in vitro*

Die Chondrozyten waren zu Beginn der Kultivierung in allen Zellträgern sphärisch geformt und homogen im Gel verteilt.

In den reinen Alginat-Trägern (Gruppen I und II) blieb die runde Form der Zellen bei mehr als 90% über den gesamten Zeitraum erhalten. Die Zellen an der Oberfläche flachten sich zunehmend ab. Im Inneren der Beads war eine geringere Zelldichte als in den Randbereichen zu beobachten. Weiterhin waren nur vereinzelt Cluster von zwei oder mehreren Zellen innerhalb des Gels sichtbar.

Bei den Alginat-Fibrin-Trägern (Gruppe III) zeigten sich sowohl abgeflachte Zellen an der Oberfläche als auch eine hohe Zelldichte im Inneren der Beads sowie vereinzelte Cluster. Die runde Form war ebenfalls bei über 90% der Chondrozyten erhalten.

In den Fibrin-Trägern (Gruppe IV) war eine hohe Zelldichte im Zentrum der Beads sowie eine häufige Clusterbildung nachweisbar. An der Oberfläche waren weniger abgeflachte Zellen zu finden. Die runde Form war bei nur etwa 70–80% der Chondrozyten erhalten. Deutlich ließen sich bei den restlichen Zellen Fortsätze und ein fibroblastenähnliches Aussehen erkennen.

Histologie

■ Alginat-Träger (Gruppen I und II). Isolierte Zellen fanden sich im Wesentlichen in einer basophilen Grundsubstanz. So war insbesondere in der Alcianblaufärbung nach durchschnittlich neun Kulturtagen eine geringe, im weiteren Verlauf immer intensivere perizelluläre Färbung zu registrieren, welche zum Teil in den weiteren interzellulären Raum zu verfolgen war. Die Masson-Goldner-Färbung erbrachte den Nachweis von initialer Kollagenbildung mit perizellulärer Akkumulation.

Auch fiel in der histologischen Auswertung der Alginat-Träger eine geringere Zelldichte als bei den Alginat-Fibrin- und den reinen Fibrin-Trägern bei homogener Verteilung über das Gel auf. Nie wurden Zellcluster beobachtet. Unterschiede zwischen beiden verschiedenen Alginatkonzentrationen waren histologisch nicht erkennbar.

■ Fibrin-Alginat-Träger (Gruppe III). Sie wiesen in Korrespondenz zu den In-vitro-Beobachtungen eine höhere Zelldichte im Inneren der Beads und Zellcluster ab dem neunten Kulturtag bei weniger homogener Verteilung als in den Alginat-Beads auf. Die runde Form war ebenfalls bei über 90% der Chondrozyten erhalten. Die übrigen Zellen zeigten ab dem fünften Kulturtag eine morphologische Veränderung zum fibroblastischen Phänotyp.

Eine inhomogene, sich im Zeitverlauf intensivierende, perizelluläre Färbung mit Alcianblau und Masson-Goldner konnte ab dem fünften Kulturtag erkannt werden.

▪ **Fibrin-Träger (Gruppe IV).** Diese zeichneten sich durch eine hohe Zelldichte aus und zeigten regelmäßig eine ausgeprägte Clusterbildung, beginnend ab dem neunten Tag. Die Cluster wiesen besonders im Randbereich deutlich größere Ausmaße auf als in anderen Trägerkompositionen. Die runde Form war bei etwa 80% der Chondrozyten erhalten. Fibroblastisch geformte Zellen waren zum Teil entlang des Fibringerüstes mit entsprechenden Zellfortsätzen ausgebreitet. Sowohl mit Alcianblau als auch mit Masson-Goldner zeigte sich nur eine unspezifische Anfärbung der Matrix.

Transmissionselektronenmikroskopie

Hiermit wurden die Ergebnisse der histologischen Untersuchungen im Wesentlichen bestätigt. Einige kollagenartige Strukturen konnten perizellulär in Trägern der Gruppen I, II und III gesehen werden.

Immunohistochemie

▪ **Kollagen Typ I.** In keiner der Gruppen konnte dieser Kollagentyp mittels der verwendeten immunohistochemischen Methodik nachgewiesen werden.

▪ **Kollagen Typ II.** In der immunohistochemischen Untersuchung zeigten die Alginat-Fibrin-Konstrukte (Gruppe III) eine positive Reaktion mit dem Kollagen-Typ-II-Antikörper ab dem 20. Kultivierungstag. Dies war in den Fibrin-Beads (Gruppe IV) nicht erkennbar. Im Alginat war die Produktion von Kollagen Typ II ebenfalls nachvollziehbar. Unterschiede zwischen reinem Alginat (Gruppen I und II) und Fibrin-Alginat (Gruppe III) konnten nicht festgestellt werden.

▪ **Knorpelproteoglykan.** Die Proteoglykanproduktion war sowohl im Alginat allein als auch im Fibrin-Alginat nicht voneinander differierend und trat etwa ab dem 16. Kultivierungstag auf. Geringer war die Reaktion mit diesem Antikörper in Fibrinträgern der Gruppe IV.

▪ Diskussion

Der Erfolg der auf dem Tissue engineering basierenden Knorpelrekonstruktion wird wesentlich von dem Potenzial der Trägersubstanz, die Transplantatintegration und der Chondrozytenfunktion unterstützt. Diese Funktion kann idealerweise durch ein semisolides Transplantat, das bereits *in vitro* die Bildung einer chondrozytären Matrix ermöglicht, erreicht werden. Biodegradierbare Trägersysteme ermöglichen die weitere Reifung des Knorpels *in vivo* und liefern die temporär notwendige mechanische Stabilität.

In der vorliegenden Studie wird ein neuer Zugang für die Präparation von Knorpeltransplantaten, basierend auf einer sequentiellen Kulturtechnik, untersucht. Dabei erfolgt zunächst die Herstellung einer Alginat-Fibrin-Mischkultur, die die initiale Zellproliferation und nachfolgende Differenzierung der Chondrozyten mit Produktion einer knorpelspezifischen Matrix ermöglicht. Anschließend wird die Alginatkomponente vor der Transplantation zur Vermeidung des Problems der schlechten Bioresorption entfernt. Fibrin, Alginat (1,2%/2,4%) und ein Alginat-Fibrin-Trägersystem wurden histomorphometrisch und immunohistologisch untersucht und das Wachstumsverhalten, das phänotypische Muster und die Matrixstruktur verglichen. Neben den Alginat-Trägern ist insbesondere das Alginat-Fibrin-Gel nach Beendigung der proliferativen Phase geeignet, funktionell aktive, differenzierte Chondrozyten, die die knorpelspezifische Matrix (Kollagen Typ II, Proteoglykane) synthetisieren, zu erhalten.

Die Mehrzahl der Chondrozyten bleibt in der Alginat-Fibrin-Mischkultur phänotypisch stabil. Lediglich wenige Zellen unterliegen morphologischen Veränderungen, charakterisiert durch einen fibroblastenähnlichen Phänotyp. Ursache dafür ist möglicherweise die Herkunft der Zellen aus arthrotischen Kniegelenken. Im Gegensatz dazu dedifferenzieren Chondrozyten in Fibrin in einen fibroblastenartigen Phänotyp mit reduzierter Synthese von Knorpelproteinen, was durch die hohe Proliferationsrate bedingt sein sollte.

Die Matrixanalyse mit Proteoglykanfärbungen und immunohistologischem Nachweis von Kollagen Typ II zeigte eine signifikante Synthese knorpelspezifischer Matrixproteine nur im Alginat und in den Alginat-Fibrin-Beads. Es ist zu postulieren, dass durch die Entfernung des Alginats aus dem Bead zusätzlicher Raum für die Formation extrazellulärer Substanz entsteht.

Zur Bestimmung der optimalen Konzentration beider Komponenten musste ein Kompromiss zwischen der Matrixstabilisierung, einer suffizienten Nutrition und einer ausreichenden Diffusionskapazität für Makromoleküle sowie für die zelluläre Differenzierung und Funktion gefunden werden [29–31]. Diese Bedingungen waren in unseren Untersuchungen am besten mit einem Gemisch aus 0,6% Alginat und 4,5% Fibrin zu erreichen.

Die Resultate belegen die Eignung von Beads aus einer Matrixkombination für die Zellproliferation ohne wesentlichen Verlust ihres funktionellen Potenzials. Diese Beobachtung ist von Bedeutung, da die Zahl humaner autologer Chondrozyten, die zum Tissue engineering vorhanden sind, begrenzt ist.

Weiterer Untersuchungen bedarf dieses System hinsichtlich der Eignung zur Kultivierung mesenchymaler Progenitorzellen für die chondrozytäre Differenzierung und nachfolgende Transplantation. Chondrozyten in einem Alginat-Fibrin-Gel sind auch ein Modell zur Untersuchung des Einflusses unterschiedlicher bioaktiver Substanzen auf die Zellmorphologie und Funktion.

Wir konnten in Vorversuchen belegen, dass die Chondrozyten-Fibrin-Beads ihre mechanische Stabilität in Langzeitkulturen über 60 Tage behalten. Die Etablierung solcher kontrollierter Umgebungsbedingungen eröffnet die Möglichkeit, den Effekt von Komponenten der Bindegewebsmatrix und anderer makromolekularer Substanzen auf das Wachstum und den Metabolismus von Chondrozyten sowie von anderen mesenchymalen Zellen langfristig zu bestimmen.

Zusammenfassend ist festzustellen, dass die Methodik einfach für die Transplantation von Chondrozyten zur Knorpelrekonstruktion sowie für In-vitro-Untersuchungen zur Chondrozytendifferenzierung anzuwenden ist.

■ **Danksagung.** Diese Arbeit wurde durch die Deutsche Forschungsgemeinschaft (Bu 445/1-5 und Bu 445/3-2) unterstützt. Für die technische Unterstützung bedanken sich die Autoren bei Frau Melanie Tobler und Frau Manuela Wiechmann.

■ Literatur

1. Buschmann MD, Gluzband YA, Grodzinsky AJ, Kimura JH, Hunzicker EB (1991) Mechanical compression modulates matrix biosynthesis in chondrocyte/agarose gel culture. Combined Meet Orthop Res Soc USA, Japan, Canada
2. Kimura T, Yasui N, Ohsawa S, Ono K (1985) Biosynthesis of type IX collagen during chick limb development. Biochem Biophys Res Commun 130:746–752
3. Homminga GN, Buma AP, Koot HW, van der Kraan PM, van den Berg WB (1993) Chondrocyte behavior in fibrin glue in vitro. Acta Orthop Scand 64:441–445
4. Häuselmann HJ, Aydelotte MB, Schumacher BL, Kuettner KE, Gitelis SH, Thonar EJ (1992) Synthesis and turnover of proteoglycans by human and bovine adult articular chondrocytes cultured in alginate beads. Matrix 12:116–129
5. Häuselmann HJ, Fernandes RJ, Mok SS, Schmid TM, Block JA, Aydelotte MB, Kuettner KE, Thonar EJ (1994) Phenotypic stability of bovine articular chondrocytes after long-term culture in alginate beads. J Cell Sci 107:17–27
6. Puelacher WC, Mooney D, Langer R, Upton J, Vacanti JP, Vacanti CA (1994) Design of nasoseptal cartilage replacements synthesized from biodegradable polymers and chondrocytes. Biomaterials 15:774–778
7. Sittinger M (1995) Tissue Engineering: Künstlicher Gewebersatz aus vitalen Komponenten. Laryngorhinootologie 74:695–699

8. Sittinger M, Bujia J, Minuth WW, Hammer C, Burmester GR (1994) Engineering of cartilage tissue using bioresorbable polymer carriers in perfusion culture. Biomaterials 15:451–456

9. Sittinger M, Bujia J, Rotter N, Reitzel D, Minuth WW, Burmester GR (1996) Tissue engineering and autologous transplant formation: practical approaches with resorbable biomaterials and new cell culture techniques. Biomaterials 17:237–242

10. Vacanti CA, Vacanti JP (1994) Bone and cartilage reconstruction with tissue engineering approaches. Otolaryngol Clin North Am 27:263–276

11. Martinsen A, Skjak-Braek G, Smidsrod O (1989) Alginate as immobilisation material: 1. Correlation between chemical and physical properties of alginate gel beads. Biotechnol Bioeng 33:79

12. Soon-Shiong P, Feldman E, Nelson R, Heintz R, Yao Q, Yao Z, Zheng T, Merideth N, Skjak-Braek G, Espevik T et al (1993) Long-term reversal of diabetes by the injection of immunoprotected islets. Proc Natl Acad Sci USA 90:5843–5847

13. Soon-Shiong P, Otterlei M, Skjak-Braek G (1991) An immunologic basis for the fibrotic reaction to implanted micro-capsules. Transplant Proc 23:758–759

14. Espevik T, Otterlei M, Skjak-Braek G, Ryan L, Wright SD, Sundan A (1993) The involvement of CD14 in stimulation of cytokine production by uronic acid polymers. Eur J Immunol 23:255–261

15. Otterlei M, Espevik T, Ostgaard K, Skjak-Braek G, Soon-Shiong P, Smidsrod O (1991) Induction of cytokine production from human monocytes stimulated with alginate. J Immunother 10:286–291

16. Staindl O, Galvan O (1982) Zur Resorption des Fibrinklebers nach plastischen Operationen im Gesichtsbereich. Eine Untersuchung mit radioaktiven Isotopen. In: Cotta H, Braun A (Hrsg) Fibrinkleber in Orthopädie und Traumatologie. Thieme, Stuttgart, S 11–14

17. Scheele J, Pesch HJ (1982) Morphologische Aspekte des Fibrinkleberabbaus im Tierexperiment. In: Cotta H, Braun A (Hrsg) Fibrinkleber in Orthopädie und Traumatologie. Thieme, Stuttgart, S 35–42

18. Keller J, Andreassen TT, Joyce F, Knudsen VE, Jorgensen PH, Lucht U (1984) Fixation of osteochondral fractures. Fibrin sealant tested in dogs. Acta Orthop Scand 56:323–326

19. Henning CE, Lynch MA, Yearout KM, Vequist SW, Stallbaumer RJ, Decker KA (1990) Arthroscopic meniscal repair using an exogenous fibrin clot. Clin Orthop 252:64–72

20. Hendrickson DA, Nixon AJ, Erb HN, Lust G (1994) Phenotype and biological activity of neonatal equine chondrocytes cultured in a three-dimensional fibrin matrix. Am J Vet Res 55:410–414

21. Alsalameh S, Mollenhauer J, Hain N, Stock KP, Kalden JR, Burmester GR (1990) Cellular immune response toward human articular chondrocytes. T cell reactivities against chondrocyte and fibroblast membranes in destructive joint diseases. Arthritis Rheum 33:1477–1486

22. Elves MW, Zervas J (1974) An investigation into the immunogenicity of various components of osteoarticular grafts. Br J Exp Pathol 55:344–351

23. Heyner S (1973) The antigenicity of cartilage grafts. Surg Gynecol Obstet 136:298–305

24. Langer F, Gross AE, Greaves MF (1972) The auto-immunogenicity of articular cartilage. Clin Exp Immunol 12:31–37

25. Balazs EA, Bland PA, Denlinger JL, Goldman AI, Larsen NE, Leshchiner EA, Leshchiner A, Morales B (1991) Matrix engineering. Blood Coagul Fibrinolysis 2:173–178
26. Ramdi H, Legay C, Lievremont M (1993) Influence of matricial molecules on growth and differentiation of entrapped chondrocytes. Exp Cell Res 207:449–454
27. Aydelotte MB, Thonar EJ, Mollenhauer J, Flechtenmacher J (1998) Culture of chondrocytes in alginate gel: variations in conditions of gelation influence the structure of the alginate gel, and the arrangement and morphology of proliferating chondrocytes. In Vitro Cell Dev Biol Anim 34:123–130
28. Hoffstrom BG, Wayner EA (1994) Immunohistochemical techniques to study the extracellular matrix and its receptors. Methods Enzymol 245:316–346
29. Guo JF, Jourdin GW, Maccallum DK (1989) Culture and growth characteristics of chondrocytes encapsulated in alginate beads. Connect Tissue Res 19:277–297
30. Loty S, Sautier J-M, Loty C, Boulekbache H, Kokubo T, Forest N (1998) Cartilage formation by fetal rat chondrocytes cultured in alginate beads: a proposed model for investigating tissue-biomaterial interactions. J Biomed Mater Res 42:213–222
31. Lindenhayn K, Perka C, Spitzer RS, Heilmann H-H, Pommerening K, Menneke J, Sittinger M (1999) Retention of hyaluronic acid in alginate beads: aspects for in vitro cartilage engineering. J Biomed Mater Res 44:149–155

4 Soft-Tissue-engineering (Sehnen, Muskelgewebe, Menisken)

4.1 W. Petersen, T. Pufe, T. Zantop, G. Hohmann, B. Tillmann

Funktionelle Anpassungsvorgänge an Zug- und Gleitsehnen

■ Einleitung

Funktionelle Anpassung wird von Roux [30] als „Anpassung an eine Funktion durch Ausübung derselben" definiert. In diesem Zusammenhang vertrat er die Auffassung, dass Zug die Bildung von Bindegewebe, Druck die Entwicklung von Knochen und Schub die Entstehung von Knorpelgewebe induziere. Pauwels [16] deckte Widersprüche in Roux' Beweisführung auf und entwickelte eine neue Theorie zur „Kausalen Histogenese" der aus Mesenchym stammenden Binde- und Stützgewebe. Während nach der Hypothese von Roux die drei Qualitäten der mechanischen Beanspruchung Druck, Zug und Schub für die Differenzierung von Binde- und Stützgeweben verantwortlich sind, leitet Pauwels [16] deren Differenzierung aus den Komponenten des Verformungszustandes ab. Gestaltänderung geht stets mit einer Dehnung einher. Dehnung wird als mechanischer Reiz für die Bildung kollagener Fibrillen angesehen. Dehnung kann durch Druck-, Zug-, und Schubbelastung hervorgerufen werden [1].

An Strukturen des aktiven und passiven Bewegungsapparates lassen sich funktionelle Anpassungsvorgänge im Vergleich zu anderen Organsystemen am augenscheinlichsten erkennen. Im folgenden Beitrag werden funktionelle Anpassungsvorgänge am Gewebe verschiedener Sehnen der unteren Extremität beschrieben.

■ Zug- und Gleitsehnen

Bei der überwiegenden Zahl der Skelettmuskeln verlaufen die Ursprungs- und Ansatzsehnen in der Hauptlinie des Muskels. Nur solche Zugsehnen zeigen histologisch den für Sehnengewebe typischen Aufbau. Bei den Zellen des Sehnengewebes (Tenozyten) handelt es sich um modifizierte Bindegewebszellen mit einer länglichen Zellform (Abb. 1) [6]. Die Extrazellulärmatrix besteht überwiegend aus Fibrillen, die dem Typ-I-Kollagen zuzuordnen sind [35]. Diese Kollagenfibrillen werden von netzartig angeordneten Fibrillen aus Typ-III-Kollagen zu Bündeln mit unterschiedlichem Durch-

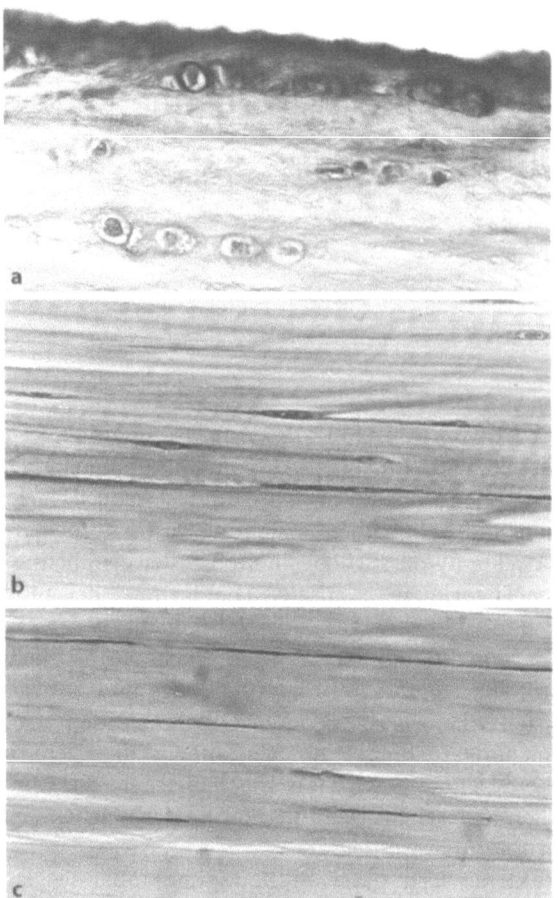

Abb. 1 a–c. Lichtmikroskopische Aufnahmen aus der Ansatzsehne des M. tibialis posterior. **a** Ausschnitt aus dem Faserknorpelareal im Gleitbereich der Sehne. Zwischen den Kollagenfibrillen liegen ausschließlich chondroide Zellen (Toluidinblaufärbung, ×380). **b** Im zentralen Abschnitt kommen längliche chondroide Zellen und Tenozyten nebeneinander vor (Toluidinblaufärbung, ×380). **c** Ausschnitt aus dem äußeren, dem Hypomochlion abgewandten Anteil der Sehne. Der Zugbereich enthält ausschließlicch Tenozyten (Toluidinblaufärbung, ×380)

messer zusammengefasst. In kurzen Sehnen sind die Kollagenfibrillenbündel überwiegend parallel ausgerichtet. In langen Sehnen verlaufen sie in Schraubentouren unterschiedlicher Steigungswinkel. Diese Verlaufsform verleiht der Sehne eine begrenzte Dehnbarkeit. Innerhalb dieses lockeren Bindegewebes, das auch als Endotenon bezeichnet wird, kommen außerdem spindelförmige Fibroblasten sowie Blut- und Lymphgefäße vor.

Bei zahlreichen Muskeln weicht die Zugrichtung der Sehne von der des Muskels deutlich ab (z.B. M. biceps brachii, M. supraspinatus, M. tibialis posterior, M. flexor hallucis longus). Solche Sehnen bezeichnet man als

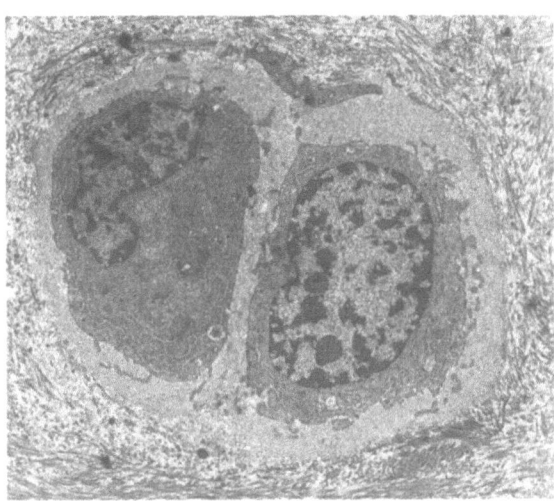

Abb. 2. Transmissionselektronenmikroskopische Aufnahme chondroider Zellen aus der Faserknorpelzone der Ansatzsehne des M. tibialis posterior. An der Zelloberfläche kommen feine Zytoplasmafortsätze vor und die Zellen sind von einer filzartigen perizellulären Matrix von den Kollagenfibrillen abgegrenzt (×4000)

Gleitsehnen [25]. Die Ablenkung erfolgt in den meisten Fällen durch ein knöchernes Widerlager (Abb. 2) oder ein Retinakulum. Gleitsehnen unterscheiden sich in ihrem histologischen Aufbau von Zugsehnen [4, 5, 22, 25, 34]. Der dem Widerlager anliegende Teil besteht aus Faserknorpel (Abb. 3); der dem Widerlager abgewandte Teil besteht aus straffem Bindegewebe und hat die Struktur einer Zugsehne. Im mittleren Abschnitt der Sehne findet man Übergänge zwischen Faserknorpel und straffem Bindegewebe (s. Abb. 3 und Abb. 4).

Rasterelektronenmikroskopische Untersuchungen zeigen, dass die dem Widerlager zugewandte Gleitfläche der Sehne von einem Netzwerk retikulärer Fasern bedeckt ist (Abb. 5) [24], die immunohistochemisch dem Typ-III-Kollagen entsprechen [36]. In der Faserknorpelschicht haben die Kollagenfibrillenbündel einen lamellenartigen Charakter und überkreuzen sich unter verschiedenen Winkeln (s. Abb. 5). Die Zellen der dem Widerlager anliegenden Zone gleichen Chondrozyten. Die Chondrozyten sind meist perlschnurartig in Reihen angeordnet. Elektronenmikroskopisch findet man in unmittelbarer Umgebung der chondroiden Zellen einen Hof mit einer filzartigen Matrix (s. Abb. 4) [12, 13]. Immunohistochemische Befunde haben gezeigt, dass Typ-VI-Kollagen Bestandteil der perizellulären Matrix von Knorpelzellen sein soll [26]. Im zentralen Anteil der Sehne kommen chondroide und fibroblastenartige Zellen nebeneinander vor (s. Abb. 4). Im äußeren Abschnitt verlaufen die Kollagenfaserbündel in Zugrichtung der Sehne und die Zellen haben die längliche Form typischer Tenozyten.

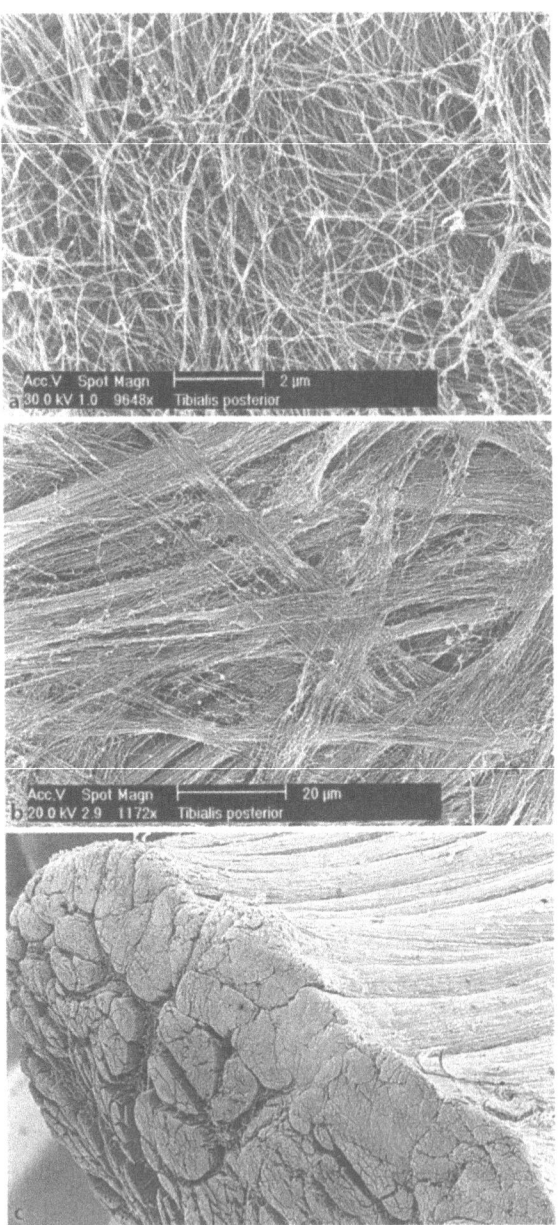

Abb. 3 a–c. Aufgrund der rasterelektronenmikropskopischen Befunde kann man den Gleitbereich der Tibialis-posterior-Sehne in drei unterschiedliche Schichten einteilen. **a** Die Sehnenoberfläche im Bereich hinter dem Malleolus besteht aus einem Geflecht dünner Fibrillen, die keine bevorzugte Ausrichtung erkennen lassen. **b** Unter dem oberflächlichen Netzwerk liegt eine ca. 200 μm dicke Schicht lamellenartiger Kollagenfaserbündel. Die Lamellen haben eine Breite von ca. 20–50 μm und überkreuzen sich unter verschiedenen Winkeln. **c** Der größte Anteil der Kollagenfibrillen bildet die dritte Schicht. Hier verlaufen die Fibrillen parallel in Längsrichtung zum Sehnenverlauf. Die Fibrillen mit einem Durchmesser von ca. 120 nm werden von einem Netzwerk dünner Kollagenfibrillen in unterschiedlich dicke Bündel unterteilt (×1400)

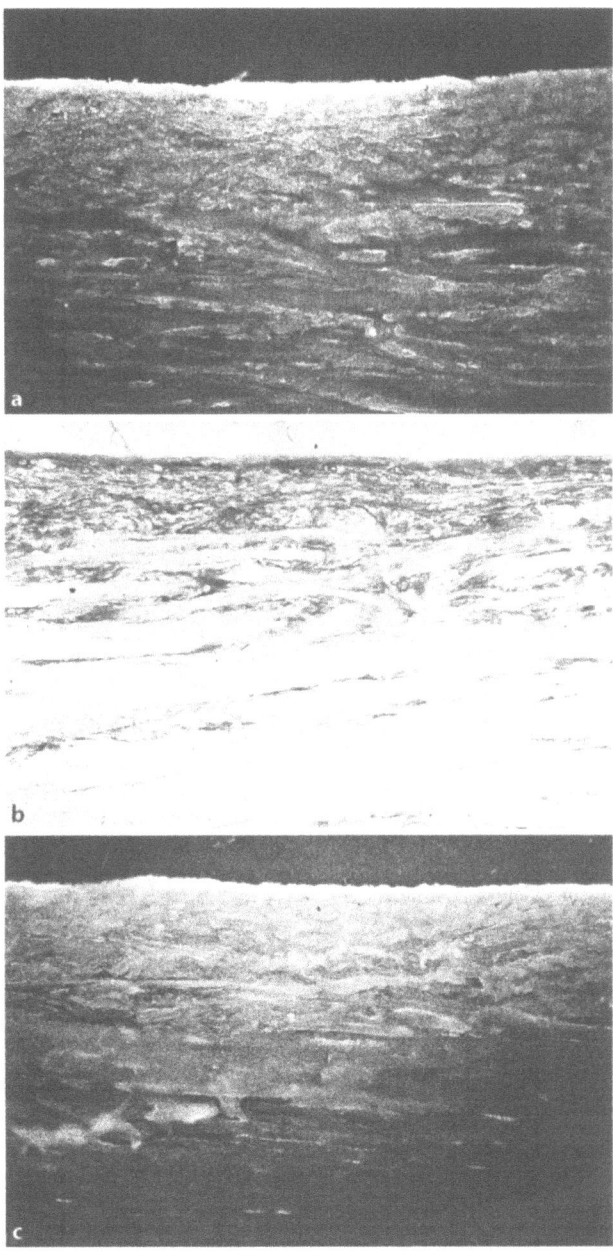

Abb. 4a–c. a Immunohistochemischer Nachweis von Typ-II-Kollagen im Faserknorpel der Tibialis-posterior-Sehne (×380). **b** Alzianblaufärbung des Gleitareals bei pH 1. In den blau angefärbten Arealen enthält das Sehnengewebe eine hohe Konzentration saurer Glykosaminoglykane. ×380). **c** Immunohistochemische Darstellung von Chondroitin-4-Sulfat im Faserknorpel (monoklonaler Antikörper, ×380)

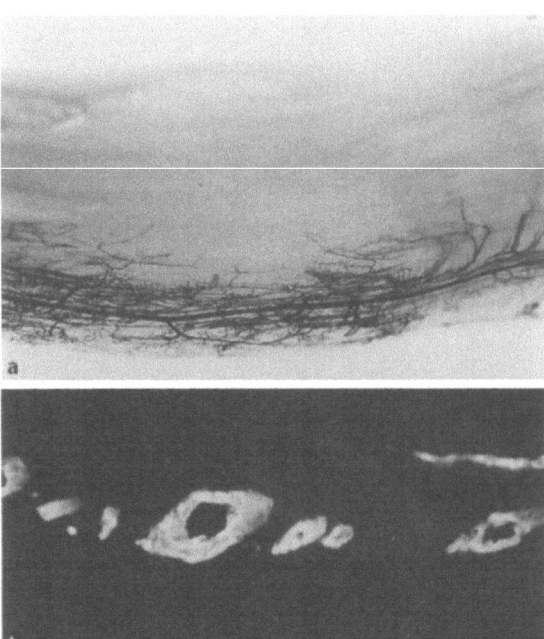

Abb. 5. a Aufgehelltes Injektionspräparat (Gelantine-Tusche-Lösung) einer Tibialis-posterior-Sehne. Auf der dem Hypomochlion abgewandten Seite erkennt man ein durchgehendes Gefäßnetz, das mit den Gefäßen des Peritendineums in Verbindung steht. In dem dem medialen Malleolus anliegenden Anteil ist das Gefäßnetz unterbrochen. **b** Indirekte Darstellung von Blutgefäßen mit einem Antikörper gegen Laminin (Bestandteil der Basalmembran). Positive Immunreaktionen sind nur im Zugbereich der Tibialis-posterior-Sehne nachweisbar. Im Bereich der Gleitzone fällt der Nachweis von Laminin negativ aus (Fitc-markierter Zweitantikörper)

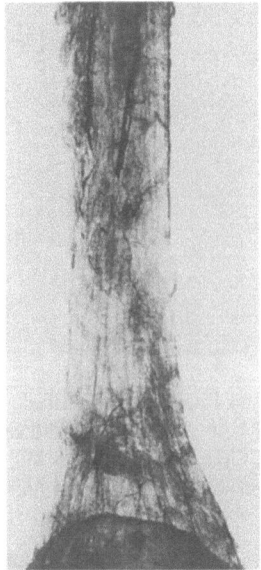

Abb. 6. Aufgehelltes Injektionspräparat (Gelantine-Tusche-Lösung) der Achillessehne. Die Achillessehne ist eine Zugsehne und hat ein durchgängiges Gefäßnetz. Eine quantitative Bestimmung des intravaskulären Volumens mit ^{99m}Tc hat jedoch gezeigt, dass das intravaskuläre Volumen der Achillessehne im Bereich der Sehnentaille deutlich reduziert ist

Bei der immunohistochemischen Analyse des Kollagens kommt in der dem Widerlager abgewandten Zone der Gleitsehne ausschließlich Typ-I-Kollagen vor. Die Faserknorpelzone enthält außerdem auch das knorpeltypische Typ-II-Kollagen (Abb. 6).

Die sauren Glycosaminoglykane sind im Gleitsehnenbereich in charakteristischer Weise verteilt. Sie lassen sich mit dem Farbstoff Alzianblau bei pH 1 nur in der Faserknorpelzone darstellen [36]; der Zugsehnenbereich bleibt ungefärbt. Immunohistochemisch zeigt der Faserknorpel eine intensive Reaktion mit Antikörpern gegen Chondroitin-4-Sulfat, Chondroitin-6-Sulfat und Keratansulfat; im Zugsehnenbereich ist die Reaktion nur schwach ausgeprägt [12]. Saure Glykosaminoglykane sind Bestandteile von Makromolekülen, den Proteoglykanen. Das bisher am besten untersuchte Proteoglykan ist das typischerweise im hyalinen Gelenkknorpel vorkommende Aggrecan. Seine Struktur wird häufig mit dem Aufbau einer Flaschenbürste verglichen [35]: Das Zentrum des Moleküls wird von einem Polypeptidkern gebildet, an den die unterschiedlichen Glykosaminoglykane geknüpft sind. Über Verbindungsproteine sind die Proteoglykanmonomere an ein Hyaluronsäuremolekül gebunden. Immunohistochemische und biochemische Untersuchungen haben gezeigt, dass Aggrecan im Faserknorpel verschiedener Gleitsehnen vorkommt [22, 38]. Proteoglykane bilden mit den Kollagenfibrillen eine Funktionsgemeinschaft. Im Knorpel sind die Aggregate der Proteoglykane auf ein Fünftel ihres Volumens reduziert, das sie vergleichsweise in Lösung einnehmen würden. Man vergleicht sie aufgrund dieses Zustandes mit Sprungfedern [35]. Auf diese Weise werden die umgebenden Kollagenfibrillen auf Zug beansprucht.

■ Beanspruchung von Gleitsehnen

In der Ansatzsehne des M. supraspinatus sowie in anderen Gleitsehnen ist das Auftreten von Knorpelzellen als „faserknorpelige Degeneration" [28] oder als „faserknorpelige Transformation" [37] interpretiert worden. Experimentelle und morphologische Befunde haben jedoch gezeigt, dass das Vorkommen von Faserknorpel in Gleitsehnen physiologisch und kein pathologischer Befund ist [1, 5, 8, 9, 12, 25, 34–36, 38]. Ändert man die Zugrichtung einer Gleitsehne, wandelt sich ihre Struktur in die einer Zugsehne um und vice versa [25]. Koob und Vogel [14] konnten in einer Gewebekultur zeigen, dass intermittierende Druckbeanspruchung die Expression großer Proteoglykanmakromoleküle in Sehnengewebe induziert.

Die Entstehung von Faserknorpel in Gleitsehnen lässt sich biomechanisch mit der Pauwelschen Theorie der „Kausalen Histogenese der Binde- und Stützgewebe" [1, 16] erklären. Dort, wo die Sehne über das Hypomochlion zieht, wird sie auf Druck und Schub beansprucht. Die Druckspannungen nehmen zur dem Hypomochlion abgewandten Seite kontinuierlich ab. Umgekehrt verhalten sich die Zugspannungen; diese sind in der dem Widerlager abgewandten Seite der Sehne am größten und fallen in Richtung auf das Widerlager hin ab. Der Spannungsverteilung entsprechend findet man in dem auf Druck und Schub beanspruchten Teil Faserknorpel und in dem ausschließlich auf Zug beanspruchten Abschnitt der Sehne straffes Bindegewebe.

▓ Biomechanisches Verhalten von Sehnen

Die Zugfestigkeit von Sehnengewebe wird im Schrifttum mit 50–100 N/mm^2 angegeben [35]. Das bedeutet, dass die Belastung einer großen Sehne wie z.B. der Patellarsehne oder der Achillessehne unter physiologischen Bedingungen nicht so hoch werden kann, dass eine gesunde Sehne reißt. Meist wird von einem Patienten mit einer Sehnenruptur kein adäquates Trauma angegeben. Spontane Sehnenrupturen sollen nur bei „vorgeschädigten", degenerativ veränderten Sehnen auftreten [10]. An der unteren Extremität sind die Sehnen des M. triceps surae, des M. quadrizeps femoris und des M. tibialis posterior am häufigsten von Sehnenrupturen betroffen [11]. Die Entstehung degenerativer Veränderungen wird u. a. mit einer Minderdurchblutung des Gewebes in Zusammenhang gebracht.

▓ Blutgefäßversorgung von Zug- und Gleitsehnen

Die Blutgefäßversorgung von Sehnengewebe erfolgt über Gefäße, die im Bereich Peritenon ein dichtes arterielles Netzwerk bilden. Vom Peritenon dringen Blutgefäße in die Sehne, sie verlaufen im lockeren Bindegewebe des Endotenon und richten sich parallel zum Verlauf der Kollagenfibrillen aus. Die Verteilung von Blutgefäßen innerhalb einer Sehne ist jedoch nicht homogen.

Gleitsehnen haben eine regional unterschiedliche Gefäßversorgung. Untersuchungen zur Vaskularisation der Ansatzsehnen der Mm. supraspinatus, M. biceps brachii, M. tibialis posterior, M. quadriceps femoris und der Mm. peronei, die mit Injektionstechniken erhoben wurden, haben gezeigt, dass der dem Hypomochlion zugewandte Teil der Sehne avaskulär ist [12, 19–23, 34]. Der dem Hypomochlion abgewandte Abschnitt hat ein durchgehendes Gefäßnetz, das sich vom Muskel-Sehnenübergang bis zur Insertion erstreckt.

Injektionstechniken sind aufgrund falsch-positiver und falsch-negativer Befunde jedoch mit Vorsicht zu interpretieren. Falsch-negative Befunde können aufgrund eines unzureichenden Füllungsdruckes, verfrühtem Aushärten des Injektionsmediums oder Gefäßverschlüssen entstehen. Falsch positive Befunde können bei paravasalem Austreten des Injektionsmediums auftreten [17, 31]. Eine sichere, indirekte Darstellung von Blutgefäßen gelingt mit Hilfe des immunohistochemischen Nachweises von Laminin, einem Bestandteil der Basalmembran der Gefäßwände [17, 31]. Mit einem Antikörper gegen Laminin kann die gefäßfreie Zone im Gleitareal der Supraspinatussehne, der langen und kurzen Bizepssehne, der Tibialis-posterior-Sehne, der Quadrizepssehne und der Peronealsehnen nachgewiesen werden [18, 21, 34, 36, 38]. Klinisch bedeutsam ist, dass spontane Rupturen der oben genannten Gleitsehnen bevorzugt innerhalb der avaskulären Zone auftreten [36].

Die Ausdehnung der gefäßfreien Zone in den untersuchten Gleitsehnen entspricht weitgehend dem faserknorpeligen Areal in dem dem Hypomochlion zugewandten Abschnitt. Faserknorpel ist normalerweise avaskulär [31]. Die avaskuläre Zone ist strukturbedingt und wie die Faserknorpelbildung als physiologischer Befund zu werten. Faserknorpelbildung und avaskuläre Zonen in Gleitsehnen sind funktionelle Anpassungserscheinungen an die lokale mechanische Beanspruchung. Wie die Signalübertragung zwischen mechanischer Belastung, Knorpelzellen und Gefäßendothelien zustande kommt, ist Gegenstand der derzeitigen Forschung.

Die Achillessehne ist eine Zugsehne. Hier treten spontane Sehnenrupturen häufig im Bereich der Sehnentaille auf. Untersuchungen zur Vaskularisation der Achillessehne aus dem Schrifttum, die auf histologischen Befunden und Injektionstechniken beruhen, konnten in dieser Zone kein avaskuläres Areal darstellen [2, 7]. Eine Messung des intravasalen Volumens nach Injektion von radioaktiv markiertem ^{99m}Tc hat jedoch gezeigt, dass das intravasale Volumen im Bereich der Sehnentaille der Achillessehne signifikant reduziert ist [33]. Diese Ergebnisse konnten mit einer quantitativen Auswertung immunohistochemischer Befunde mit Antikörpern gegen Laminin bestätigt werden [39]. Der Grund für die geringe Gefäßdichte im Bereich der Sehnentaille der Achillessehne ist nicht bekannt. Erste biomechanische Befunde deuten darauf hin, dass der interstitielle Druck in der Achillessehne regional unterschiedlich ist. In Versuchen unter Verwendung einer Druckmesssonde wurden im Bereich der Sehnentaille vergleichsweise höhere Drücke als im distalen oder proximalen Sehnenabschnitt gemessen [39].

▪ Ernährung von avaskulärem Sehnengewebe

Die Ernährung avaskulärer Zonen in Sehnen erfolgt von zwei Seiten. Durch Diffusion von Seiten der intratendinösen Blutgefäße des auf Zug beanspruchten Anteils werden die dem Hypomochlion abgewandten Anteile ernährt [22]. Die Versorgung des dem Hypomochlion zugewandten Anteils ist vergleichbar der Ernährung des hyalinen Gelenkknorpels [17]. Sie erfolgt durch Diffusion und Konvektion [16]. Von den Synovialgefäßen der Sehnenscheide diffundieren O_2, Nährstoffe und Zytokine zur Knorpeloberfläche und gelangen über Konvektion zu den Knorpelzellen. Konvektion setzt intermittierenden Druck und Schubbeanspruchung des Gewebes voraus.

Blutgefäße haben jedoch nicht nur eine Bedeutung für die Ernährung des Gewebes. Die Vaskularisation eines Gewebes steht nämlich in unmittelbarem Zusammenhang mit dessen Regenerationsfähigkeit, da Entzündungszellen und Zytokine über die Blutgefäße zu Gewebsläsionen gelangen. Eine weitere Funktion des Blutgefäßsystems ist die Thermoregulation. Die im Körper gebildete Wärme gelangt hauptsächlich durch Transport auf dem Blutweg und zu einem kleinen Anteil durch Wärmeleitung an die Körperoberfläche. In vaskularisiertem Sehnengewebe kommt es unter Belastung zu einer starken Steigerung der Durchblutung [3]. So kann die bei mechanischer Beanspruchung entstandene Wärme schnell abtransportiert werden. In avaskulärem Gewebe kann der Wärmetransport nur durch Wärmeleitung erfolgen. Eine bei Überbeanspruchung entstehende regionale Hyperthermie kann zu Zellschädigungen führen und somit zur Entstehung degenerativer Veränderungen beitragen.

■ Angiogenese in fetalen und degenerativ veränderten Sehnen

Degenerative Sehnenrisse entstehen bevorzugt in Regionen, in denen die Gefäßdichte des Sehnengewebes reduziert ist [7, 10, 11, 33, 39]. In scheinbarem Widerspruch dazu stehen pathologische Befunde, nach denen die Gefäßdichte in degenerativ verändertem Sehnengewebe erhöht ist [10, 27].

Die Neubildung von Blutgefäßen wird durch Angiogenesefaktoren gesteuert. Das bekannteste angiogenetisch wirkende Peptid ist der vaskuläre endotheliale Wachstumsfaktor (vascular endothelial growth factor VEGF). VEGF ist ein starkes endotheliales Mitogen und fördert die Gefäßneubildung in fetalen Sehnen [27]. Auch in Proben degenerativ veränderter Sehnen konnte VEGF auf Protein- und RNA-Ebene nachgewiesen werden [27]. Es sind derzeit 5 verschiedene Splicevarianten von VEGF bekannt. Angiogenese in Sehnengewebe wird von den Splicevarianten 121 und 165 reguliert [27]. Zellkulturexperimente an Rattentenozyten haben gezeigt, dass Hypoxie sowie verschiedene Wachstumsfaktoren starke Stimulatoren für die Expression von VEGF sind [27]. Auf diese Weise können pathologische Befunde, die in degenerativ verändertem Sehnengewebe vaskuläre Proliferationen beschreiben, erklärt werden.

■ **Danksagung.** Wir danken Frau R. Worm, Frau S. Gundlach, Herrn R. Klaws, Herrn F. Lichte, Frau K. Stengel und Frau H. Waluk für die technische Unterstützung.

■ Literatur

1. Altmann K (1964) Zur kausalen Histiogenese des Knorpels. W. Roux's Theorie und experimentelle Wirklichkeit. Z Anat Entwickl 37:1–167
2. Ahmed IM, Lagopoulos M, Mc Connel P, Soames RW, Sefton GK (1998) Blood supply of the achilles tendon. J Orthop Res 16 (5):591–596
3. Astrom M, Westlin N (1994) Blood flow in the human posterior tibial tendon assessed by laser Doppler flowmetry. J Orthop Res 12(2):246–252
4. Benjamin M, Evans EJ (1990) Fibrocartilage. J Anat 171:1–15
5. Benjamin M, Quin S, Ralphs JR (1995) Fibrocartilage associated with human tendons and their pulleys. J Anat 187:625–633
6. Bloom W, Fawcett D (1975) A textbook of histology. WB Saunders, Philadelphia
7. Carr AJ, Norris SH (1989) The blood supply of the calcaneal tendon. J Bone Joint Surg 71 (Br):100–101
8. Giori NJ, Carter DR (1992) Tendon tissue differentiation may be mechanically mediated by hydrostatic pressure and cell shape. Trans Orthop Res Soc 17: 148
9. Giori NJ, Beaupré GS, Carter DR (1993) Cellular shape and pressure may mediate mechanical control of tissue composition in tendons. J Orthop Res 11: 581–591
10. Kannus P, Jósza L (1991) Histopathological changes preceding spontaneous rupture of a tendon. A controlled study in 891 patients. J Bone Joint Surg (Am) 73:1507–1525
11. Kannus P, Natri A (1997) Etiology and pathophysiology of tendon ruptures in sports. Scand J Med Sci Sports 7:107–112
12. Koch S, Tillmann B (1995) The distal tendon of biceps brachii. Ann Anat 177: 467–474
13. Kolts I, Tillmann B, Lüllmann-Rauch R (1994) The structure and vascularization of the biceps brachii long head tendon. Ann Anat 176:75–80
14. Koob TJ, Vogel KG (1987) Site related variations in glycosaminoglycan content and swelling properties of bovine flexor tendon. J Orthop Res 5:414–424
15. Leadbetter WB (1992) Cell-matrix response in tendon injury. Clin Sports Med 11:533–542
16. Pauwels F (1960) Eine neue Theorie über den Einfluß mechanischer Reize auf die Differenzierung der Stützgewebe. Zehnter Beitrag zur funktionellen Anatomie und kausalen Morphologie des Stützapparates. Z Anat Entwickl 121:478–515
17. Petersen W, Tillmann B (1995) Age related Blood and Lymph Supply of the Knee Joint Meniscus. A Orthop Scand 66:303–307
18. Petersen W, Tillmann B (1998) Structure and vascularization of the cruciate ligaments. Anat Embryol 200:325–334
19. Petersen W, Stein V, Tillmann B (1999) Blood supply of the Tibialis Anterior Tendon. Arch Orthop Trauma 119:371–374
20. Petersen W, Stein V, Tillmann B (1999) Die Blutgefäßversorgung der Quadrizepssehne. Unfallchirurg 102:543–547
21. Petersen W, Bobka T, Stein V, Tillmann B (2000) Blood supply of the peroneal tendons. A Orthop Scand 71:168–174
22. Petersen W, Stein V, Bobka T (2000) Structure of the tibialis anterior tendon. J Anat 197:617–625

23. Petersen W, Hohmann G, Stein V, Tillmann B (2002) Blood supply of the posterior tibial tendon – a quantitative study in human cadavers. J Bone Joint Surg 84:141–144
24. Petersen W, Hohmann G (2001) Collagenous fibril texture of the posterior tibial tendon. Foot Ankle Int 22:126–132
25. Ploetz E (1938) Funktioneller Bau und funktionelle Anpassung der Gleitsehnen. Z Orthop 67:212–234
26. Poole CA, Ayad S, Gilbert RT (1992) Chondrons from articular cartilage. V. Immunohistochemical evaluation of type VI collagen organisation in isolated chondrons by light, confocal and electron microscopy. J Cell Sci 103:1101–110
27. Pufe T, Petersen W, Tillmann B, Mentlein R (2001) Detection of Splicevariants 121 and 165 of the vascular endothelial growth factor in fetal and degenerative tendons. Virch Arch
28. Refior HJ, Kroedel A, Melzer C (1987) Examinations of the pathology of the rotator cuff. Arch Orthop Trauma Surg 106:301–306
29. Resch H, Breitfuß H (1995) Spontane Sehnenrupturen. Orthopäde 24:209–219
30. Roux W (1895) Gesammelte Abhandlungen über Entwicklungsmechanik der Organismen, Bd. I und II. Engelmann, Leipzig
31. Rudert M, Tillmann B (1993) Lymph and blood supply of the human intervertebral disc – Cadaver study of correlations to discitis. A Orthop Scand 64: 37–40
32. Stein V, Petersen W, Tillmann B (1999) Structure of the quadriceps tendon and clinical correlations. Ann Anat (Suppl) 181:313–314
33. Stein V, Tinnemeyer S, Petersen W (2000) Quantitative assessment of the intravascular volume of the human Achilles tendon. A Orthop Scand 71:60–63
34. Tillmann B, Schünke M (1991) Struktur und Funktion extrazellulärer Matrix. Anat Anz 168:23–36
35. Tillmann B (1998) Binde- und Stützgewebe. In: Leonhard H, Tillmann B, Töndury, Zilles K (Hrsg) Rauber/Kopsch, Anatomie des Menschen, Lehrbuch und Atlas Band I Bewegungsapparat. Thieme, Stuttgart, New York
36. Tillmann B, Schünke M, Röddecker K (1991) Struktur der Supraspinatussehne. Anatomischer Anzeiger 172:82–83
37. Uthoff HK, Sarkar K (1991) Pathology of rotator cuff tendons. In: Watson (ed) Surgery disorders of the shoulder. Churchill Livingstone, New York, Edinburg, London, Melbourne
38. Vogel KG, Ördög A, Pogany G, Olah J (1993) Proteoglycans in the compressed region of human tibialis posterior tendon and in ligaments. Journal of Orthopedic Research 11:68–77
39. Zantop T, Petersen W, Tillmann B (2000) Biomechanical analysis of the human Achilles tendon. J Anat (Suppl):356

4.2 M. Sittinger

Tissue engineering mesenchymaler Gewebe

■ Was ist Tissue engineering?

Das Tissue engineering weist einen neuen, erfolgversprechenden Weg zur Umsetzung einer uralten Idee der Menschheit, beschädigtes Körpergewebe einfach ersetzen zu können. Bisher werden künstliche Prothesen oder Organe fremder Spender verwendet, die jedoch immer nur einen Kompromiss zwischen dem Ersatz der Funktionalität des Gewebes oder Organs und der immunologischen Abstoßungsreaktion des menschlichen Körpers bietet.

Das Tissue engineering beschäftigt sich hingegen seit Ende der 80er Jahre mit der Herstellung von menschlichem Gewebe aus körpereigenen Zellen, das nicht abgestoßen wird. Nach der US-amerikanischen National Science Foundation für den interdisziplinären Forschungsansatz gilt seit 1988 als Definition des Tissue engineering:

Tissue engineering is the application of the principles and methods of engineering and the life sciences toward the fundamental understanding of structure/function relationships in normal and pathological mammalian tissues and the development of biological substitutes to restore, maintain, or improve functions.

Idealerweise werden aus isolierten autologen Zellen zunächst ganze Gewebe im Reagenzglas gezüchtet, die dann dem Patienten als Ersatz transplantiert werden können.

Der klinische Bedarf ist groß: 10 Mio. Menschen müssen allein in den USA mit künstlichen Implantaten leben. In Deutschland erhält nur jeder zweite Patient das zum Überleben benötigte Spenderorgan. Aber auch Schäden an einzelnen Geweben sind weit verbreitet. Sport treiben bis ins hohe Lebensalter führt nicht selten zu Verletzungen von Sehnen und Bändern, so dass allein in der Bundesrepublik Deutschland jährlich ca. 120000 Fälle von Kreuzbandrupturen mit einer Instabilität im Kniegelenk festgestellt werden. Ca. 1,5 Mio. Patienten haben behandlungsbedürftige Symptome der Osteoarthrose, einer degenerativen Erkrankung der Gelenke. Auch hier sind die therapeutischen Instrumentarien sehr unbefriedigend. Die letzte Alternative als Ersatz für die funktionsuntüchtigen Gelenke ist die Implantation von jährlich ca. 85000 künstlichen Hüft- und 20000 Knie-

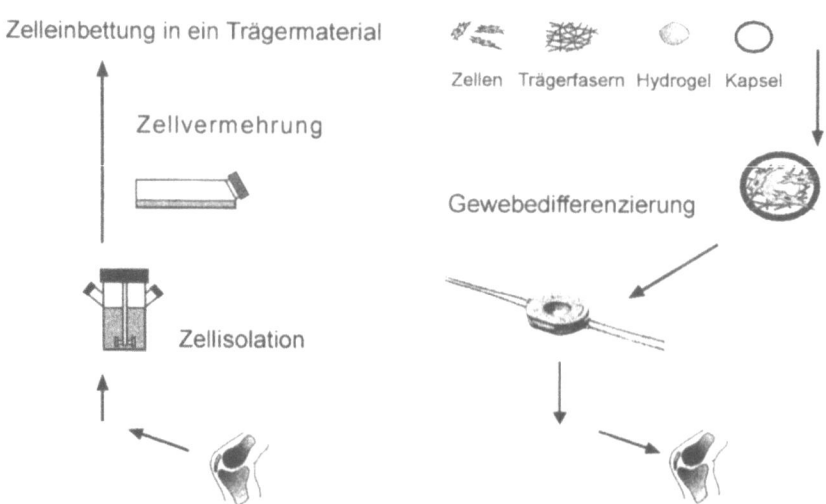

Entnahme einer Gewebebiopsie Transplantation eines autologen "Neogewebes"

Abb. 1. Grundprinzip der autologen Gewebetransplantation mit Hilfe des Tissue engineering: Aus einem Gewebestück des Patienten werden Zellen isoliert. Nach der Vermehrung der isolierten Zellen wird aus den Zellen und Stützmaterialien ein neues Gewebe gezüchtet und anschließend wieder in den Patienten transplantiert (Quelle: Arbeitsgruppe Tissue engineering der Charité)

prothesen. Zahlen aus den USA belegen ebenfalls einen großen Bedarf für Knochenersatz. Pro Jahr heilen ca. 110000 Brüche von Röhrenknochen nicht aus. In rund 150000 Fällen pro Jahr in der Orthopädie und Traumatologie, ca. 400000 Fällen im Dentalbereich und der Kieferchirurgie und in etwa 3 Millionen Fällen weiterer Indikationsgebiete wird der Knochen durch körperfremden Zement oder Metall ersetzt. Das ist nur ein kleiner Ausschnitt aus den Gebieten, in denen heute das Tissue engineering nach Lösungen sucht [1].

Die Technologie des Tissue engineering erfordert eine sorgfältige Handhabung von Zellen, die einem Patienten entnommen und schließlich wieder zurückgeführt werden sollen. Unter geeigneten Bedingungen wächst aus den isolierten Zellen ein transplantierbares Gewebe heran, das dann als Ersatz in die beschädigten Regionen eingeführt werden kann.

Im Folgenden werden Methoden, deren erfolgreiche Anwendung, sowie aussichtsreiche Forschungsprojekte des Tissue engineering vorgestellt.

■ Knorpel

1994 veröffentlichte Brittberg (USA) eine Methode zur Behandlung von umschriebenen Knorpeldefekten. Isolierte Chondrozyten aus gesunden Gelenkregionen wurden *in vitro* vermehrt und anschließend als Zellsuspen-

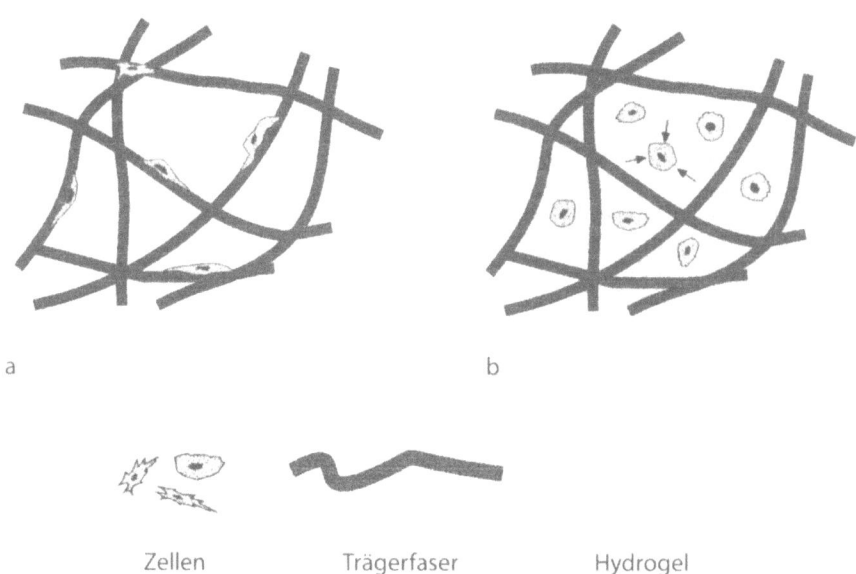

Zellen   Trägerfaser   Hydrogel

Abb. 2 a, b. Schematische Darstellung eines Zellträgers im Tissue engineering. Die Zellen sollen beim Knorpel-Tissue-engineering nicht an den Fasern des Trägers adhärien (**a**), sondern gleichmäßig im Zellträger mit Hilfe einer Zelleinbettungssubstanz verteilt werden (**b**), damit ihre Zelloberfläche dreidimensional stimuliert wird und sie so im differenzierten Zustand extrazellulare Knorpelmatrix bilden

sion unter einen, über den kleinen Defekt genähten, autologen Periostlappen gespritzt. So entstand neben dem Hautersatz der zweite therapeutisch angewandte Ansatz durch Tissue engineering, das autologe Chondrozytentransplantat (ACT) [2].

Diese einfachste Anwendung, ausschließlich Zellsuspensionen für das Tissue engineering zu benutzen, eignet sich nur für sehr begrenzte Einsatzbereiche in der Medizin, da Zellsuspensionen naturgemäß keinerlei eigene Festigkeit oder Formstabilität besitzen. Eine optimale, großvolumige Geweberegeneration kann nur erzeugt werden, wenn zusätzlich gewebeartige Hilfsstrukturen eine dreidimensionale Stabilität ermöglichen. Moderne Forschungs- und Entwicklungsansätze wollen mechanisch stabile und biologisch möglichst komplette Ersatzgewebe entwickeln. Dafür verwenden sie Kombinationen aus soliden, resorbierbaren Stütz- oder Gerüstmaterialien mit gewebebildenden Zellen, die mit Hilfe von Zelleinbettungssubstanzen, wie z. B. Fibrin oder Hyaluronsäure, im Trägermaterial festgehalten werden. Die verwendeten Biomaterialien sollten speziellen Anforderungen genügen, um problemlos am Transplantationsort einheilen zu können. Sie müssen biokompatibel sein und damit weder durch ihre Anwesenheit die normale Stoffwechselaktivität der Zellen beeinträchtigen, noch eine immunologische Abstoßungsreaktion bei der Verwendung in den Transplantaten verursachen. Die homogene dreidimensionale Verteilung der Zellen im Träger und das räumliche Reifen des Zellgewebes sollte ebenfalls ermöglicht werden. Zur Zelladhäsion und Aggregation der Matrixmoleküle bei minimalem Volumen ist es sinnvoll, wenn das Material eine möglichst große Oberfläche besitzt. Außerdem sollte es eine gute Anfangsstabilität aufweisen, andererseits jedoch resorbieren, sobald das neu gebildete Gewebe die Stützfunktion übernehmen kann. Die dabei entstehenden Degradationsprodukte dürfen wiederum keinen Einfluss auf die Stoffwechselaktivität des Gewebes haben. Zur Erfüllung dieser komplexen Anforderungen werden beispielsweise gelartige Biomaterialien, wie Hyaluronsäure, Fibrin, Agarose oder Alginat, eingesetzt und teilweise mit Membranen (Kollagen) oder Vliesen (Polylaktid, Polyglykolid usw.) kombiniert [3].

Das transplantierbare Gewebe wird dann unter geeigneten Bedingungen herangezüchtet und kann anschließend als autologer Ersatz in die beschädigte Region eingeführt werden, so dass dadurch erstmalig größere und lokale arthrotische Knorpeldefekte therapierbar werden könnten.

Je nach Anwendungsgebiet sind in der plastisch-rekonstruktiven Chirurgie verschiedene Knorpeltransplantate gefragt. *Ohr- und Nasenknorpel* unterscheiden sich beispielsweise nicht nur in der Zusammensetzung der Knorpelmatrix (elastischer bzw. hyaliner Knorpel), sondern auch in der äußeren Form und Stabilität. Insbesondere für die Umsetzung der Vision von einem autologen, mit Hilfe des Tissue engineering hergestellten Ersatzohrs ist es wichtig, die vorgegebene Form des Transplantates zu erhalten. Gleichzeitig muss es jedoch elastisch genug sein, den alltäglichen Belastungen und Verformungen Stand zu halten.

Die interdisziplinäre Arbeitsgruppe Tissue engineering der Charité, Berlin, untersucht verschiedene vorgeformte Fasermaterialien in Kombination mit den Zelleinbettungssubstanzen Agarose, Alginat, Hyaluronsäure und autologer Fibrinkleber. In Tiermodellen werden die in vitro hergestellten Transplantate auf ihre Funktionsfähigkeit überprüft und neben histologischen, molekularbiologischen und elektronenmikroskopischen Analysen auf ihre mechanische Stabilität untersucht. Die mechanische Festigkeit des auf diesem Wege gewonnenen Tissue-engineering-Knorpels war vergleichbar mit der von humanem Nasenseptumknorpel [4]. In der neu gebildeten Knorpelmatrix konnten Proteoglykane und ein hoher Anteil an Kollagen Typ II, das für hyalinen Knorpel typische Kollagen, nachgewiesen werden.

Es werden verschiedene Ansätze verfolgt, das Transplantat zusätzlich vor immunologischen und Wundreaktionen zu schützen. So könnte das Transplantat beispielsweise eingekapselt werden oder die Immunreaktion wird örtlich durch medikamentöse Intervention eingeschränkt [5].

Der *Gelenkknorpel* ist starken Drücken und Reibungskräften ausgesetzt. Diese Kräfte nimmt eine relativ dünne Knorpelschicht (ca. 1 bis 3 mm) auf. Deshalb erfordert deren Rekonstruktion andere Eigenschaften von dem Knorpeltransplantat. Es muss genauso dünn oder dünner sein als der beschädigte Knorpel, dabei aber trotzdem recht schnell die Beanspruchungen einer Gelenkbewegung verkraften.

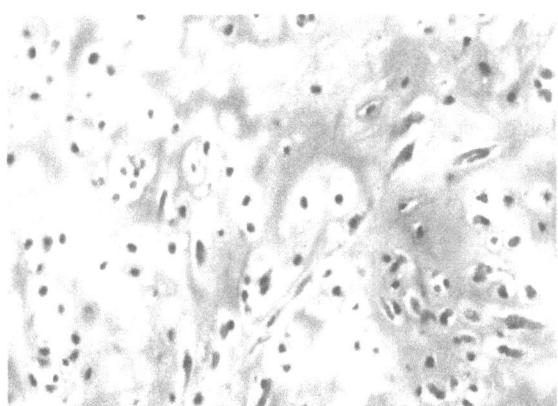

Abb. 3. Histologische Färbung (Masson/Goldner) eines mit Hilfe des Tissue engineering hergestellten Transplantates mit typischer Knorpelcharakteristik. Die Proteoglykane und Kollagene wurden grün und die Zellkerne schwarz angefärbt. Bei der Transplantatherstellung sind die Chondrozyten in eine temporäre Stützstruktur eingebettet worden (Quelle: Arbeitsgruppe Tissue engineering der Charité)

Ein weiteres Problem ist die Fixierung der Transplantate im Gelenk. Bisher verfolgen wir zwei Ansätze zur Lösung dieses Problems. Dünne Transplantatscheiben konnten im Pferdemodell erfolgreich am Gelenkkopf verankert werden. Nach 3 Monaten wurde bereits eine Synthese von extrazellulärer Knorpelmatrix nachgewiesen, die im Vergleich zu natürlichem Knorpel etwa 50% der Konzentration der Matrixbestandteile Hydroxyprolin und Glukosaminoglykan enthielt.

Eine andere Idee besteht darin, bereits *in vitro* den Knorpel auf einem Knochenzementstück anzuzüchten. Diese Konstrukte haben eine sehr gute mechanische Stabilität und wurden bereits mit guten Ergebnissen bei Nacktmäusen und im Kaninchenmodell getestet [6].

Ein weiteres denkbares Einsatzgebiet für das Knorpel-Tissue-engineering ist die Rekonstruktion größerer *Trachealdefekte*. Nach Schädigungen oder Infektionen kommt es zu Stenosen, die u.a. durch die exzessive Bildung von Granulationsgewebe entstehen, wenn dieses nicht epithelialisiert ist. Hier gibt es Versuche, Knorpel in speziell geformten, voll resorbierbaren Trägermaterialien zu züchten und diese anschließend mit *in vitro* vermehrten Epithelzellen zu besiedeln [7].

■ Meniskus

Im Gegensatz zum hyalinen Knorpel im Gelenk oder Nasenseptum besteht die extrazelluläre Matrix im Meniskusknorpel zwar auch aus elastischen Fasern, die überwiegend von Fibrozyten gebildet werden, darüber hinaus gibt es jedoch Gebiete mit moderat basophiler Matrix, die von so genannten chondroiden Zellen exprimiert werden. Degenerative Erscheinungen am Meniskus sind sehr schmerzhaft und oft bleibt langfristig nur die Alternative, den Meniskus teilweise oder ganz zu entfernen. Erfolgversprechend ist auch hier der Einsatz von natürlichen Ersatzmaterialien. Puelacher et al. [8] transplantierten immunsuprimierten Nacktmäusen subkutan einen Meniskusersatz, der Gelenkchondrozyten enthielt. Dabei entwickelte sich fester Knorpel, der dem Spenderknorpel ähnelte, was jedoch nicht zwingend vorteilhaft für eine Transplantation im Knie sein muss. Pretti et al. [9] transplantierten ein autogenes Konstrukt aus Gelenkchondrozyten in ein Schweineknie und konnten zeigen, dass ein Defekt, gefüllt mit Trägermaterial ohne Zellen, oder ein Leerdefekt nicht zuheilte, während der Defekt mit dem Chondrozyten enthaltenden Konstrukt repariert werden konnte.

Bis zu einem vollständigen Meniskusersatz, der mit Hilfe des Tissue engineering hergestellt werden kann, sind jedoch noch mehr Informationen über die Wechselwirkungen zwischen den Meniskuszellen, den Chondrozyten, den Fibrozyten und den Zellen anderer elastischer Gewebe nötig [10].

■ Sehnen und Bänder

Für die Funktion des menschlichen Bewegungsapparates sind Sehnen und Bänder essentiell. Die Bänder halten die Verbindung der Knochen untereinander und stabilisieren die Bewegungen, die durch Muskelkraft in den Gelenken stattfinden, während die Sehnen die Zugkraft der Muskeln auf das Skelett übertragen. Auch die Verletzungen von Sehnen und Bändern haben während der vergangenen Jahrzehnte stark zugenommen und führen wegen der Fehlbelastungen zu Arthrosen. Da Sehnengewebe, wie auch der Knorpel, bradytroph sind, ist deren Fähigkeit zur Selbstheilung begrenzt. Ausgehend vom gut durchbluteten Peritendineum bildet sich im günstigen Fall Narbengewebe mit inferioren, bioelastischen Eigenschaften. Bedingt durch die große Häufigkeit derartiger Läsionen, den Mangel an sicheren und auch längerfristig problemlosen Verfahren zur Wiederherstellung von Band- und Sehnenläsionen und die Tragweite der drohenden Sekundärschäden für Lebensqualität und Arbeitsfähigkeit, werden international Methoden zur Rekonstruktion von Sehnen und Bändern intensiv erforscht. Sämtliche derzeit verfügbaren Rekonstruktionsmethoden, wie z.B. die Naht oder Transplantation von Bandersatzmaterialien, sind jedoch auch hier mit mehr oder minder großen Unzulänglichkeiten behaftet, da sie wegen Materialermüdung reißen oder die üblichen Nebenwirkungen und Risiken bei einer Transplantation von Allografts auftreten [11].

Für die primäre Rekonstruktion von Sehnen als auch für Revisionen nach erfolglosen Erstbehandlungen mit konventionellen Methoden wäre die Verwendung eines Tissue-engineering-Produktes bedeutsam, das durch die Kombination aus bioresorbierbarer Matrix und autologen Bindegewebszellen eine biologische Rekonstruktion von Bändern und Sehnen ermöglicht.

Butler verschloss 1999 Defekte in Patellar- und Achillessehnen von Kaninchen mit einem Kollagengel. Unter Zugabe von autologen pluripotenten Stammzellen (MSCs) zeigte sich eine signifikant bessere Defektheilung hinsichtlich der Zelldichte und den biomechanischen Eigenschaften. Vier Wochen nach der Transplantation hatten die mit MSCs besiedelten Transplantate 50–60% der Festigkeit einer natürlichen Sehne erreicht [12].

■ Knochen

Wie bereits erwähnt ist auch der Bedarf an autologem, *in vitro* gezüchtetem Knochenersatz, der komplikationslos in Defekte einwächst, nicht unerheblich. Auch hier gibt es, wie beim Knorpel, die einfachste Variante eines injizierbaren Knochenersatzes, der in kleine Defekte gespritzt wird und damit für minimal invasive Anwendungen, wie z. B. der Rekonstruktion von osteoporotischen Frakturen, Tumorresektionen oder dentalen Anwendungen zur Verfügung steht. Hierbei werden Osteoblasten mit Fibrinkleber oder Knochenzement kombiniert [13].

Bei größeren Defekten kommt es mehr als in allen anderen Gebieten des Tissue engineering darauf an, dass die verwendeten Stützstrukturen eine sehr hohe Anfangsstabilität aufweisen. Das Stützmaterial sollte langsam im Körper resorbieren, während die transplantierten Zellen die Neubildung der Knochengrundstruktur induzieren und der neu gebildete Knochen seine natürliche Stabilität erreicht hat.

In unserer Arbeitsgruppe wurden in Zusammenarbeit mit der Orthopädie der Charité Periostzellen als Vorläuferzellen mit osteogenem und chondrogenem Potenzial in Fibrin-Alginat-Beads und in PGLA-Vliesen kultiviert und in unterschiedlichen Defektmodellen im Kaninchen und Schwein eingesetzt. In der 3D-Kultur differenzierten die homogen verteilten Zellen zu Osteoblasten und exprimierten alkalische Phosphatase und Osteocalcin. In den Kontrollgruppen schlossen sich die Defekte ausschließlich vom Rande her, während bei den Gruppen mit den Tissue-engineering-Transplantaten die Defekte auch von der Mitte her durch die Bildung von Knocheninseln verschlossen wurden [14].

In Freiburg wurde im November 2000 weltweit zum ersten Mal ein komplettes Fingergelenk aus patienteneigenen Zellen gezüchtet und als funktionsfähiges Gelenk transplantiert. Es bestand aus Knochenzellen, die dem Beckenknochen des Patienten entstammten und Knorpelzellen, die aus der Rippe des Patienten isoliert wurden. Während einer einmonatigen Vermehrungsphase *in vitro* wuchsen die Zellen in einer Trägersubstanz mit dreidimensionaler Form eines Gelenkes, das dann transplantiert werden konnte [15].

▨ Muskel, Fett und Stammzellen

Der *Muskelverlust* ist eine Begleiterscheinung vieler pathologischer Zustände und kann bisher nur mit begrenztem Erfolg behandelt werden.

Wie bereits bei den anderen Gewebearten beschrieben, gibt es auch für das Muskelgewebe Versuche, es im Reagenzglas nachzuzüchten. Saxena et al. isolierten 1999 Myoblasten aus dem Skelettmuskel und kultivierten sie erfolgreich auf einem synthetischen biodegradierbaren Polymer. Nach 45 Tagen im Rattenmodell fanden sie einen reorganisierten Neomuskel [16].

Zur Zeit wird häufig die Verwendung von *embryonalen Stammzellen* diskutiert.

Deren Fähigkeit, im undifferenzierten Stadium unbegrenzt zu proliferieren und ihre Potenz, in jede beliebige Zellart zu differenzieren, eröffnet weitreichende Perspektiven und ermutigt zu Visionen, vor deren Erfüllung jedoch zunächst noch sehr viel Grundlagenforschung betrieben werden muss.

Embryonale Stammzellen legen auf der Differenzierungskaskade noch einen sehr weiten Weg bis zum jeweils gefragten Gewebe zurück. Je länger dieser Weg ist, desto mehr können bisher noch unbekannte Risiken auftreten und der notwendige Cocktail an teuren Differenzierungsfaktoren wird somit mit jeder Abzweigung auf der Kaskade größer. Daher ist mittelfristig sicherlich eher die Verwendung von Gewebevorläuferzellen aus dem adulten Gewebe sinnvoll und ein vielversprechender Ansatz, denn diese Zellarten sind auf der Entwicklungskaskade bereits näher am entsprechenden Gewebe lokalisiert. Die praktischen und ethischen Probleme im Umgang mit embryonalen Stammzellen entfallen.

In diesem Zusammenhang interessieren besonders die *mesenchymalen Stammzellen* (MSCs). Diese pluripotenten Vorläuferzellen sind in der Lage, in verschiedene mesenchymale Zelllinien zu differenzieren, können als autologe Zellen mit einigem Aufwand aus einem Knochenmarkspunktat isoliert werden, obwohl sie nur in geringer Zahl im natürlichen Gewebe vorkommen. Sie lassen sich jedoch relativ einfach vermehren. *In vitro* konnten mit humanen MSCs bis heute die Bildung von Knochen, Knorpel, Fett, Muskel und eines Stromagewebes induziert werden [17].

Es gibt bereits den Versuch, nach erfolgreichen Studien an der Maus, aus dem Rückenmark isolierte Zellen direkt in den menschlichen Herzmuskel zu spritzen, um die Folgen eines Herzanfalls zu therapieren. Das abgestorbene Gewebe soll durch die Stammzellen erneuert werden (Reuters Health, 23.7.2001).

Abschließend sei noch erwähnt, dass natürlich auch *Fettgewebe* für die Rekonstruktion posttraumatischer Deformationen und durch Krebs verursachte Deletionen gebraucht wird. Patrick et al. isolierten 1999 Präadipozyten und differenzierten sie *in vitro* mit Hilfe eines PGLA-Vlieses zu Adipozyten. Nach 2 bis 5 Wochen *in vivo* hatte sich aus diesen Konstrukten ein vollständiges Fettgewebe gebildet [18]. Es ist ebenfalls bereits möglich, Vorläuferzellen direkt aus dem Aspirat des Fettgewebes zu isolieren. Auch Zellen aus dieser Quelle konnten in mesenchymale Gewebezellen (Fett, Knorpel, Knochen und Muskel) differenziert werden und stellen damit eine interessante Alternative zum Tissue engineering mit MSCs dar [19].

Ärzte und Wissenschaftler erzielen heute schon große Erfolge im Tissue engineering. Voraussetzungen für den schnellen Erfolg von Tissue-engineering-Therapien und -Produkten sind deren geringere Gesamtkosten für das Gesundheitssystem, oft eine schnellere Heilung als bei herkömmlichen Therapien, geringe Folgeschäden und wesentlich verkürzte Behandlungszeiten. Die Dynamik in der Forschung wird in absehbarer Zeit eine Reihe von autologen Zelltherapien für die Patienten zur Verfügung stellen.

▪ Literatur

1. Gesundheitsbericht Deutschland vom Statistischen Bundesamt (1998)
2. Brittberg M, et al (1994) Treatment of deep cartilage defects in the knee with autologous chondrocyte transplantation. J Med 14:889–895
3. Sittinger M (1995) Tissue Engineering: Künstlicher Gewebeersatz aus vitalen Komponenten. Laryngo Rhino Otol 74:695–699
4. Duda GN, et al (2000) Mechanical quality of tissue engineered cartilage: results after 6 and 12 weeks in vivo. J Biomed Mater Res 53:673–677
5. Haisch A, et al (1996) Tissue-engineering humanen Knorpelgewebes für die rekonstruktive Chirurgie unter Verwendung biokompatibler resorbierbarer Fibringel- und Polymervliesstrukturen. HNO 44:624–629
6. Kreklau B, et al (1999) Tissue engineering of biophasic joint cartilage transplants. Biomaterials 20:1743–1749
7. Risbud M, et al (2000) Biocompatible hydrogel supports growth of respiratory epithelial cells: Possibilities in tracheal tissue engineering. J Biomed Mat Res 56:1172–1177
8. Pulacher WC, et al (1994) Temporomandibular joint disc replacement made by tissue-engineered growth of cartilage. J Oral Maxillofac Surg 52:1172–1177
9. Pretti GM, et al (2002) Cell-based therapy for meniscus healing: A large animal study. Trans 48th An Meet Orthopedic Res Soc
10. Glowacki J (2001) Engineered cartilage, bone, joints, and menisci – potential for temporomandibular joint reconstruction. Cell Tiss Org 169:302–308
11. Fukubayashi T (2000) Follow-up study of Gore-Tex artificial ligament-special emphasis on tunnel osteolysis. J Long Term Eff Med Implants 10(4):267–277
12. Butler DL, Awad HA (1999) Perspectives on cell and collagen composites for tendon repair. Clin Orthop Oct 367 (Suppl):S324–332
13. Schaefer DJ, et al (2000) Cell Tiss Org 166:52
14. Perka C, et al (2000) Segmental Bone Repair by Tissue Engineered Periosteal Cell Transplants with Bioresorbable Fleece and Fibrin Scaffolds in Rabbits. Biomaterials 21:1145–1153
15. Biotissue Technologies AG, Freiburg
16. Saxena AK (1999) Skeletal muscle tissue engineering using isolated myoblasts on synthetic biodegradable polymers: preliminary studies. Tissue Eng 5(6):525–532

17. Zvaifler NJ, et al (2000) Mesenchymal precursor cells in blood of normal individuals. Arthritis Res 2:477–488
18. Patrick CW, et al (1999) Preadipocyte seeded PGLA scaffolds for adipose tissue engineering. Tissue Eng 5(2):139–151
19. Zuk PA, et al (2001) Multilineage cells from human adipose tissue: implications for cell-based therapies. Tissue Eng 7(2):211–228

4.3 J. Neidel

Die Rolle von Wachstumsfaktoren beim Soft-Tissue-engineering

■ Einleitung

Ziel des Soft-Tissue-engineering ist die Erzeugung eines transplantatfähigen Gewebes, um einen durch Verletzung oder Krankheit verursachten Verlust körpereigenen Gewebes auszugleichen. Das erzeugte Gewebe soll idealerweise dem verlorengegangenen in struktureller, funktionaler und immunologischer Hinsicht gleichen. In der Orthopädie kommen vor allem Gelenkknorpel, Sehnen, Bänder und Muskeln für das Weichteil-Tissue-engineering in Betracht, wobei der Gelenkknorpel wegen seiner großen Bedeutung für die Gelenkfunktion und der geringen Regenerationstendenz nach Trauma hier ganz im Vordergrund steht.

Wachstumsfaktoren sind ubiquitär im Körper vorkommende Proteine mit Effekten auf Zellteilung, Zelldifferenzierung, Matrixsynthese und Zellmigration. Die für das mesenchymale Tissue engineering wichtigsten Vertreter umfassen unter anderem die Insulin-Wachstumsfaktoren I (IGF-I) und II (IGF-II), den Transforming Growth Factor β und die Gruppe der Bone Morphogenetic Proteins. Wachstumsfaktoren finden sich sowohl intrazellulär als auch in Extrazellulärflüssigkeit, Matrix und in der Zirkulation. Ihre Wirkung entfalten sie autokrin (eine Zelle sezerniert Wachstumsfaktoren, die an die zelleigenen Membranrezeptoren binden), parakrin (eine Nachbarzelle wird beeinflusst) oder endokrin durch Transport von Wachstumsfaktoren zu einer entfernt liegenden Zielzelle über die Zirkulation. Vermittelt wird die Wirkung in der Regel über spezifische Rezeptoren, von denen membrangebundene und lösliche Varianten bekannt sind.

Das Netzwerk von Wachstumsfaktoren und Zytokinen im menschlichen Körper ist komplex; ständig wirkt eine Vielzahl dieser Stoffe auf eine gegebene Zelle ein. Schließlich variiert die Wirkung von Mediatoren noch in Abhängigkeit von der Art der Zielzelle, ihrer anatomischen Lokalisation, ihrem Entwicklungsstadium und der Konzentration des Wachstumsfaktors.

Gelenkknorpel reagiert differenziert auf Verletzungen in Abhängigkeit von deren Ausmaß. Ein einfacher Radiärriss, wie in Abb. 1 beim Kaninchen gezeigt, heilt auch nach Monaten nicht ab, muss aber andererseits auch nicht zwingend zu einer progredienten Gelenkdestruktion führen.

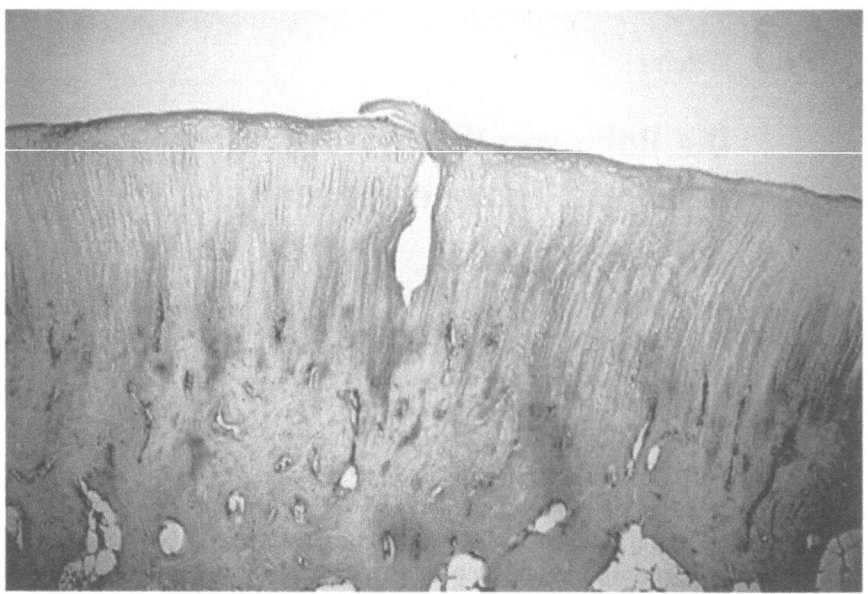

Abb. 1. Radiärriss im Gelenkknorpel (Kaninchen, Safranin-O-fast-green)

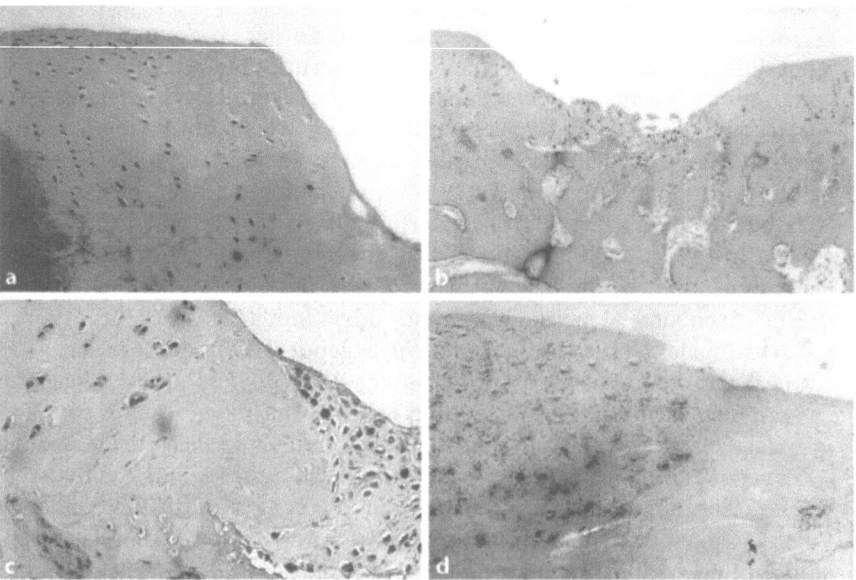

Abb. 2 a–d. Chirurgisch erzeugter Gelenkknorpeldefekt beim Kaninchen. **a** 3 Tage postop.; **b** 2 Wochen postop., Autoradiographie mit [³H]-Thymidin zur Markierung von Zellen in Mitose (geschwärzt); **c** Defektrand aus **b** in höherer Vergrößerung; **d** 8 Wochen postop., Autoradiographie mit [³⁵S]-Sulfat zur Markierung neusynthetisierter Proteoglykane (feine punktförmige Schwärzungen, Färbung HE)

Anders ist die Reaktion auf einen tiefen Knorpeldefekt, der bis auf den subchondralen Knochen reicht. Ebenfalls exemplarisch beim ausgewachsenen Kaninchen gezeigt, kommt es nach wenigen Tagen zunächst zu einer Nekrose der Chondrozyten am Rand des Defektes (Abb. 2a). Zwei Wochen nach dem Trauma ist der ursprünglich intakte subchondrale Knochen teilweise mikrofrakturiert (Abb. 2b). Die Ränder des Knorpeldefektes sind weiter durch ein Areal mit Zellnekrosen gekennzeichnet, die Flanken sind in Richtung Defekt geneigt. Eine nennenswerte Zellteilungsaktivität ist hier in der ^{3}H-Thymidin-Autoradiographie nicht ersichtlich (Abb. 2c). Aus dem Markraum des Knochens dringen Zellen mit hoher Mitoserate in den Defekt vor, das Gewebe, welches den Defekt füllt, ist aber nicht im festen Verbund mit dem ursprünglichen ortsständigen Gewebe (Abb. 2c). Acht Wochen nach Setzen des Defektes ist dieser zu rund zwei Dritteln mit einem zellarmen Ersatzgewebe gefüllt. Die ^{35}S-Sulfat-Autoradiographie zeigt Proteoglykansyntheseaktivität am Defektrand, jedoch kaum im Defekt selbst (Abb. 2d).

Die Transplantation autologer, extrakorporell vermehrter Chondrozyten wurde in letzter Zeit in begrenztem Umfang zum Aufbau isolierter Knorpeldefekte am Kniegelenk eingesetzt [1]. Alternative Behandlungsverfahren schließen die Verwendung von Knorpel-Knochen-Transplantaten ein [2]. Der Erfolg dieser Methoden ist an verschiedene Voraussetzungen geknüpft. Eine davon ist die ungestörte Matrixsynthese der transplantierten Knorpelzellen, die wiederum von der Zusammensetzung der Synovialflüssigkeit (SF) im betreffenden Gelenk abhängig ist. In eigenen Untersuchungen zeigte sich, dass der Anteil von freiem IGF-I in der Synovialflüssigkeit von besonderer Bedeutung für die Matrixsynthese von Knorpel ist, der dieser Synovialflüssigkeit ausgesetzt ist. Diese Annahme wird durch die Beobachtung unterstützt, dass sich die anabolen Effekte humaner Synovialflüssigkeit auf die Knorpel-PG-Synthese zu mehr als 60% mit einem Anti-IGF-I-Antikörper neutralisieren lassen [3]. Im Folgenden soll auf die Wechselwirkungen der wichtigsten Wachstumsfaktoren mit dem Gelenkknorpel eingegangen werden.

▦ Wachstumsfaktoren

Insulin-Wachstumsfaktoren

Insulin-Wachstumsfaktor I (IGF-I) ist für die Aufrechterhaltung einer normalen Proteoglykan(PG)-Syntheserate von Gelenkknorpel in Kultur erforderlich [4, 5], während IGF-II, das andere Mitglied der IGF-Familie, eine wesentlich schwächere Wirkung auf die Knorpel-PG-Synthese hat als IGF-I [6]. Beide Mediatoren vermitteln ihre Wirkung über Membranrezeptoren, die sowohl auf epiphysären als auch artikulären Chondrozyten nachgewiesen wurden [7]. Bei Chondrozyten bewirken die IGFs eine Erhöhung der

PG-Syntheserate durch eine Steigerung der Produktion des Core-Proteins und der UDP-Glykosyl-Transferasen, welche die Chondroitin-Sulfatketten polymerisieren [8]. Ferner wird die chondrozytäre Synthese weiterer Matrixbestandteile, namentlich des Kollagens, durch IGF-I angeregt. Schließlich wirkt IGF-I mitogen auf Chondrozyten. Eine weitere wichtige Wirkung der IGFs besteht in einer Antagonisierung der katabolen Effekte verschiedener Zytokine wie IL-1 und TNF-a auf die Knorpelmatrixsynthese [9]. Auch die basale Rate des Matrixabbaus wird durch IGF-I verlangsamt. IGF-I wird vor allem in der Leber und im Knochenmark synthetisiert und steht unter der Kontrolle des Wachstumshormons.

Die Bioaktivität der IGFs wird durch spezifische Bindungsproteine (IGFBPs) moduliert, von denen bislang mindestens sechs verschiedene Klassen (IGFBP-1 bis -6) identifiziert wurden [10]. Etwa 90 Prozent des zirkulierenden IGF sind an IGFBP-3 gebunden, das somit das mengenmäßig bedeutsamste IGF-Bindungsprotein im menschlichen Plasma darstellt, gefolgt von IGFBP-2 [11]. In Blut und SF liegt der überwiegende Teil der IGFs als 140-kDa-Ternär-Komplex vor, bestehend aus IGF-I (oder IGF-II), IGFBP-3 und einer säurelabilen Untereinheit [12]. Hauptfunktion der IGFBPs ist die Bereitstellung eines IGF-Reservoirs mit Pufferfunktion. Am Gelenkknorpel kommt vermutlich jedoch vor allem eine Verminderung der IGF-Bioaktivität durch IGFBPs zum Tragen, in dem die Bindungsproteine verhindern, dass IGFs an die Rezeptoren auf der Zelloberfläche binden. Wenngleich dies in zahlreichen Beobachtungen belegt ist, wurde interessanterweise unter bestimmten Umständen umgekehrt eine Verstärkung der IGF-Wirkung durch seine Bindungsproteine beschrieben [13]. IGF-Effekte werden ferner indirekt durch IGFBP-Proteinasen reguliert, die in Serum und Synovialflüssigkeit vorkommen und durch Abbau der IGFBPs die IGFs aus deren Bindung lösen.

Die IGF-I-Konzentration in der Synovialflüssigkeit eines gesunden Gelenkes liegt mit einem Verhältnis von ca. 1:5 deutlich unter derjenigen im Serum, während bei Arthrose, rheumatoider Arthritis oder nach einem stumpfen Gelenktrauma ohne Hämarthros dieses Verhältnis auf etwa 2:3 ansteigt [3, 14]. Da die IGF-Konzentration im Serum bei den oben genannten Gelenkaffektionen kaum beeinflusst wird, handelt es sich um ein lokales Phänomen, möglicherweise den Versuch geschädigter Chondrozyten, über eine erhöhte IGF-Sekretion dem Matrixverlust entgegenzuwirken. Dieser Zustand geht bei Arthrose bzw. rheumatoider Arthritis aber mit einem verminderten Ansprechen der Knorpelzellen auf IGF einher, obwohl vermehrt IGF-Rezeptoren auf der Chondrozytenmembran exprimiert werden. Da bei Arthrose und rheumatischen Gelenkkrankheiten die IGFBP-Spiegel in der Synovialflüssigkeit noch weitaus stärker ansteigen als die IGF-Konzentration, ist das verminderte Ansprechen arthrotischer Chondrozyten auf IGF offenbar zumindest teilweise auf den verminderten Anteil an freiem IGF zurückzuführen, der an die Rezeptoren binden kann. Diese Konstellation scheint bei vielen ätiologisch unterschiedlichen Formen der Gelenkschädigung (traumatisch, entzündlich, degenerativ) gleichermaßen vorzukommen und hat entsprechende Konsequenzen nicht nur für ortsständige Chondrozyten sondern auch für solche, die auf dem Wege des Tissue engineering in ein geschädigtes Gelenk eingebracht werden.

Transforming Growth Factor β (TGF-β)

TGF-β, ein Protein mit einem Molekulargewicht von 25 kD und mindestens fünf verschiedenen Subtypen, kommt neben Knorpel und Knochen in einer Vielzahl von Geweben vor. Chondrozyten benötigen TGF-β für die Aufrechterhaltung ihres Phänotyps und stellen TGF-β in einer latenten Form auch selbst her. In dieser Form ist der Faktor an größere, noch nicht gut charakterisierte Proteine gebunden. Die Aktivierung ist möglich durch pH-Verschiebung oder chaotrope Salze, *in vivo* wird sie vermutlich durch Proteinasen vermittelt. Spezifische Rezeptoren für TGF wurden auf einer Vielzahl mesenchymaler Zellen nachgewiesen.

Die biologische Wirkung von TGF-β beinhaltet sowohl stimulierende wie hemmende Effekte auf Wachstum und Differenzierung von Bindegewebszellen. Die Gegenwart weiterer Wachstumsfaktoren und Zytokine hat hier ebenso Einfluss wie die Kulturbedingungen. So wird das Wachstum von Fibroblasten, die das *myc*-Onkogen tragen, durch eine Kombination aus TGF-β und PDGF gesteigert, während eine Kombination aus TGF-β und EGF wachstumshemmend auf diese Zellen wirkt. Die starke Abhängigkeit der TGF-β-Effekte von Kofaktoren zeigen weitere Beobachtungen dahingehend, dass die Proliferation von Chondrozyten in Kultur durch TGF-β in Gegenwart von 10% fetalem bovinen Serum (FBS) gesteigert wurde, während identische TGF-β-Konzentrationen in Gegenwart von 2% FBS das Wachstum dieser Zellen hemmten [15]. Platelet-derived Growth Factor (PDGF) ist offenbar an der Vermittlung der TGF-β-Effekte beteiligt und kann die TGF-β-Sekretion von Chondrozyten stimulieren.

Obwohl TGF-β unzweifelhaft verschiedene anabole Effekte auf Bindegewebszellen hat, so sind diese nicht sämtlich klinisch erwünscht. So führte die Injektion von TGF-β in die Kniegelenke von Mäusen zu Synovialitis und erheblicher Osteophytenbildung.

Bone Morphogenetic Proteins

Bone Morphogenetic Proteins (BMPs) sind Faktoren, die zuerst in demineralisierter Knochenmatrix gefunden wurden. Ihre wesentliche Wirkung besteht in der Stimulation der Knochenneubildung, und zwar auch in Weichteilen, doch wurden inzwischen eine Vielzahl weiterer Effekte auf Bindegewebszellen beschrieben. Die Wirkung der BMPs wird über spezifische Membranrezeptoren vermittelt, die sich vor allem auf unreifen mesenchymalen Zellen, namentlich auf Stammzellen finden. Mehr als zwanzig verschiedene BMP-Subtypen sind inzwischen bekannt, wobei BMP-1,

BMP-2 und BMP-7 besondere Bedeutung für die Prozesse zur Wiederherstellung geschädigter mesenchymaler Gewebe haben dürften.

BMPs spielen eine wichtige Rolle in der Skelettentwicklung durch Beein-
flussung der Zellrekrutierung und -differenzierung bei der Knorpel- und
Knochenbildung. BMP-1 stimuliert die Typ-II-Kollagen- und Proteoglykansynthese humaner Chondrozyten sämtlicher Entwicklungsstufen [16]. Die
Wirkung auf die Proteoglykansynthese war am stärksten bei gleichzeitiger
Anwesenheit von 10% FBS in der Kultur, so dass von einem additiven Effekt mit dem in FBS enthaltenen IGF-I ausgegangen werden kann. Eine vergleichbare Steigerung der chondrozytären Proteoglykansynthese wurde für
BMP-7 beschrieben, welches ähnlich wie IGF-I auch die basale PG-Abbau-
rate verminderte.

Namentlich BMP-2 und BMP-7 sind neben einer Steigerung der Knorpelmatrixsynthese offenbar maßgeblich an der Erhaltung des chondrozytären
Phänotyps beteiligt und verhindern die frühzeitige Entdifferenzierung dieser Zellen in Kultur [17]. Die Knorpelmatrixsynthese wird durch BMPs
aber nicht nur direkt gesteigert, sondern es kommt auch zu einer Hemmung kataboler Stoffwechselwege. So unterdrückt BMP-7 die Il-1-induzierte
Expression der maßgeblich am Matrixabbau beteiligten Proteinasen Kollagenase und Stromelysin.

Eine Besonderheit der BMPs liegt in ihrer Fähigkeit, die Knorpelneubil-
dung anzuregen, ähnlich wie sie bei der enchondralen Ossifikation in der
Wachstumsfuge abläuft.

Die Summe der beschriebenen Fähigkeiten der BMPs (Förderung der
Rekrutierung mesenchymaler Stammzellen, Steigerung der Knorpelmatrixsynthese, Unterdrückung des Matrixabbaus) lassen sie als geeignete Kan-
didaten für die Reparatur von Knorpeldefekten im Rahmen des Tissue engineering erscheinen, was durch positive Daten aus Tierversuchen unterstützt wird.

In einem Gelenkknorpeldefektmodell bei Kaninchen führte die Anwendung BMP-2-beladener Kollagenvliese zu einer verstärkten subchondralen
Knochenneubildung und verbesserter histologischer Erscheinung des darü-
berliegenden Gelenkknorpels im Vergleich zu unbeladenen Kollagenvliesen
oder Leerkontrollen. BMP-2-Behandlung hatte ferner einen erhöhten Typ-
II-Kollagenanteil des neugebildeten Knorpels zur Folge [18, 19].

Applikation der Wachstumsfaktoren

Die kurze Halbwertszeit von freien Wachstumsfaktoren im Gelenk hat Konsequenzen für die therapeutischen Anwendungen *in vivo*, da es schwierig
ist, ausreichende intraartikuläre Konzentrationen über einen längeren Zeitraum sicherzustellen. Multiple intraartikuläre Injektionen sind ebenso versucht worden wie die kontinuierliche Infusion von Wachstumsfaktoren über
osmotische Minipumpen. Beide Methoden erscheinen für die routinemäßi-
ge Anwendung am Menschen jedoch nicht geeignet. Erfolgreicher dürften

Verfahren sein, bei denen Wachstumsfaktoren an künstliche Matrices adsorbiert werden. Diese Träger haben den Vorteil, dass sie gleichzeitig den transplantierten Zellen eine Umgebung bieten, die vermutlich vorteilhafter ist als diejenige, die in einen mit Periostlappen abgedeckten Knorpeldefekt injizierte Chondrozyten in Einzelzellsuspension vorfinden. Entsprechende Materialien umfassen Kollagen, Fibrin, Hyaluronsäurederivate, Polylaktide und andere synthetische Polymere.

Eine weitere Möglichkeit, die lokalen Wachstumsfaktorspiegel im Gelenk zu erhöhen, besteht im Gentransfer in mesenchymale Zellen mit dem Ziel der Überexpression der entsprechenden Gewebehormone. Der adenovirale Transfer des TGF-β-Gens in Synovialzellen bei Kaninchen führte jedoch auch zu Todesfällen [20], während viele nichtvirale Verfahren des Gentransfers speziell auf Chondrozyten bislang noch keine ausreichende Effektivität aufweisen.

▓ Zusammenfassung

Das komplexe Zusammenspiel einer großen Zahl von Wachstumsfaktoren kontrolliert sowohl die Entwicklung und das Wachstum mesenchymaler Gewebe als auch deren Matrixhomöostase und letztlich auch die Reparaturprozesse nach Schädigung oder Überlastung dieser Gewebe. Der Indikationsbereich für Tissue engineering am Gelenkknorpel beim Menschen ist derzeit noch relativ schmal, könnte sich aber durch Fortschritte in der Entwicklung künstlicher Matrices und gentechnischer Verfahren erweitern. Ob in Zukunft einmal die zellbiologische, biochemische oder gentechnische Rekonstruktion eines arthrotisch destruierten Gelenkes möglich sein wird, ist derzeit noch offen.

▓ Literatur

1. Brittberg M, Lindahl A, Nilsson A, Ohlsson C, Isaksson O, Peterson L (1994) Treatment of deep cartilage defects in the knee with autologous chondrocyte transplantation. N Engl J Med 331:889–895
2. Bobic V (1996) Arthroscopic osteochondral autograft transplantation in anterior cruciate ligament reconstruction: A preliminary clinical study. Knee Surg Sports Traumatology Arthroscopy 3:262–264
3. Neidel J, Blum WF, Schaeffer HJ, Schulze M, Schönau E, Lindschau J, et al (1997) Elevated levels of insulin-like growth factor (IGF) binding protein-3 in rheumatoid arthritis synovial fluid inhibit stimulation by IGF-I of articular cartilage chondrocyte proteoglycan synthesis. Rheumatol Int 17:29–37
4. McQuillan DJ, Handley CJ, Campbell MA, Bolis S, Milway VE, Herington AC (1986) Stimulation of Proteoglycan Biosynthesis by Serum and Insulin-like Growth Factor I in Cultured Bovine Articular Cartilage. Biochem J 240:423–430

5. Neidel J, Schulze M, Sova L (1994) Insulin-like growth factor I accelerates recovery of articular cartilage proteoglycan synthesis in culture after inhibition by interleukin 1. Arch Orthop Trauma Surg 114:43–48
6. Luyten FP, Hascall VC, Nissley SP, Morales TI, Reddi AHI (1988) Insulin-like growth factors maintain steady-state metabolism of proteoglycans in bovine articular cartilage explants. Arch Biochem Biophys 267:416–425
7. Trippel SB, Corvol MT, Dumontier MF, Rappaport R, Hung HH, Mankin HJ (1989) Effect of Somatomedin-C/Insulin-Like Growth Factor I and Growth Hormone on Cultured Growth Plate and Articular Chondrocytes. Pediatric Res 25:76–82
8. McQuillan DJ, Handley CJ, Robinson HC (1986) Control of proteoglycan biosynthesis: Further studies on the effect of serum on cultured bovine articular cartilage. Biochem J 237:741–747
9. Tyler JA (1989) Insulin-like growth factor I can decrease degradation and promote synthesis of proteoglycan in cartilage exposed to cytokines. Biochem J 260:543–548
10. Rechler MM (1993) Insulin-like growth factor binding proteins. Vitamins Horm 47:1–114
11. Blum WF, Ranke MB (1990) Insulin-like growth factor binding proteins with special reference to IGFBP-3. Acta Paediatr Scand (Suppl) 367:55–62
12. Baxter RC (1988) Characterization of the acid-labile subunit of the growth hormone-dependent insulin-like growth factor-binding protein complex. J Clin Endocrinol Metab 67:265–272
13. Olney RC, Tsuchiya K, Wilson DM, Mohtai M, Maloney WJ, Schurman DJ, et al (1996) Chondrocytes from osteoarthritic cartilage have increased expression of insulin-like growth factor I (IGF-I) and IGF-binding protein-3 (IGFBP-3) and -5, but not IGF-II or IGFBP-4. J Clin Endocrinol Metab 81(3):1096–1103
14. Matsumoto T, Gargosky SE, Iwasaki K, Rosenfeld RG (1996) Identification and Characterization of Insulin-Like Growth Factors (IGFs), IGF-Binding Proteins (IGFBPs), and IGFBP Proteases in Human Synovial Fluid. J Clin Endocrinol Metab 81:150–155
15. Okazaki R, Sakai A, Nakamura T, Kunugita N, Norimura T, Suzuki K (1996) Effects of transforming growth factor beta and basic fibroblast growth factor on articular chondrocytes obtained from immobilised rabbit knees. Ann Rheum Dis 55(3):181–186
16. Flechtenmacher J, Huch K, Thonar EJ, Mollenhauer JA, Davies SR, Schmid TM, et al (1996) Recombinant human osteogenic protein 1 is a potent stimulator of the synthesis of cartilage proteoglycans and collagens by human articular chondrocytes. Arthritis Rheum 39(11):1896–1904
17. Sailor LZ, Hewick RM, Morris EA (1996) Recombinant human bone morphogenetic protein-2 maintains the articular chondrocyte phenotype in long-term culture. J Orthop Res 14(6):937–945
18. Sellers RS, Peluso D, Morris EA (1997) The effect of recombinant human bone morphogenetic protein-2 (rhBMP-2) on the healing of full-thickness defects of articular cartilage. J Bone Joint Surg Am 79(10):1452–1463
19. Sellers RS, Zhang R, Glasson SS, Kim HD, Peluso D, D'Augusta DA, et al (2000) Repair of articular cartilage defects one year after treatment with recombinant human bone morphogenetic protein-2 (rhBMP-2). J Bone Joint Surg Am 82(2):151-160
20. Evans CH, Robbins PD (1999) Potential treatment of osteoarthritis by gene therapy. Rheum Dis Clin North Am 25(2):333–344

4.4 A. Irintchev, A. Wernig

Gentherapie und Tissue engineering mittels Skelettmuskelstammzellen

■ Einleitung

In den letzten Jahren sind unsere Kenntnisse über die skelettmuskelspezi-
fischen Stammzellen weit gestiegen. Das myogene Potenzial dieser Zellen
ist unter verschiedenen experimentellen Bedingungen getestet worden. Die
Hoffnungen, solche Stammzellen bald zu therapeutischen Zwecken nutzen
zu können, sind realistischer geworden. Dieser Artikel gibt einen Einblick
in die laufende Grundlagenforschung.

■ Muskelstammzellen

Neues Skelettmuskelgewebe entsteht sowohl während der embryonalen Entwicklung, als auch bei Wachstum und Reparation im adulten Muskel. Die
postnatale Myogenese wird durch das Vorhandensein gewebespezifischer
Stammzellen, den Satellitenzellen (Abb. 1), gewährleistet [37]. Während des
normalen Muskelwachstums teilen sich die Satellitenzellen und liefern neue
Zellkerne für die Skelettmuskelfasern, welche nur teilungsunfähige (post-
mitotische) Zellkerne enthalten [29, 35]. Obwohl die meisten Satellitenzellen im adulten Organismus „ruhend" sind, d. h. mitotisch inaktiv [36], werden sie bei Bedarf (Muskelhypertrophie, Regeneration) schnell, innerhalb
von Stunden, zur Teilung angeregt [25, 34]. Die meisten Nachkömmlinge
der aktivierten Stammzellen, Myoblasten genannt, differenzieren nach einigen Replikationszyklen aus und fusionieren mit existierenden Muskelfasern
(Hypertrophie) oder miteinander (Muskelregeneration) [35]. Wenige Toch-
terzellen werden früh aus dem Replikationszyklus entfernt und lassen sich
unter der Basallamina der Skelettmuskelfaser als neue ruhende Satellitenzellen nieder, was die Erhaltung des Reparationsvermögens der Muskulatur
sicher stellt. Das duale Verhalten der Myoblastenpopulation – Myogenese
gegenüber Selbsterneuerung des Stammzellpools – kann während Muskel-
differenzierung sowohl *in vitro* als auch ektopisch (subkutan, s. u.) *in vivo*
beobachtet werden [1, 17].

Abb. 1. Lichtmikroskopische Darstellung einer Satellitenzelle (grau) auf der Oberfläche einer isolierten Muskelfaser. Immunzytochemischer Nachweis mittels eines Antikörpers gegen M-Cadherin (J.D. Rosenblatt, A. Wernig und A. Irintchev, nicht veröffentlicht)

Eine eindeutige Identifizierung der Satellitenzellen ist immer noch nur mit dem Elektronenmikroskop möglich. Nach dem Entdecker dieses Zelltyps [24] handelt es sich um mononukleäre Zellen lokalisiert zwischen Basallamina und Sarkolemm der Skelettmuskelfaser. Diese Definition beinhaltet keine Aussage über die Homogenität der Zellpopulation. Während Wachstum und Regeneration findet man ruhende Vorläuferzellen, aktivierte Satellitenzellen, Myoblasten in Replikations- oder Differenzierungsstadien [10]. Die Population der ruhenden Satellitenzellen erscheint selber heterogen zu sein, bestehend aus einer Mehrheit von Vorläuferzellen und einer Minderheit von Stammzellen [3, 35]. Außerdem befinden sich im Skelettmuskel wahrscheinlich auch pluripotente Stammzellen unklarer Identität und Lokalisation [13, 19, 23]. Eine weitere, präzise Charakterisierung der Stammzellpopulationen im Skelettmuskel wäre mittels Anfärbungen mit Antikörpern gegen Zellmarkermoleküle möglich. In den letzten Jahren wurde eine Reihe von Molekülen als Marker für ruhende Satellitenzellen vorgeschlagen: M-Cadherin [18] (Abb. 1), c-met [5], myocyte nuclear factor [7], CD34 und Myf5 [2] und Pax7 [38]. Leider gibt es immer noch keine quantitativen Daten über die Expression dieser Marker in tatsächlich ruhenden Satellitenzellen im intakten Muskel. Nur über die Expression von M-Cadherin konnten wir in neuester Zeit herausfinden, dass 50 von 50 Zellen in einer Stichprobe, die eindeutig als Satellitenzellen identifiziert wurden, M-Cadherin-positiv sind (Wernig, Bone, Irintchev, Cullen, unveröffentlichte Ergebnisse). Dieser Befund erlaubt die Aussage, dass M-Cadherin ein zuverlässiger Marker für die meisten ruhenden Satellitenzellen ist (>94% der Gesamtpopulation), schließt aber nicht aus, dass einige Satellitenzellen M-Cadherin nicht exprimieren. Eine wichtige Aufgabe der Forschung in den nächsten Jahren wäre, die Frage, wie viele Typen von

Stammzellen im adulten Skelettmuskel residieren, eindeutig zu beantworten.

▪ Gentherapeutische Versuche mit Myoblasten (Myoblastentransfer)

Der Myoblastentransfer kann als eine Weiterentwicklung der Implantation von zerkleinertem Muskelgewebe („minced muscle") angesehen werden [4]. Das Prinzip des Verfahrens besteht darin, aus der Satellitenzellpopulation des Skelettmuskelgewebes von gesunden Spendern Muskelvorläuferzellen (Myoblasten) zu gewinnen, die Zellen *in vitro* zu vermehren und anschließend in die Muskulatur von Patienten mit erblichen Muskelerkrankungen zu injizieren. Nach Fusion der implantierten Myoblasten mit Muskelfasern des Empfängers wird das normale Genprodukt exprimiert und damit das fehlende Protein substituiert [31].

Die Möglichkeit einer Gentherapie für Patienten mit Muskeldystrophie Typ Duchenne wurde zuerst von Partridge und Hoffman untersucht [32]. Die Ergebnisse dieser tierexperimentellen Studie zeigen, dass die Implantation von normalen Myoblasten in Muskeln von mdx-Mäusen zur Dystrophinexpression führt. Im Anschluss an diese Untersuchung wurden erste klinische Versuche unternommen. Bisher wurden die Ergebnisse mehrerer Studien veröffentlicht [12, 20, 22, 26, 27, 39]. Obwohl in den meisten klinischen Versuchen die bei einer Transplantation üblichen vorbeugenden Maßnahmen unternommen wurden (HLA-matching, Immunsuppression), sind die Ergebnisse wenig erfolgversprechend [9, 14]. Nur bei einem Teil der Patienten konnte eine geringfügige Expression des Spenderdystrophins nachgewiesen werden. Eine Verbesserung der Muskelfunktion durch die Implantation konnte nicht beobachtet werden. Im Gegensatz zu den Ergebnissen aller anderen Forschergruppen berichtet Law, dass seine Implantationen bei Duchennepatienten sehr effektiv gewesen waren [21, 22]. Diese Ergebnisse sind in Fachkreisen äußerst umstritten, da Beweise für eine Expression von Spenderdystrophin fehlen [30].

Verschiedene Forschergruppen haben im Tierexperiment gezeigt, dass die meisten Myoblasten wenige Tage nach Implantation in Muskeln absterben [6, 11, 15]. Obwohl die wenigen überlebenden Zellen hiernach stark proliferieren [3], sind 3–12 Monate nach Implantation nur wenige oder gar keine Spendermyoblasten mehr zu finden [11, 15]. Diese Befunde werden als eine mögliche Erklärung für die Ineffektivität der Implantationen bei Duchennepatienten angesehen. Man muss jedoch hierbei berücksichtigen, dass diese Arbeitsgruppen keine reinen Myoblastenkulturen verwendeten, sondern nicht ausreichend charakterisierte Zellen aus Primärkulturen implantierten, die nur wenige Tage *in vitro* gezüchtet worden waren. Nach Implantationen von Zellen aus reinen Myoblastenkulturen wurden auch mehrere Monate nach der Implantation viele lebende Nachkömmlinge der Spenderzellen gefunden [16, 33]. Es erscheint notwendig, im Hinblick auf die klinischen Ergebnisse, das Überleben der Zellen – kurz- oder langfristig gesehen – in verschiedenen experimentellen Situationen sorgfältig zu überprüfen und Wege zu finden, die Überlebensbedingungen der Zellen zu optimieren. Darüber hinaus sind Möglichkeiten zur Erhöhung der Implantationseffizienz durch verschiedene Wachstumsfaktoren, die die Proliferation der Myoblasten fördern, mit Sicherheit gegeben [8].

Frühere Untersuchungen unserer Arbeitsgruppe an Zelllinien zeigten eine Abhängigkeit der Implantationseffekte vom Zustand des Empfängermuskels (z. B. kältegeschädigt gegenüber paralysiert) [40]. Unter Berücksichtigung dieser Ergebnisse wurde das Ausmaß der Muskelschädigung vor der Implantation von Myoblasten aus Primärkulturen variiert [16]. Zusätzlich zu den Muskeln mit „Standardverletzung" (Kälteeinwirkung 1×10 s) wurden auch intakte (nicht geschädigte) Muskeln und „schwer verletzte" Muskeln (Kälteeinwirkung 3×10 s) implantiert. Das Ausmaß der beobachteten Funktionsverbesserung (deutliche Zunahme der Kraft bei isometrischen Kontraktionen) wurde nur dann erzielt, wenn die Regenerationskapazität des Empfängermuskels durch eine schwere Schädigung (Kälteeinwirkung 3×10 s) vor der Implantation stark reduziert worden war (Abb. 2). In diesem Fall bildeten die implantierten Zellen zahlreiche neue Muskelfasern (Abb. 3), die innerviert wurden. Die maximale Kraftentwicklung bei tetanischer Reizung war doppelt so hoch wie die der kältegeschädigten Kontrollmuskeln. Ein Teil der Spendermyoblasten verblieb in den Empfängermuskeln als Satellitenzellen, was eine wichtige Voraussetzung für eine spätere Regeneration ist. Die geschilderten Ergebnisse zeigen, dass die Implan-

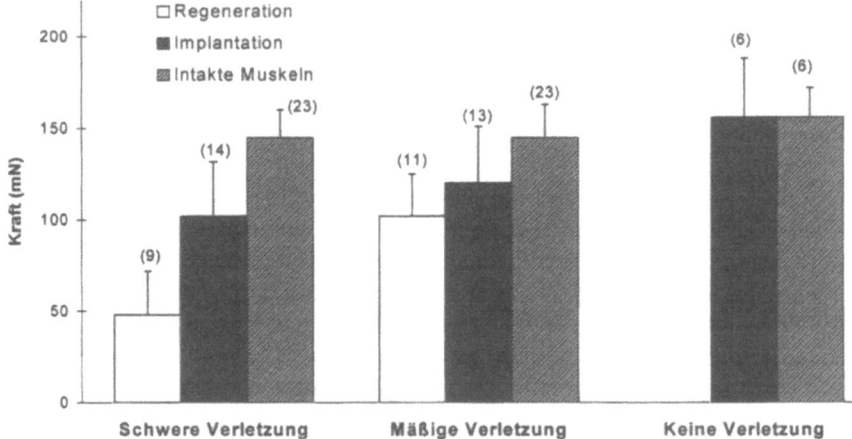

Abb. 2. Verbesserung der Muskelfunktion nach Myoblastenimplantation in Abhängigkeit von der Muskelschädigung. Maximale Kraftentwicklung bei isometrischen Kontraktionen von regenerierten („Regeneration": 1–4 Monate nach schwerer oder mäßiger Kryoläsion), implantierten („Implantation": 1–4 Monate nach Implantation von Balb/c-Primärmyoblasten in schwer, mäßig oder nicht geschädigten Muskeln) und intakten (nicht implantierten) Soleusmuskeln („intakte Muskeln") von Balb/c-Mäusen. Mittelwerte + Standardabweichung. Anzahl der untersuchten Muskeln in Klammern (aus [16])

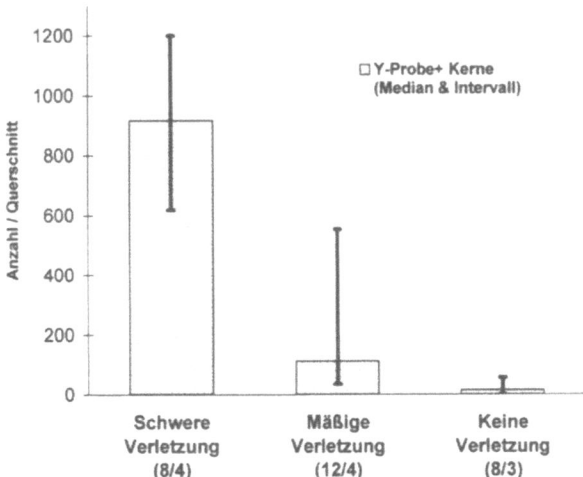

Abb. 3. Anzahl der Spenderzellkerne pro Querschnitt in implantierten Muskeln. Y-Probe-positive männliche Zellkerne (Median und Streubereich) in Querschnitten von Muskeln 1–4 Monate nach Implantation, ohne vorausgegangener Muskelschädigung („keine Verletzung"), nach Kälteeinwirkung 1×10 s („mäßige Verletzung") oder nach Kälteeinwirkung 3×10 s („schwere Verletzung"). Anzahl der untersuchten Schnitte bzw. Muskeln in Klammern (aus [16])

tation von Myoblasten effektiv sein kann. Integration von einer großen Zahl von Spenderzellen und damit eine signifikante Funktionsverbesserung ist allerdings nur dann möglich, wenn die Regenerationskapazität des Empfängermuskels massiv herabgesenkt ist.

Eine weitere, für die Klinik realistischere, Möglichkeit, die Transplantationseffizienz zu steigern, ist die Bestrahlung der Muskulatur mit ionisierenden Strahlen vor der Zellimplantation [28]. In dieser experimentellen Situation konnten wir tatsächlich „Organbau" mittels Myoblasten erzielen [41] (Abb. 4). Mausmuskeln (M. soleus), die bestrahlt (16 Gy Röntgenbestrahlung) und anschließend durch eine Kälteeinwirkung verletzt wurden, waren kontraktionsunfähig (supramaximale Elektrostimulation *in vitro*) und enthielten, auch mehrere Monate nach dem Eingriff, Binde- und Fettgewebe, aber keine oder höchstens einzelne Skelettmuskelfasern (Abb. 4a und Abb. 5, kleines Bild). Offensichtlich hat die Bestrahlung die Regenerationskapazität der Muskulatur auf etwa Null reduziert. Die Implantation von Myoblasten nach dem gleichen Eingriff führte zur Produktion von Muskelmassen, die vergleichbar mit der Größe des normalen Organs waren (s. Abb. 4a, b). Die Muskeln enthielten zahlreiche, parallel zueinander orientierte Muskelfasern (Abb. 5) und waren funktionsfähig. Die Kraftentwicklung bei isometrischen Kontraktionen war, im Vergleich zu unbehandelten Muskeln, bemerkenswert (über 50% bei Einzelzuckung). Der negative Befund in diesen Experimenten war eine unvollständige Innervation der gebildeten Organe; dies ist auf eine Hemmung der axonalen Regeneration und die Synapsenbildung durch die Bestrahlung zurückzuführen.

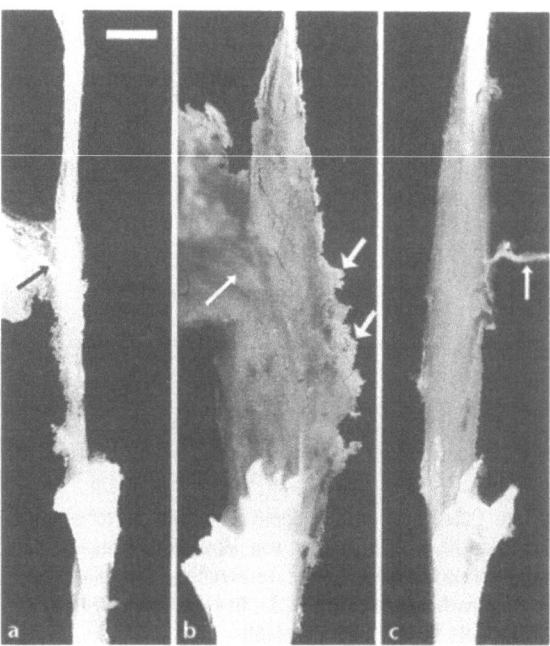

Abb. 4 a–c. Spendermyoblasten rekonstruieren zerstörte Empfänger-Muskeln. Makroskopisches Aussehen von 3 Soleusmuskeln, herauspräpariert mit Nervenstamm (dünnere Pfeile) für Kontraktionsmessungen. **a** Fibrotische Überreste (5 mg) eines bestrahlten und anschließend durch Kälteeinwirkung zerstörten Muskels, isoliert 96 Tage nach dem Eingriff; das Präparat produzierte keine messbare Spannung bei supramaximaler elektrischer Reizung und enthielt keine Muskelfasern. **b** Ein großer Muskel (21 mg) entstand an Stelle eines wie in **a** zerstörten und zusätzlich mit Myoblasten implantierten Soleus, 97 Tage nach der Implantation. Das Organ war kontraktionsfähig *in vitro* (45 mN maximale Kraft bei elektrischer Reizung). Teile des Muskels waren mit der Umgebung verwachsen und bei der Präparation verletzt (dickere Pfeile). **c** Zum Vergleich, der unbehandelte kontralaterale Muskel des Tiers, aus dem der in **b** gezeigte Soleus herauspräpariert wurde (Masse 10 mg, Kraft 177 mN, Balken 2 mm; aus [41])

Die geschilderten Ergebnisse zeigen eindeutig, dass das Potenzial der Myoblasten neues, funktionstüchtiges Gewebe zu produzieren, groß ist. Wir müssen jetzt neue Methoden für die Behandlung der Muskulatur vor einer Zelltransplantation finden, welche sowohl den Transplantationserfolg steigern können als auch klinisch akzeptabel sind.

▪ Ektopische Organbildung aus implantierten Myoblasten

Die subkutane Injektion von Myoblasten in Form einer Zellsuspension führt auch zur Bildung von differenzierten, funktionsfähigen Muskeln [17] (Abb. 6). Der Befund ist überraschend im Hinblick auf die Tatsache, dass die ekto-

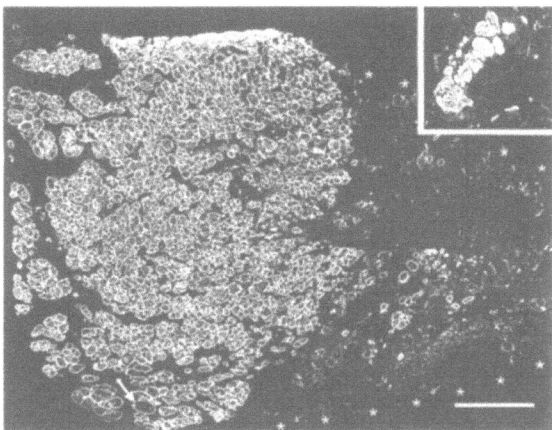

Abb. 5. Histologisches Bild eines durch die Zellimplantation rekonstruierten Muskels (vgl. Abb. 4b). Immunfluoreszente Darstellung von Desmin im Querschnitt, Untersuchung 3 Monate nach der Behandlung. Etwa die Hälfte der Querschnittsfläche enthält viele dünne desminpositive Muskelfasern, weitere Teile des Muskels (Sternchen markieren die Muskeloberfläche) bestehen vorwiegend aus Binde- und Fettgewebe (desminnegativ). Muskelfasern mit größerem Durchmesser (eine am Pfeil) sind selten. Kleiner Ausschnitt: Desminfärbung, Querschnitt eines Kontrollmuskels (Bestrahlung und Kälteläsion ohne Zellimplantation), untersucht 4 Monate nach der Behandlung. Im Überrest des Muskels sind nur wenige desminpositive Muskelfasern mit größerem Durchmesser zu sehen (Balken 200 μm; aus [41])

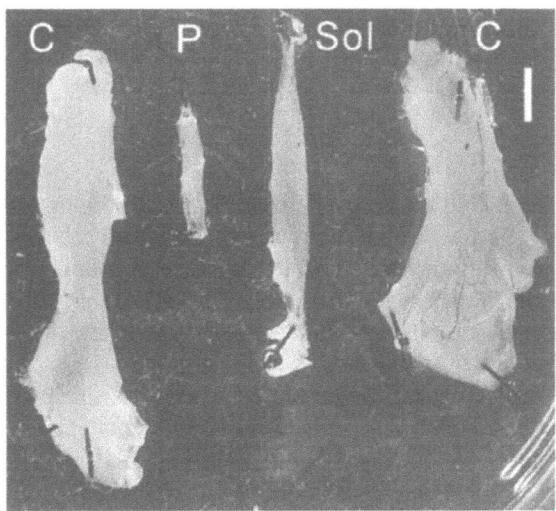

Abb. 6. Makroskopisches Aussehen ektopisch gebildeter Muskeln. Drei Muskeln, präpariert 40 Tage nach der subkutanen Injektion von Myoblasten aus klonalen (C) oder primären (P) Zellkulturen. Zum Vergleich ist der intakte Soleusmuskel einer Maus gezeigt (Sol), unter deren Haut das Implantat P gewachsen ist. Die Präparate sind für eine anschließende ultrastrukturelle Untersuchung (s. Abb. 7) mit Glutaraldehyd fixiert worden (Balken 2 mm; aus [17])

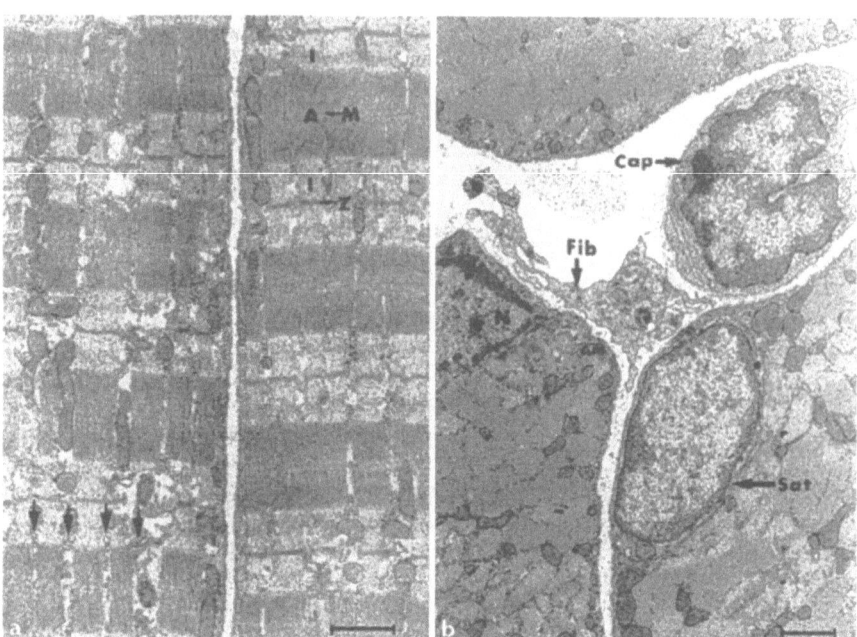

Abb. 7 a, b. Ultrastrukturelle Merkmale der subkutanen Muskeln. Reifes Implantat, untersucht 40 Tage nach der Implantation von klonalen Myoblasten. **a** Längsschnitt durch zwei reife Fasern. Deutlich zu sehen sind normale A- und I-Bänder sowie Z-Linien (markiert mit dem entsprechenden Buchstaben), die M-Linien in der Mitte der A-Bänder sind undeutlicher. Die Triaden (*Pfeile*) haben eine transversale Orientierung wie in normalen reifen Skelettmuskelfasern. **b** Teile von drei benachbarten Muskelfasern im Querschnitt. An der Oberfläche einer der Muskelfasern befindet sich eine Satellitenzelle (Sat). Der Zytoplasmaraum dieser Zelle ist klein, vergleichbar mit dem von ruhenden Satellitenzellen im normalen Muskel. Weiterhin sind noch ein Zellkern (N), eine Kapillare (Cap) und ein Fibroblast (Fib) zu sehen (Balken 1 μm; aus [17])

pische Umgebung offensichtlich keine topographischen Merkmale enthält – wie etwa die Basallaminae in Skelettmuskeln – welche für die Entwicklung von differenziertem Muskelgewebe von Bedeutung sein sollen. Die subkutanen Muskeln kontrahierten oft spontan *in situ* 2–7 Wochen nach der Zellinjektion. Die maximale Kraft, entwickelt bei isometrischen Kontraktionen größerer Implantate *in vitro* (s. Abb. 6C), erreichte Werte bis über 50% der Kraft eines normalen Mausmuskels (M. soleus, s. Sol in Abb. 6). Auch weitere Kontraktionseigenschaften der Implantate, wie etwa Einzelzuckung/Tetanusquotient, Zuckungs- und Relaxationszeit, waren mit denen eines Soleusmuskels vergleichbar. Histologische, immunzytochemische und ultrastrukturelle Untersuchungen (Abb. 7) zeigten einen hohen Grad der Gewebedifferenzierung. Die Organe enthielten nicht nur ausgereifte, parallel zueinander orientierte Muskelfasern mit eigenen Basallaminae, sondern auch weitere strukturelle Bestandteile eines normalen Muskels, wie Kapillaren und Bindegewebe (s. Abb. 7). Ein Teil der Muskelfasern war sogar innerviert, wie man mit

Darstellungen von Endplatten (α-Bungarotoxin) und Nachweis von Proteinen mit innervationsabhängiger Expression (NCAM, schwere Myosinketten) zeigen konnte. Elektronenmikroskopische Untersuchungen und Anfärbungen mit M-Cadherin brachten eindeutige Beweise für das Vorhandensein von Satellitenzellen (Sat, in Abb. 7). Nach einer enzymatischen Dissoziation aus dem Gewebe waren diese Satellitenzellen in der Lage, neues Muskelgewebe *in vitro* zu produzieren. Des Weiteren wurde der Frage nach der Herkunft der Muskelfasern nachgegangen. Durch Implantation von Myoblasten aus männlichen Tieren in weibliche Empfänger und Injektion von dystrophin-defizienten mdx-Myoblasten in normalen Tieren und Nachweis des Spender-(Y-Chromosom) bzw. des Empfängermarkers (Dystrophin) konnte nachgewiesen werden, dass die Muskelfasern aus Spenderzellen stammen. Diese Ergebnisse zeigen, dass Myoblasten aus einer Zellsuspension ein unerwartet großes Potenzial besitzen, differenziertes Muskelgewebe *de novo* zu produzieren. Dabei wird die Myogenese weitgehend von körpereigenen Zellen nichtmyogener Herkunft unterstützt. Diese Befunde wecken neue Hoffnungen für potenziell erfolgreiche Einsätze der Muskelstammzellen, nicht nur bei einer Substitution von dystrophischem Muskelgewebe (Myoblastentransfer, s. o.). Es ist durchaus denkbar, dass man in absehbarer Zukunft ganze, neue Muskeln aus körpereigenen Zellen *in vivo* „züchten" könnte, eine Technik mit Einsatzpotenzial bei verschiedenen klinischen Situationen. Eine weitere Möglichkeit wäre, aus genetisch manipulierten Zellen subkutane Implantate für die systemische Gabe von Genprodukten, wie etwa Hormonen, zu erzeugen.

■ Literatur

1. Baroffio A, Hamann M, Bernheim L, Bochaton-Piallat ML, Gabbiani G, Bader CR (1996) Identification of self-renewing myoblasts in the progeny of single human muscle satellite cells. Differentiation 60:47–57
2. Beauchamp JR, Heslop L, Yu DS, Tajbakhsh S, Kelly RG, Wernig A, Buckingham ME, Partridge TA, Zammit PS (2000) Expression of CD34 and myf5 defines the majority of quiescent adult skeletal muscle satellite cells. J Cell Biol 151:1221–1234
3. Beauchamp JR, Morgan JE, Pagel CN, Partridge TA (1999) Dynamics of myoblast transplantation reveal discrete minority of precursors with stem cell-like properties as the myogenic source. J Cell Biol 144:1113–1122
4. Carlson BM (1972) The regeneration of minced muscles. Monogr Dev Biol 4:1–128
5. Cornelison DD, Wold BJ (1997) Single-cell analysis of regulatory gene expression in quiescent and activated mouse skeletal muscle satellite cells. Dev Biol 191:270–283
6. Fan Y, Maley M, Beilharz M, Grounds MD (1996) Rapid death of injected myoblasts in myoblast transfer therapy. Muscle Nerve 19:853–860
7. Garry DJ, Yang Q, Bassel-Duby R, Williams RS (1997) Persistent expression of MNF identifies myogenic stem cells in postnatal muscles. Dev Biol 188:280–294
8. Grounds MD (1991) Towards understanding skeletal muscle regeneration. Pathol Res Pract 187:1–22

9. Grounds MD (1996) Commentary on the present state of knowledge for myoblast transfer therapy. Cell Transplant 5:431–433
10. Grounds MD (1999) Muscle regeneration: molecular aspects and therapeutic implications. Curr Opin Neurol 12:535–543
11. Guerette B, Skuk D, Celestin F, Huard C, Tardif F, Asselin I, Roy B, Goulet M, Roy R, Entman M, Tremblay JP (1997) Prevention by anti-LFA-1 of acute myoblast death following transplantation. J Immunol 159:2522–2531
12. Gussoni E, Pavlath GK, Lanctot AM, Sharma KR, Miller RG, Steinman L, Blau HM (1992) Normal dystrophin transcripts detected in Duchenne muscular dystrophy patients after myoblast transplantation. Nature 356:435–438
13. Gussoni E, Soneoka Y, Strickland CD, Buzney EA, Khan MK, Flint AF, Kunkel LM, Mulligan RC (1999) Dystrophin expression in the mdx mouse restored by stem cell transplantation. Nature 401:390–394
14. Hoffman EP (1993) Myoblast transplantation: what's going on? Cell Transplant 2:49–57
15. Huard J, Acsadi G, Jani A, Massie B, Karpati G (1994) Gene transfer into skeletal muscles by isogenic myoblasts. Hum Gene Ther 5:949–958
16. Irintchev A, Langer M, Zweyer M, Theisen R, Wernig A (1997) Functional improvement of damaged adult mouse muscle by implantation of primary myoblasts. J Physiol 500:775–785
17. Irintchev A, Rosenblatt JD, Cullen MJ, Zweyer M, Wernig A (1998) Ectopic skeletal muscles derived from myoblasts implanted under the skin. J Cell Sci 111:3287–3297
18. Irintchev A, Zeschnigk M, Starzinski-Powitz A, Wernig A (1994) Expression pattern of M-cadherin in normal, denervated and regenerating mouse muscles. Dev Dynam 199:326–337
19. Jackson KA, Mi T, Goodell MA (1999) Hematopoietic potential of stem cells isolated from murine skeletal muscle. Proc Natl Acad Sci USA 96:14482–14486
20. Karpati G, Ajdukovic D, Arnold D, Gledhill RB, Guttmann R, Holland P, Koch PA, Shoubridge E, Spence D, Vanasse M, Watters GV, Abrahamowicz M, Duff C, Worton RG (1993) Myoblast transfer in Duchenne muscular dystrophy. Ann Neurol 34:8–17
21. Law PK, Goodwin TG, Fang Q, Deering MB, Duggirala V, Larkin C, Florendo JA, Kirby DS, Li HJ, Chen M, et al (1993) Cell transplantation as an experimental treatment for Duchenne muscular dystrophy. Cell Transplant 2:485–505
22. Law PK, Goodwin TG, Fang Q, Duggirala V, Larkin C, Florendo JA, Kirby DS, Deering MB, Li H-J, Chen M, Yoo TJ, Cornett J, Li LM, Shirzad A, Quinley T, Holcomb RL, Li HJ, et al (1992) Feasibility, safety, and efficacy of myoblast transfer therapy on Duchenne muscular dystrophy boys. Cell Transplant 1:235–244
23. Lee JY, Qu-Petersen Z, Cao B, Kimura S, Jankowski R, Cummins J, Usas A, Gates C, Robbins P, Wernig A, Huard J (2000) Clonal isolation of muscle-derived cells capable of enhancing muscle regeneration and bone healing. J Cell Biol 150:1085–1100
24. Mauro A (1961) Satellite cell of skeletal muscle fibers. J Biophys Biochem Cytol 9:493–495
25. McGeachie JK, Grounds MD (1987) Initiation and duration of muscle precursor replication after mild and severe injury to skeletal muscle of mice. An autoradiographic study. Cell Tissue Res 248:125–130
26. Mendell JR, Kissel JT, Amato AA, King W, Signore L, Prior TW, Sahenk Z, Besson S, McAndrew PE, Rice R, Nagaraja H, Stephens R, Lantry L, Morris GE,

Burghes AHM (1995) Myoblast transfer in the treatment of Duchenne's muscular dystrophy. N Engl J Med 333:832–838

27. Miller RG, Sharma KR, Pavlath GK, Gussoni E, Mynhier M, Lanctot AM, Greco CM, Steinman L, Blau HM (1997) Myoblast implantation in Duchenne muscular dystrophy: the San Francisco study. Muscle Nerve 20:469–478

28. Morgan JE, Hoffman EP, Partridge TA (1990) Normal myogenic cells from newborn mice restore normal histology to degenerating muscles of the mdx mouse. J Cell Biol 111:2437–2450

29. Moss FP, Leblond CP (1971) Satellite cells as a source of nuclei in muscles of growing rats. Anat Rec 170:421–436

30. Partridge T, Beauchamp J, Morgan J, Tremblay JP, Huard J, Watt D, Wernig A, Irintchev A, Grounds M, Springer ML, Bartlett RJ, Mendell J, Vilquin JT, Bower JJ (1997) Meeting of the Cell Transplantation Society in Miami [letter]. Cell Transplant 6:195–198

31. Partridge TA (1991) Myoblast transfer: a possible therapy for inherited myopathies? Muscle Nerve 14:197–212

32. Partridge TA, Morgan JE, Coulton GR, Hoffman EP, Kunkel LM (1989) Conversion of mdx myofibers from dystrophin-negative to positive by injection of normal myoblasts. Nature 337:176–179

33. Rando TA, Blau HM (1994) Primary mouse myoblast purification, characterization, and transplantation for cell-mediated gene therapy. J Cell Biol 125: 1275–1287

34. Rantanen J, Hurme T, Lukka R, Heino J, Kalimo H (1995) Satellite cell proliferation and the expression of myogenin and desmin in regenerating skeletal muscle: evidence for two different populations of satellite cells. Lab Invest 72: 341–347

35. Schultz E (1996) Satellite cell proliferative compartments in growing skeletal muscles. Dev Biol 175:84–94

36. Schultz E, Gibson MC, Champion T (1978) Satellite cells are mitotically quiescent in mature mouse muscle: an EM and radioautographic study. J Exp Zool 206:451–456

37. Schultz E, McCormick KM (1994) Skeletal muscle satellite cells. Rev Physiol Biochem Pharmacol 123:213–257

38. Seale P, Sabourin LA, Girgis-Gabardo A, Mansouri A, Gruss P, Rudnicki MA (2000) Pax7 is required for the specification of myogenic satellite cells. Cell 102: 777–786

39. Tremblay JP, Malouin F, Roy R, Huard J, Bouchard JP, Satoh A, Richards CL (1993) Results of a triple blind clinical study of myoblast transplantations without immunosuppressive treatment in young boys with Duchenne muscular dystrophy. Cell Transplant 2:99–112

40. Wernig A, Irintchev A, Härtling A, Stephan G, Zimmermann K, Starzinski-Powitz A (1991) Formation of new muscle fibres and tumours after injection of cultured myogenic cells. J Neurocytol 20:982–997

41. Wernig A, Zweyer M, Irintchev A (2000) Function of skeletal muscle tissue formed after myoblast transplantation into irradiated mouse muscles. J Physiol 522:333–345

4.5 M.R. Steinwachs, S. Prettin, T. Steimer

Soft-Tissue-engineering von Menisken

■ Einleitung

Verletzungen der Menisken stellen die häufigste Ursache von Kniegelenks-verletzungen dar. Im Durchschnitt wurden in den Jahren 1995–1997 127407 Meniskusverletzungen in Deutschland operativ behandelt. Europaweit werden ca. 350000 Eingriffe pro Jahr durchgeführt. Die Ursachen sind in der Mehrzahl der Fälle Sportverletzungen (Abb. 1). Aufgrund des veränderten Freizeitverhaltens wird in der Zukunft mit einem Anstieg der Zahlen zu rechnen sein.

Die Funktion des Meniskus wurde in seiner Komplexität erst in den letzten 10 Jahren weitgehend verstanden. Neben einer Dämpfungsfunktion wird der Belastungsdruck der Gelenkflächen durch die Menisken auf eine große Knorpeloberfläche verteilt. Dies ist besonders wichtig, da es positionsbedingte Gelenkinkongruenzen auszugleichen gilt. Gelenkstabilisierende und knorpelernährende Eigenschaften sind darüber hinaus belegt. Gesundes Meniskusgewebe besteht zu 95% aus Kollagen Typ I und zu 1–2% aus

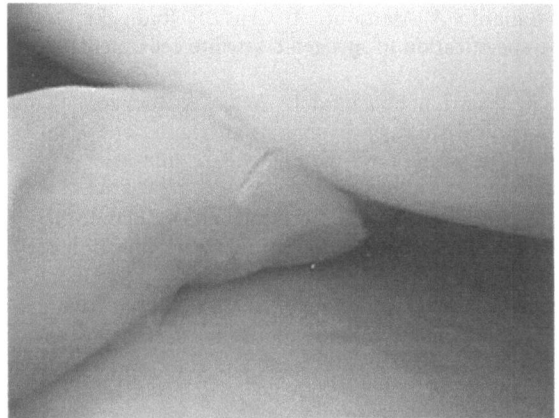

Abb. 1. Innenmeniskuslappenriss im linken Kniegelenk bei einem 35-jährigen Patienten nach Fuß-balltrauma

Kollagen Typ II [4]. Der Faserverlauf der Kollagenfibrillen ist in einzigartiger Weise den biomechanischen Erfordernissen angepasst. In der oberflächlichen Schicht sind radiär und in der tiefen Schicht zirkulär angeordnete Fibrillen nachweisbar. Der Innenmeniskus bedeckt 64% und der Außenmeniskus 84% der Tibiafläche [5]. Dabei zeigt der Außenmeniskus eine viel größere Mobilität, die vor allem bei Rotationsbewegungen von Bedeutung ist. Über den M. popliteus wird bei Flexion ein Dorsalzug am Außenmeniskus ausgeführt. Die Ernährung erfolgt zu etwa 2/3 über kapselseitige Blutgefäße. Es wird eine gut durchblutete, randständig lokalisierte „Red-Zone", eine weniger vaskularisierte „Red-White-Zone" und eine avaskuläre „White-Zone" unterschieden [1]. Zu 2/3 sind Meniskusverletzungen medialseitig und zu 1/3 lateralseitig lokalisiert. Längsrisse in Form von Korbhenkelrissen oder Lappenrissen (s. Abb. 1) werden von Querrissen und Horizontalrissen unterschieden. Eine Selbstheilung solcher Meniskusrisse kann nur bei sehr jungen Patienten beobachtet werden. Eine Regeneration teilresezierter Menisken erfolgt beim Erwachsenen nicht. Bei Kindern kann dies in Einzelfällen beobachtet werden. Die vollständige Entfernung eines Meniskus führt zu einer 2- bis 3-fachen Erhöhung des Kontaktstresses im Bereich der korrespondierenden Gelenkflächen [2], wodurch langfristig (Abb. 2) eine Arthrose induziert wird [6].

Dieser Tatsache wurde insofern klinisch Rechnung getragen, als, wenn immer möglich, eine Refixation des verletzten Meniskus anzustreben ist. Ist dies nicht möglich, sollte so sparsam wie möglich reseziert werden. Die Refixationen von verletzten Meniskusanteilen hat in der Red-Zone und in der Red-White-Zone eine ca. 80%ige Einheilungsquote. In der White-Zone ist sie ohne besondere Maßnahmen (z. B. bloot clot) nicht Erfolg versprechend. In Deutschland werden bei ca. 3,2% aller arthroskopischen Kniegelenksoperationen Meniskusrefixationen durchgeführt. Neben klassischen

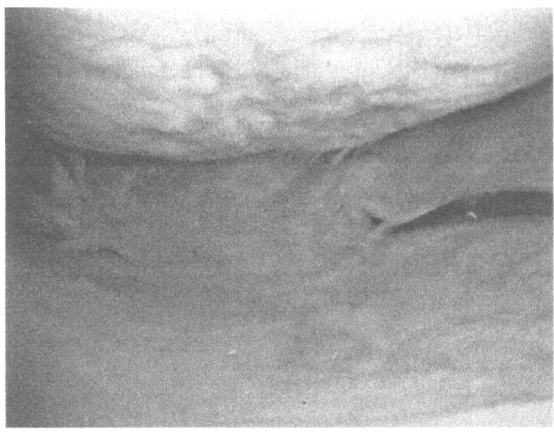

Abb. 2. Innenmeniskusschaden rechts mit korrespondierendem Knorpelschaden bei einem 55-jährigen Patienten

Nahttechniken, wie die Inside-out-Technik und die Outside-in-Technik, wurden verschiedene all-inside-Techniken entwickelt. Vor allem die neuen Meniskusstaplersysteme konnten den hohen Zeitaufwand und die großen neurovaskulären Risiken bei den herkömmlichen Nahttechniken deutlich senken. Die verschiedenen Systeme unterscheiden sich zum Teil deutlich hinsichtlich ihrer Ausrissfestigkeit. Als Goldstandard wird die vertikale Naht mit ca. 80 N Ausrissfestigkeit angesehen. Es befindet sich gegenwärtig nur ein Staplersystem mit ähnlicher Ausrissfestigkeit auf dem Markt [3]. Das geringe Regenerationsvermögen von Meniskusgeweben, in Verbindung mit der erhöhten Inzidenz einer Osteoarthroseentstehung, hat zur Testung verschiedener Gewebe für den Meniskusersatz (Faszien, Sehnenestreifen, Periostlappen, Hoffa-Fettkörperinterponat, kryokonservierte Leichenmenisken etc.) geführt. Bei keiner dieser Techniken konnten jedoch bisher überzeugende klinische Ergebnisse nachgewiesen werden [7].

Ein völlig neuer, sehr vielversprechender Weg zum Meniskusrepair wird durch den Einsatz des Tissue engineerings möglich. Grundlage dieser neuen Methode ist, durch Einfügen vorstrukturierter resorbierbarer Matrices im Organismus eine komplexe Gewebereconstruktion zu erreichen, die ansonsten nicht erfolgen würde. Zu unterscheiden sind primär zellgebundene von zellfreien Systemen.

▪ Zellfreier Meniskusrepair

In der klinischen Erprobung befindet sich gegenwärtig das primär zellfreie CMI® (Collagen Meniskus Implant) (Abb. 3 und 4). Bei diesem Verfahren wird eine Kollagenmatrix aus chemisch vernetztem Rinderkollagen (97,5% Kollagen Typ I, 2,5% Glykosaminoglykane) in Form eines Meniskus (Höhe innen: 1 mm, Höhe außen: 4 mm, Breite 7,5/9,0 mm) (s. Abb. 3) an einen teilresezierten Restmeniskus angenäht. Die Porengröße von 50–500 µm (s. Abb. 4) soll ein Einwachsen von Fibrochondrozyten aus dem Restmeniskus ermöglichen. Nach Einwachsen der Zellen soll dann die implantierte Primärmatrix abgebaut und eine natürliche extrazelluläre aufgebaut wer-

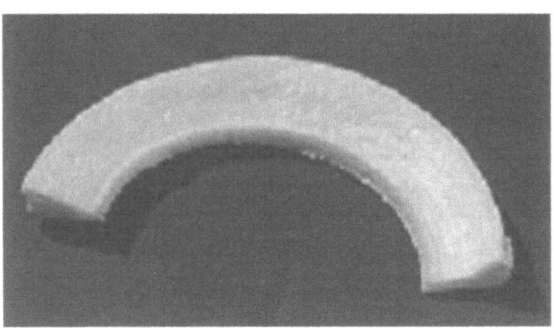

Abb. 3. CMI® aus Produktinformationen Sulzer AG

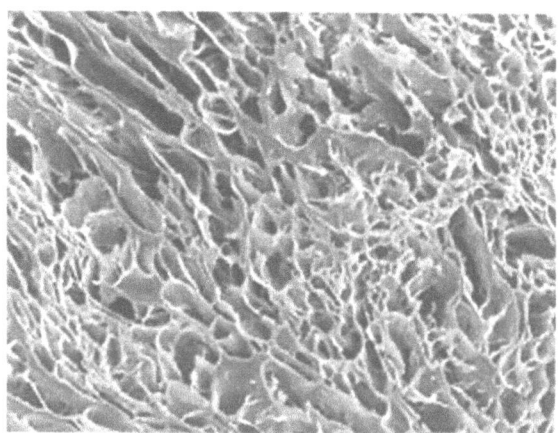

Abb. 4. Ultrastruktur des CMI®

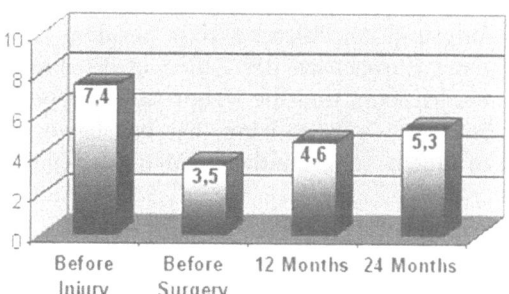

Abb. 5. Klinische Ergebnisse im Tegner Activity Score von 8 CMI®-Patienten (nach [7])

den. Erste In-vitro- und In-vivo-Studien am Schwein und Hund zeigten ermutigende Ergebnisse [9, 10]. So konnte bei einer beidseitigen subtotalen Meniskusresektion und Implantation des CMI® im Schweinemodell, im Vergleich zur unbehandelten Kontrolle, nach 12 Monaten bei 80% ein Meniskusregenerat nachgewiesen werden. Die sich anschließende Phase-I-Studie bei 10 Patienten [11] zeigte ein Einwachsen von Meniskusgewebe in das Implantat, ohne Auftreten von ernsthaften Komplikationen. Die klinische Symptomatik verbesserte sich gleichzeitig nach 12 Monaten in einem von den Autoren selbst entwickelten Aktivitätsscore (1–5 Punkte) um durchschnittlich 0,8 Punkte (3,0 Punkte vor OP, 2,2 Punkte nach CMI®-Implantation). Rodkey und Mitarbeiter [7] bestätigten dann 1999 bei 8 Patienten diese guten klinischen Ergebnisse über einen Zeitraum von 24 Monaten in verschiedenen Scores (Abb. 5).

Resümee

Das CMI® zeigt in klinischen Studien hoffnungsvolle Ergebnisse. Fehlende biomechanische Testungen des Regenerats, eine sehr geringe Fallzahl, eine sehr aufwendige Operationstechnik und eine lange Rehabilitationszeit sowie die Verwendung chemisch stabilisierten Rinderkollagens stehen einer breiten Anwendung gegenwärtig noch im Wege. Die Hauptrisikogruppe für die Arthroseentstehung, Patienten nach Meniskektomie, können leider mit diesem primär zellfreien System nicht behandelt werden. Es ist zu hoffen, dass durch diese Technik die Arthroseentstehung nach subtotaler Meniskektomie verhindert werden kann, belegt ist dies für das CMI® gegenwärtig jedoch noch nicht.

■ Zellgebundener Meniskusrepair

Aufgrund der Tatsache, dass bei dem zellfreien Repairsystem ein inhomogenes Einwachsen der Zellen in die eingenähte Kollagenmatrix beobachtet werden kann und die Hauptrisikogruppe der Meniskektomiepatienten nicht behandelt werden kann, hat uns bewogen, grundlegende Untersuchungen zu einem zellgebundenen Meniskusrepair [8] durchzuführen (Abb. 6). So

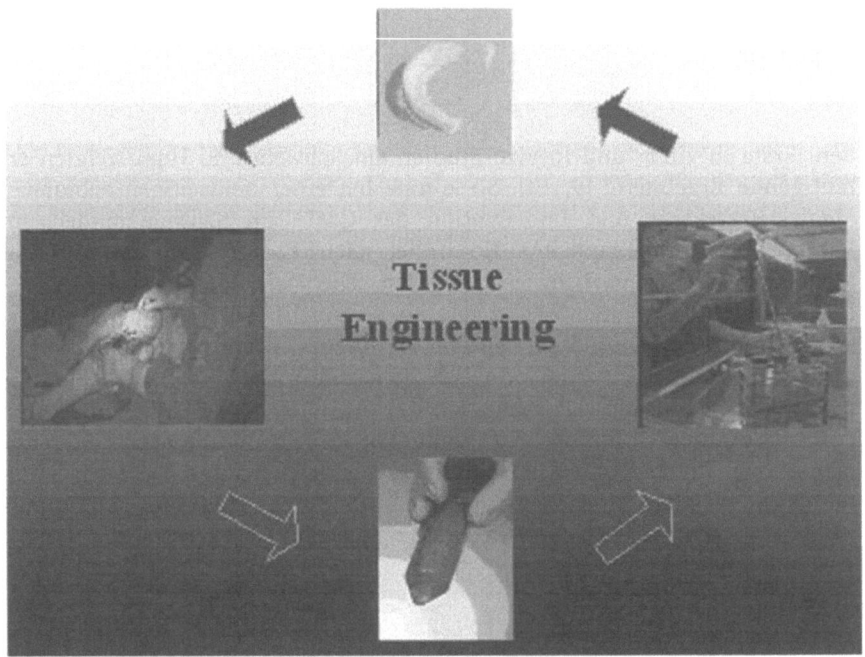

Abb. 6. Arbeitsprinzip des Tissue engineering beim zellgebundenen Meniskusrepair

wurden von 14 Patienten reseziertes Meniskusgewebe mittels enzymatischer Digestion aufgetrennt. Die isolierten Meniskuszellen wurden dann über 3 Tage auf zwei unterschiedlichen, resorbierbaren Kollagenträgern (TissuFoil E® 4 mg/cm^2 natives equines Kollagen Typ I und TissuFleece E® 2,8 mg/cm^2 natives equines Kollagen Typ I, Baxter) vorkultiviert und anschließend über 30 Tage mit 20% FCS, 5% CO_2, 16,5% O_2 und 37 °C im Brutschrank inkubiert.

Als Kontrolle wurde das Proliferationsverhalten in einer *Monolayerkultur* über 30 Tage ausgewertet. In den ersten 10 Tagen wurde im Durchschnitt eine 3,8-fache, nach 20 Tagen eine 3,2-fache und nach 30 Tagen eine 3,7-fache Zunahme der Zellzahl nachgewiesen. Bei Kultivierung auf dem nur 1 mm dicken *TissuFoil E®* wurde in den ersten 10 Tagen eine durchschnittliche Zunahme der Zellzahl um das 3,9-fache festgestellt. Nach 20 Tagen Kultivierung fiel der Wert auf das 3,1-fache und nach 30 Tagen lag der Wert nur noch bei dem 1,2-fachen. Ein deutlicherer Abfall der Zellzunahme konnte bei dem spongiöseren *TissuFleece E®* objektiviert werden. Von einer durchschnittlichen initialen Zellzunahme um das 4,4-fache nach 10 Tagen Kultivierung fiel der Wert auf das 1,9-fache nach 20 Tagen und auf das 1,3-fache nach 30 Tagen ab.

Die Abnahme der Zellproliferation dürfte bei beiden Kollagenträgern auf das Erreichen einer kritischen Zelldichte von ca. 150 000 Zellen/cm^2 zurückzuführen sein (Abb. 7). Die histologische Auswertung der Paraffinschnitte (Abb. 8) ergab einen homogenen Zellayer an der Oberfläche des *TissuFoil E®*. Im Gegensatz dazu wurden mehrschichtige Zellreihen beim *TissueFleece E®* nachgewiesen.

Resümee

Menschliche Meniskuszellen lassen sich *in vitro* isolieren und kultivieren. In Abhängigkeit von der Dichte sind die Zellen gut auf resorbierbaren kollagenen Matrices kultivierbar. Eine homogene Beschichtung resorbierbarer Trägermaterialien mit autologen Meniskuszellen stellt die Grundlage für ei-

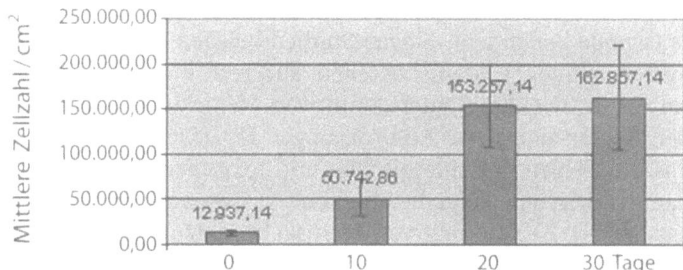

Abb. 7. Mittlere Zelldichte humaner Chondrozyten auf einem resorbierbaren kollagenen Träger, *TissuFoil E®* 20% FCS, n = 14 (nach [8])

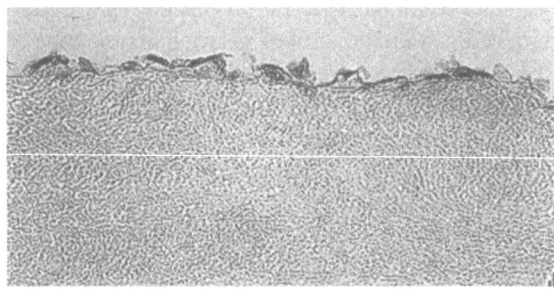

Abb. 8. Humane Meniskuszellen auf einem resorbierbaren kollagenen Träger nach 30-tägiger Kultivierung (HE-Färbung)

nen zellgebundenen Meniskusrepair dar. Hierdurch wird die Behandlung von Meniskektomiepatienten erst möglich.

■ Zusammenfassung

Meniskusverletzungen stellen die größte Zahl sportbedingter Knieverletzungen dar. Beim Erwachsenen ist eine selbständige Heilung aufgrund einer sehr geringen intrinsischen Geweberegeneration nicht zu erwarten. Aus diesem Grund sollte, wann immer möglich, eine Refixation versucht werden. Als Goldstandard gilt gegenwärtig die vertikale Naht. Für die Versorgung von Hinterhornläsionen bietet sich die Verwendung von Staplersystemen an. Diese unterscheiden sich hinsichtlich ihrer Ausrissfestigkeit (30–78 N) deutlich. Nur bei einem System konnten Werte festgestellt werden, die an eine vertikale Naht (ca. 80 N) herankommen. Für die Behandlung teilresezierter Menisken befindet sich ein zellfreies Repairsystem (CMI®, SULZER) in der klinischen Erprobung. Dabei soll eine meniskusähnlich geformte Kollagenprothese durch das noch vorhandene Restmeniskusgewebe bewachsen werden. Erste experimentelle Studien weisen eine Verbesserung der Patientensymptomatik nach. Eine schwierige OP-Technik, die Verwendung von Rinderkollagen, stark schwankende OP-Ergebnisse und die Nichtbehandelbarkeit der Hauptrisikogruppe (Meniskektomie) lassen einen breiten Einsatz gegenwärtig unwahrscheinlich erscheinen. Ein zellgebundenes Meniskusrepairsystem könnte im Gegensatz dazu auch diese Gruppe behandeln. Eigene Studien belegen eine gute Kultivierbarkeit humaner autologer Meniskuszellen auf resorbierbaren kollagenen Matrices. An die Entwicklung einer definitiven Meniskusmatrix für den zellgebundenen Repair sind hohe Anforderungen (Primärstabilität, definierte Resorptionszeit, Fehlen von allergischen und toxischen Begleitreaktionen, keine inflammatorischen Folgemetaboliten etc.) zu stellen. Das Tissue engineering hat bei der Behandlung von Meniskusverletzungen eine Tür mit einer Vielzahl von Behandlungsmöglichkeiten eröffnet. Hierdurch erscheint eine Rekonstruktion zerstörter Menisken möglich und die Spätfolgen einer Arthrose vermeidbar.

■ Literatur

1. Arnoczky SP, Warren RF (1983) The microvasculature of the meniscus and its response to injury. Am J Sports Med 11:131–141
2. Baratz ME, Fu FH, Mengato R (1986) Meniscal tears: The effect of meniscectomy and of the repair on intraarticular contact areas and stress in human knee. A preliminary report. Am J Sports Med 14:270–275
3. Barber FA, Morley A, Herbert MA (2000) Meniscal repair devices. Arthroscopy 16:613–618
4. Bullough PG, Munuera L, Murphy J (1970) The strength of the menisci of the knee as it relates to their fine structure. J Bone Joint Surg 52B:564–570
5. Clark CR, Ogden JA (1983) Development of the menisci of human knee joint. J Bone Joint Surg 65A:538–547
6. Fairbank TJ (1948) Knee joint changes after meniscectomy. J Bone Joint Surg 30B:664–670
7. Rodkey WG, Steadman JR, Li Shu-Tung (1999) A clinical study of Collagen Meniscus Implants to restore the injured meniscus. Clin Orthop 367:281–292
8. Steinwachs MR, Prettin S, Ochs G, Steimer T, Reichelt A (2000) Wachstumsverhalten humaner Meniskuszellen auf resorbierbaren kollagenen Trägern. Z Orthop Grenzgeb 138 (Suppl 1):69–70
9. Stone K, Rodkey WG, Webber RJ, McKinney L, Steadman JR (1990) Future Directions: collagen-based prostheses for meniscal regeneration. Clin Orthop 252:129–135
10. Stone K, Rodkey WG, Webber RJ, McKinney L, Steadman JR (1992) Meniscal regeneration with copolymeric collagen scaffolds: In vitro and in vivo studies evaluated clinically, histogically, biochemically. Am J Sports Med 20:104–111
11. Stone K, Steadman JR, Rodkey WG, Li S-T (1997) Regeneration of meniscal cartilage with use of a collagen scaffold. Analysis of preliminary data. J Bone Joint Surg 79A:1770–1777

4.6 M. van Griensven, J. Zeichen, M. Skutek, U. Bosch

Die Aktivierung des Transkriptionsfaktors NF-κB und des Protoonkogens c-fos in humanen Fibroblasten nach zyklischer mechanischer Dehnung

■ Einleitung

Mit den Erkenntnissen zur Pathophysiologie der Gelenkimmobilisation hat die Rehabilitation von Sehnen- und Bandverletzungen in den letzten Jahren einen entscheidenden Wandel erfahren. Die Binde- und Stützgewebe des Bewegungsapparates, zu deren Hauptaufgabe der Widerstand gegenüber mechanischer Belastung zählt, werden maßgeblich durch physikalische Faktoren beeinflusst. Langfristig immobilisierende Maßnahmen mit Inaktivitätsosteoporose, Muskelatrophie, Kapselkontrakturen, Adhäsionen von Gleitschichten und Degeneration des Gelenkknorpels wurden zugunsten frühfunktioneller Methoden verlassen. Die biomechanischen Eigenschaften von Sehnen, Ligamenten sowie von Bandrekonstruktionen werden durch eine funktionelle Behandlung positiv beeinflusst [30, 31].

Auf zellulärer Ebene ist dabei die Dehnung der zentrale Stimulus für die Mechanotransduktion, d.h. die Transformation von mechanischen Stimuli in zelluläre (biochemische) Prozesse [12]. An der Zellmembran kommt es zu einer Modulation von Oberflächenrezeptoren, Ionenkanälen oder Zelladhäsionsmolekülen (Integrine). Die weitere Übertragung des biochemischen Signals in den Zellkern erfolgt durch Aktivierung verschiedener Transkriptionsfaktoren. Untersuchungen an kultivierten Endothelzellen haben gezeigt, dass es bei Scherstress zur Aktivierung von u.a. MAPK-Kinasen und Proteinkinase C kommt [10]. Brighton et al. konnten an Knochenzellen von Ratten zeigen, dass eine zyklische Dehnung zu einer Aktivierung der Inositol-Phosphat Kaskade führt [8]. Es wird angenommen, dass auch der Transkriptionsfaktor NF-κB eine zentrale Rolle einnimmt. Im Zellkern werden als Resultat eines durch mechanische Stimuli induzierten Signaltransduktionsweges Gene aktiviert oder deaktiviert. Dadurch kann einerseits die Zellzyklusmaschinerie aktiviert werden, die die DNA-Synthese aktiviert und letztendlich zur Zellteilung führt. Andererseits kann damit eine Differenzierung der Zelle eingeleitet werden [7].

Dehnung führt bei Fibroblasten zur Modulation von Migration, Proliferation und Proteinsynthese, und damit auch zur Modulation des Heilungsprozesses. Die mechanische Stimulierung kultivierter Fibroblasten kann zu einer vermehrten Zellproliferation und Kollagensynthese führen [9, 20, 22]. Untersuchungen an Fibroblasten aus dem medialen Knieseitenband der Ratte ergaben nach 12 Stunden zyklischer mechanischer Dehnung eine signifikante Steigerung der DNA-Synthese und Zellzahl [29]. Almekinders et al. [4] konnten an humanen Fibroblasten aus Sehnengewebe zeigen, dass nach definierter zyklischer Dehnung der Zellkulturen (maximale Dehnungsamplitude 0,25%, Frequenz 1 Hz, 12 h Dehnung, 12 h Pause) die DNA-, Protein- und Prostaglandinsyntheserate erhöht waren. Eigene Experimente mit humanen Fibroblasten haben gezeigt, dass die einmalige Applikation zyklischer mechanischer Dehnung je nach Stressdauer unterschiedliche Auswirkungen auf die Zellproliferation hat. 15 und 60 Minuten zyklische Dehnung hatte nach 6 und 24 Stunden einen positiven Einfluss auf die Zellproliferation. Die zyklische Dehnung über 30 Minuten führte hingegen zu keiner Zunahme der Zellproliferation im Vergleich zur Kontrollgruppe.

Der Einfluss von mechanischer Dehnung ist an den verschiedensten Zellarten untersucht worden. Dazu sind eine Vielzahl verschiedener Dehnungsvorrichtungen beschrieben worden, mit denen Zellkulturen kontinuierlich oder zyklisch gedehnt werden können [6, 13, 14]. Häufig werden bei der zyklischen Dehnung die Zellen auf runden elastischen Membranen kultiviert, die durch repetitiven Aufbau eines Vakuums in Schwingungen versetzt werden. Ein wesentlicher Nachteil dieser Systeme ist die inhomogene Dehnungsverteilung an der Membranoberfläche. Die auf den Membranen adhärenten Zellen werden somit mit unterschiedlich großen Dehnungsamplituden gedehnt. Die inhomogene Dehnung der kultivierten Zellen entspricht allerdings nicht den physiologischen Bedingungen und gilt als ein wesentlicher Nachteil der meisten Dehnungsvorrichtungen. Dieses Problem kann durch Verwendung von rechteckigen Schalen, die in der Längsachse gedehnt werden, reduziert werden. Für die Versuche wurde deshalb ein elektromechanisches Stimulationsgerät entwickelt, mit dem eine homogene Dehnungsverteilung der Silikonschalen gegeben ist. Mit diesem System kann die Dehnung, Frequenz und Stressdauer variiert werden.

NF-κB nimmt in der Signaltransduktionskaskade eine Schlüsselfunktion ein, die dazu führt, dass extrazelluläre Signale, wie z.B. TNF-α oder Il-1β, Antigene, Lipopolysaccharide und virale Genprodukte, zum Kern weitergeleitet werden. Als Reaktion auf diese externen Gegebenheiten führt die Signaltransduktionskaskade letztendlich zu Veränderungen in der Genexpression [1, 5]. Im Zytoplasma liegt NF-κB entweder als Homo- oder Heterodimer vor. Es werden 5 verschiedene Formen unterschieden (NF-κB1 (p50/105), NF-κB2 (p52/100), RelA (p65), RelB und c-Rel), die unterschiedliche biologische Funktionen haben. Am häufigsten kommt NF-κB als Heterodimer p50/p65 vor. NF-κB ist im Zytoplasma an den Inhibitor I-κB gebunden und damit inaktiv. Bei der Aktivierung wird I-κB phosphoryliert, NF-κB wird frei und transloziert in den Zellkern (Abb. 1).

Im Zellkern bindet NF-κB an spezifische Erkennungssequenzen in den Promotorregionen der Zielgene und führt letztendlich zu einer Änderung

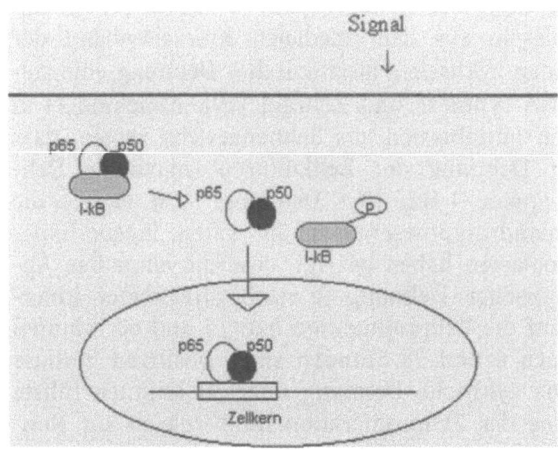

Abb. 1. NF-κB wird durch ein extrazelluläres Signal aktiviert. I-κB wird phosphoryliert und NF-κB transloziert in den Zellkern

in der Genexpression. Molekularbiologische Untersuchungen haben gezeigt, dass NF-κB zu einer vermehrten Transkription von proinflammatorischen Zytokinen, Zelladhäsionsmolekülen und Stressproteinen führt [1, 5]. Erhöhte NF-κB-Werte wurden in Biopsien von Patienten mit rheumatoider Arthritis und Autoimmunenzephalitis gefunden [16, 21]. NF-κB nimmt somit eine Schlüsselrolle bei inflammatorischen und immunologischen Prozessen ein. Der Transkriptionsfaktor kann aber auch durch mechanischen Stress aktiviert werden. Untersuchungen an humanen Endothelzellen haben gezeigt, dass ein maximaler Anstieg der NF-κB-Aktivität nach 4 Stunden zyklischer Dehnung vorhanden ist [11]. Bei Scherstress kann NF-κB bereits nach 30 Minuten aktiviert werden [19]. Vergleichbare Untersuchungen an humanen Fibroblasten sind bis jetzt nicht bekannt. Unbekannt ist noch, wie NF-κB durch eine unterschiedliche Stressdauer moduliert wird. Bei der Regulation der DNA-Synthese nimmt NF-κB wahrscheinlich auch eine Schlüsselfunktion ein. Hishikawa et al. [15] konnten bei zyklischer Dehnung glatter Muskelzellen aus humanen Herzkranzgefäßen zeigen, dass eine Inaktivierung von NF-κB zu einer Hemmung der DNA-Synthese führt. Nicht untersucht ist, ob auch durch Inhibition von NF-κB gewisse biologische Effekte bei humanen Fibroblasten nach mechanischer Stimulierung ausbleiben.

Im Zellkern werden, als Resultat eines durch mechanische Stimuli induzierten Signaltransduktionsweges, Gene an- oder abgeschaltet. Es werden vor allem sofort reagierende Gene (early response genes) innerhalb kurzer Zeit induziert. Eine besondere Bedeutung kommt dabei den Protoonkogenen c-myc, c-fos und c-jun bzw. ihren Kodierungsprodukten (Myc-, Fos- und Jun-Protein) zu. Sie haben eine Schlüsselfunktion bei der Kontrolle der Zellproliferation und Zelldifferenzierung. Eine vermehrte Expression des Protoonkogens c-fos kann in Synovialzellen zu einer Zunahme der Zellproliferation führen [18]. In Osteoblasten kann c-fos die Kollagensynthese inhibieren [17]. Auch mechanischer Stress *in vivo* führt zu einer Zunahme von c-fos und c-jun. Ein vermehrter Wandstress (Dehnung) verursacht bei normalen Herzmuskelzellen der Ratte rasch eine Zunahme der Expression von c-fos und c-jun [26]. Untersuchungen an Mesangiumzellen ergaben nach 30 Minuten zyklischer mechanischer Dehnung eine Induktion von c-fos und zif 268/egr-1 [3]. Inwieweit es auch bei humanen Fibroblasten aus dem Stütz- und Bewegungsapparat nach mechanischer Dehnung zu einer Induktion der Protoonkogene kommt, ist bisher noch nicht bekannt.

Mechanischer Stress hat einen positiven Einfluss auf die Strukturoptimierung und Reparation von Verletzungen des Binde- und Stützgewebes. Bei der Transformation mechanischer Dehnung in zelluläre Prozesse nehmen in humanen Fibroblasten der Transkriptionsfaktor NF-κB und das Protoonkogen c-fos wahrscheinlich eine Schlüsselfunktion ein.

■ Material und Methodik

Für die In-vitro-Experimente werden Primärzellkulturen, ausgehend von humanen Fibroblasten, verwendet. Diese Zelllinie wurde im Histo- und Zelllabor der Unfallchirurgischen Klinik etabliert. Dabei wurden von einem Patienten Fibroblasten unter definierten Bedingungen in über hundert Passagen kultiviert. Des Weiteren erfolgte eine immunzytochemische Darstellung der Fibroblasten mit einem monoklonalen, für Fibroblasten spezifischen Antikörper (Klon ASO2, Fa. Dianova, Hamburg).

Die Zellen werden in Petrischalen in DMEM (Dulbecco's Modified Essential Medium) mit Zusatz von 10%igem fetalen Kälberserum und Antibiotika (Gentamycin/Amphotericin B) kultiviert. Die Kultivierung erfolgt in einem Inkubator bei 37 °C in einer 5%igen CO_2-Atmosphäre und bei 95% Luftfeuchtigkeit. Nach Konfluenz werden die Zellen mit Trypsin/EDTA (0,25% Trypsinlösung) aus den Petrischalen gelöst und in einer Neubauer-Zählkammer gezählt.

Die Zellen wurden auf rechteckigen, elastischen Silikonschalen ausgesät. Pro Silikonschale wurden $1,5 \times 10^5$ Zellen verwendet. Die Silikonschalen werden zuvor 7 Tage lang mit DMEM inkubiert. Nach Subkonfluenz der Zellen wird 24 Stunden vor mechanischer Dehnung zur Synchronisation der Zellen die Serumkonzentration von 10% auf 1% reduziert. Mit dieser Maßnahme kommt die Mehrzahl der Zellen in ein Ruhestadium, in die G_0-Phase. In der G_0-Phase werden die Zellproliferationsrate und Proteinsynthese auf ein Minimum herunterreguliert.

Die Silikonschalen werden dann in einem speziell dafür entwickelten elektromechanischen Stimulationsgerät (Abb. 2) gedehnt. Die Dehnung der Silikonschalen erfolgt biaxial und homogen. Prinzipiell können die Parameter Dehnung, Frequenz, Wellenform der Dehnungszyklen und die Stressdauer variiert werden. Die Schalen werden mit einer Dehnungsamplitude von 5%, Frequenz 1 Hz, 15 und 60 Minuten lang zyklisch biaxial gedehnt.

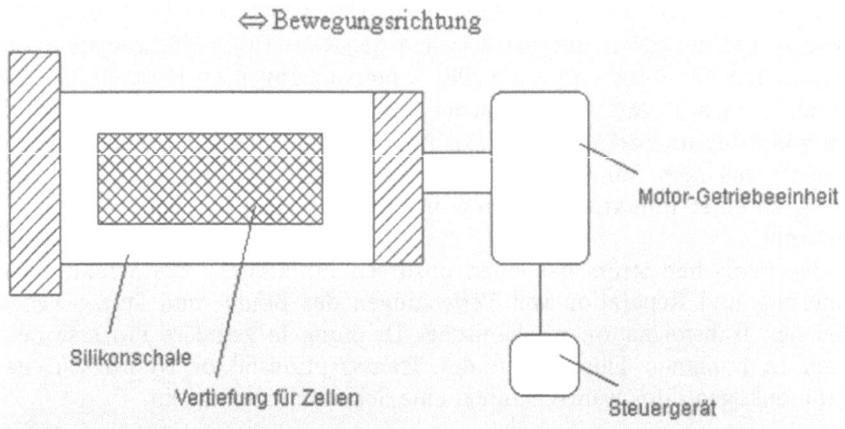

Abb. 2. Elektromechanisches Stimulationsgerät

Jeweils 5, 15, 30 und 60 Minuten nach Stressende wird der Versuch zur Analyse des Transkriptionsfaktors NF-κB beendet. Für die Analyse des Protoonkogens c-fos wird der Versuch nach 15, 30 und 60 Minuten beendet. Als Kontrolle dienen Fibroblasten, die unter den gleichen Versuchsbedingungen kultiviert (Silikonschale, Serumreduktion), jedoch nicht mechanisch gedehnt wurden.

Electromobility-Shift-Assay

Vor dem eigentlichen Electromobility-Shift-Assay (EMSA) erfolgt zunächst die Extraktion der Kerne durch Auflösung der Zellmembran mit Triton-X-100, Trennung des Zytoplasmas und des Nukleus mittels 50% Sukrose. Schließlich werden die Kernmembranen mit einer Lösung aus NaCl, $MgCl_2$, EDTA, Glycerol und Hepes zerstört, sodass nur die Kernproteine in den EMSA eingesetzt werden. Zunächst wird jeweils 1 µg des Extraktes mit einem radioaktiv markierten (^{32}P-γ-ATP) Oligonukleotid inkubiert, welches spezifisch ein Teil der Sequenz von NF-κB auf der DNA erkennt.

Sense: 5′-TAG TTG AGG GGA CTT TCC CAG-3′
Antisense: 5′-TTG CCT GGG AAA GTC CCC TCA-3′

Zusätzlich wird zu einem Ansatz jeweils ein Antikörper gegen die beiden Komponenten p50 und p65 gegeben. Wenn diese Antikörper gebunden werden, wird der Komplex aus Oligonukleotid, DNA und NF-κB größer und schwerer. Nach anschließender Trocknung des Gels erfolgt die Autoradiographie (24 h). Die Quantifizierung der Schwärzung wird densitometrisch durchgeführt.

Northern-Blot-Analyse

Vor der eigentlichen Northern-Blot-Analyse erfolgt zunächst die Extraktion der Gesamt-RNA nach der Guanidinthiocyanat-Methode. Anschließend erfolgt die Auftrennung der RNA per Gelelektrophorese bei 60 mA über 10 h. Die Integrität der RNA wird durch Dokumentation der ribosomalen Banden mittels Ethidiumbromid-Interkalation gesichert. Zur eigentlichen Northern-Blot-Analyse wird die RNA aus den Agarosegelen per Kapillartransfer auf Nylonmembranen übertragen. Durch Bestrahlung mit UV-Licht wird die RNA kovalent an die Membranen gebunden. Nach Prähybridisierung (4 h, 42 °C) werden die spezifischen, ^{32}P-markierten DNA-Sonden zugegeben (Hybridisierung). Nach anschließendem Waschen erfolgt die Autoradiographie (24 h). Die Quantifizierung der Schwärzung wird densitometrisch durchgeführt. Zur Kontrolle der Transfereffizienz und zur Kontrolle von Probenmengenvariabilitäten wird zusätzlich mit einer Sonde gegen Glyceraldehyd-3-Phosphat-dehydrogenase (GAPDH) hybridisiert.

Inaktivierung von NF-κB

NF-κB ist im Zytoplasma an I-κB gebunden und damit inaktiv. Bei der Aktivierung wird I-κB phosphoryliert, NF-κB wird frei und transloziert in den Zellkern. Wenn I-κB nicht phosphoryliert werden kann, kann NF-κB nicht aktiviert werden.

Für diese Versuchsanordnung, der Inaktivierung von NF-κB, wird ein adenoviraler Vektor zusammengestellt, der ein I-κB umfasst, das nicht phosphoryliert werden kann. Die Fibroblasten werden mit diesem Konstrukt transfiziert. In den transformierten Zellen kann I-κB nicht mehr phosphoryliert werden. Die transformierten Zellen werden zyklisch mechanisch gedehnt. Nach Versuchsende erfolgt die Analyse von NF-κB mit dem Electromobility-Shift-Assay und die Analyse von c-fos mit dem Northern-Blot.

■ Ergebnisse

Die Aktivierung des NF-κB erfolgte schon nach 5 Minuten mit einer 100%igen Veränderung im Vergleich zur Baseline. Diese Aktivierung erreichte nach 15 Minuten ein Maximum von 830%, welches bis zum Ende des Beobachtungszeitraumes bestehen blieb (Abb. 3). Die Transfektion mittels eines Adenovirus von nicht phosphorylierbaren I-κB führte zu einer Inhibierung der Aktivierung des Transkriptionsfaktors NF-κB. Es wurden Veränderungen bis zu 5% gefunden, welche innerhalb der biologischen Variation lagen.

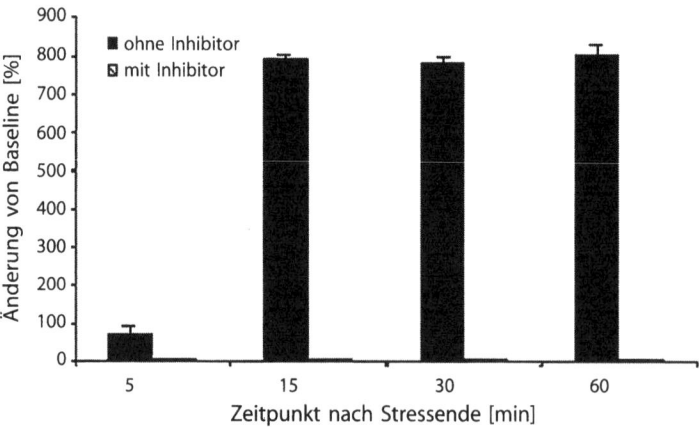

Abb. 3. Die Aktivierung von NF-κB nach 15 Minuten zyklischer mechanischer Dehnung. Der Inhibitor ist ein I-κB, welcher nicht phosphoryliert werden kann. Die Änderungen gegenüber der Baseline werden gezeigt. Die Baseline stellt sich zusammen aus Zellen direkt aus der Kultur ohne Dehnung (n = 5 Mittelwert ± SEM)

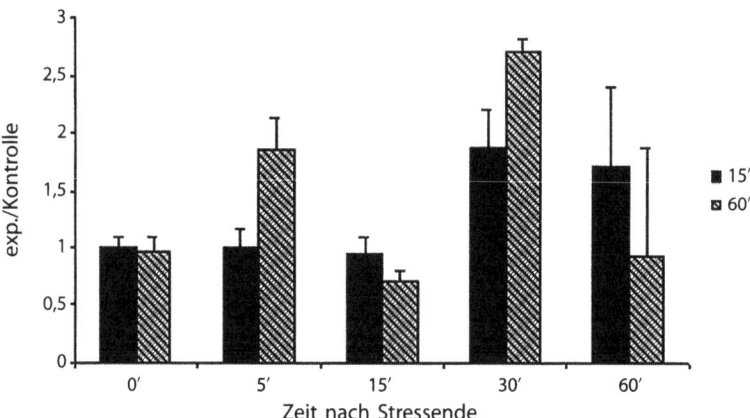

Abb. 4. Die Expression des Protoonkogens c-fos nach zyklischer mechanischer Dehnung. Die Werte sind gegenüber den Kontrollwerten (keine Dehnung) normalisiert (n = 5, Mittelwert ± SEM)

Die Ergebnisse des c-fos zeigten Veränderungen von bis zu 200% gegenüber der Kontrolle. 15 Minuten Dehnung führte erst nach 30 Minuten zu einer Aktivierung des c-fos, welche zweifach über der Kontrolle lag. Diese Aktivierung bestand 60 Minuten nach Beendigung der Dehnung weiter (Abb. 4). Das Bild nach 60 Minuten Dehnung zeigte eine rasche Aktivierung 5 Minuten nach Dehnungsende. Es zeigte sich jedoch ein biphasischer Verlauf, wobei die Menge c-fos mRNA nach 15 Minuten wieder Kontrollwerte erreichte. 30 Minuten nach Ende der Dehnung erfolgte eine Aktivierung, 2,7-fach über der Kontrolle, welche sich am 60 Minuten-Zeitpunkt normalisierte (Abb. 4).

▓ Diskussion

Die *in vitro* angelegte, zyklische mechanische Dehnung wird in die Zelle übertragen, wobei die Weise, wie dies passiert, bislang noch unbekannt ist. Auf jeden Fall findet eine Weiterleitung des Signals bis in den Zellkern statt. Die Signaltransduktionswege, die dabei involviert sind, betreffen NF-κB und c-fos. Das NF-κB wird schnell, innerhalb von 5 Minuten aktiviert und verbleibt dann bis zu 60 Minuten auf einem konstant hohen Aktivitätsniveau. Die Kinetik des c-fos verläuft anders, wobei eine unterschiedliche Stressdauer eine unterschiedliche Kinetik aufweist. Auch andere Formen von Stress, wie Scherstress [19, 23] oder oxidativer Stress [2, 25] sind in der Lage, beide Transkriptionsfaktoren zu aktivieren.

Diese Transkriptionsfaktoren können in vielen möglichen weiteren Prozessen eine Rolle spielen. Die Auswirkungen können sich auf das Immunsystem, die Proliferation oder die Apoptose beziehen. Es ist bekannt, dass Stress einen Einfluss auf diese Bereiche hat, wie sowohl für Fibroblasten [27, 28, 32] als auch für Osteoblasten beschrieben wurde [24]. Somit ist es vorstellbar, die Fibroblasten nicht nur mittels Dehnung zu modulieren, sondern auch gleichzeitig die positiven Effekte durch Modulation der Transkriptionsfaktoren hervorzuheben. Die Fibroblasten können für das Tissue engineering eine wichtige Rolle spielen. Mittels mechanischer Dehnung die Fibroblasten zu konditionieren, kann über den Erfolg des Einsatzes dieser Zellen bestimmen.

▓ Literatur

1. Adcock IM (1997) Transcription factors as activators of gene transcription: AP-1 and NF-kappa B. Monaldi Arch Chest Dis 52:178–186
2. Adcock IM, Brown CR, Kwon O, Barnes PJ (1994) Oxidative stress induces NF kappa B DNA binding and inducible NOS mRNA in human epithelial cells. Biochem Biophys Res Commun 199:1518–1524
3. Akai Y, Homma T, Burns KD, Yasuda T, Badr KF, Harris RC (1994) Mechanical stretch/relaxation of cultured rat mesangial cells induces protooncogenes and cyclooxygenase. Am J Physiol 267:C482–C490
4. Almekinders LC, Baynes AJ, Bracey LW (1995) An in vitro investigation into the effects of repetitive motion and nonsteroidal antiinflammatory medication on human tendon fibroblasts. Am J Sports Med 23:119–123
5. Baldwin AS, Jr (1996) The NF-kappa B and I kappa B proteins: new discoveries and insights. Annu Rev Immunol 14:649–683
6. Banes AJ, Gilbert J, Taylor D, Monbureau O (1985) A new vacuum-operated stress-providing instrument that applies static or variable duration cyclic tension or compression to cells in vitro. J Cell Sci 75:35–42
7. Basdra EK (1997) Biological reactions to orthodontic tooth movement. J Orofac Orthop 58:2–15

8. Brighton CT, Fisher JR, Jr, Levine SE, Corsetti JR, Reilly T, Landsman AS, Williams JL, Thibault LE (1996) The biochemical pathway mediating the proliferative response of bone cells to a mechanical stimulus. J Bone Joint Surg Am 78:1337–1347

9. Curtis AS, Seehar GM (1978) The control of cell division by tension or diffusion. Nature 274:52–53

10. Davies PF (1995) Flow-mediated endothelial mechanotransduction. Physiol Rev 75:519–560

11. Du W, Mills I, Sumpio BE (1995) Cyclic strain causes heterogeneous induction of transcription factors, AP-1, CRE binding protein and NF-kB, in endothelial cells: species and vascular bed diversity. J Biomech 28:1485–1491

12. Duncan RL, Turner CH (1995) Mechanotransduction and the functional response of bone to mechanical strain. Calcif Tissue Int 57:344–358

13. Gilbert JA, Weinhold PS, Banes AJ, Link GW, Jones GL (1994) Strain profiles for circular cell culture plates containing flexible surfaces employed to mechanically deform cells in vitro. J Biomechanics 27:1169–1177

14. Hasegawa S, Sato S, Saito S, Suzuki Y, Brunette DM (1985) Mechanical stretching increases the number of cultured bone cells synthesizing DNA and alters their pattern of protein synthesis. Calcif Tissue Int 37:431–436

15. Hishikawa K, Oemar BS, Yang Z, Luscher TF (1997) Pulsatile stretch stimulates superoxide production and activates nuclear factor-kappa B in human coronary smooth muscle. Circ Res 81:797–803

16. Kaltschmidt C, Kaltschmidt B, Lannes-Vieira J, Kreutzberg GW, Wekerle H, Baeuerle PA, Gehrmann J (1994) Transcription factor NF-kappa B is activated in microglia during experimental autoimmune encephalomyelitis. J Neuroimmunol 55:99–106

17. Kuroki Y, Shiozawa S, Sugimoto T, Fujita T (1992) Constitutive expression of c-fos gene inhibits type 1 collagen synthesis in transfected osteoblasts. Biochem Biophys Res Commun 182:1389–1394

18. Kuroki Y, Shiozawa S, Yoshihara R, Hotta H (1993) The contribution of human c-fos DNA to cultured synovial cells: a transfection study. J Rheumatol 20:422–428

19. Lan Q, Mercurius KO, Davies PF (1994) Stimulation of transcription factors NF kappa B and AP1 in endothelial cells subjected to shear stress. Biochem Biophys Res Commun 201:950–956

20. Leung DY, Glagov S, Mathews MB (1976) Cyclic stretching stimulates synthesis of matrix components by arterial smooth muscle cells in vitro. Science 191:475–477

21. Marok R, Winyard PG, Coumbe A, Kus ML, Gaffney K, Blades S, Mapp PI, Morris CJ, Blake DR, Kaltschmidt C, Baeuerle PA (1996) Activation of the transcription factor nuclear factor-kappaB in human inflamed synovial tissue. Arthritis Rheum 39:583–591

22. Meikle MC, Reynolds JJ, Sellers A, Dingle JT (1979) Rabbit cranial sutures in vitro: a new experimental model for studying the response of fibrous joints to mechanical stress. Calcif Tissue Int 28:137–144

23. Mohan S, Mohan N, Sprague EA (1997) Differential activation of NF-kappa B in human aortic endothelial cells conditioned to specific flow environments. Am J Physiol 273:C572–C578

24. Neidlinger-Wilke C, Wilke H-J, Claes L (1994) Cyclic stretching of human osteoblasts affects proliferation and metabolism: a new experimental method and its application. J Orthop Res 12:70–78
25. Schreck R, Rieber P, Baeuerle PA (1991) Reactive oxygen intermediates as apparently widely used messengers in the activation of the NF-kappa B transcription factor and HIV-1. EMBO J 10:2247–2258
26. Schunkert H, Jahn L, Izumo S, Apstein CS, Lorell BH (1991) Localization and regulation of c-fos and c-jun protooncogene induction by systolic wall stress in normal and hypertrophied rat hearts. Proc Natl Acad Sci USA 88:11480–11484
27. Skutek M, van Griensven M, Zeichen J, Brauer N, Bosch U (2001) Cyclic mechanical stretching enhances secretion of interleukin 6 in human tendon fibroblasts. Knee Surg Sports Traumatol Arthrosc 9:322–326
28. Skutek M, van Griensven M, Zeichen J, Brauer N, Bosch U (2001) Cyclic mechanical stretching modulates secretion pattern of growth factors in human tendon fibroblasts. Eur J Appl Physiol 86:48–52
29. Sutker BD, Lester GE, Banes AJ, Dahners LE (1990) Cyclic strain stimulates DNA synthesis and collagen synthesis in fibroblasts cultured from rat medial collateral ligaments. Trans Orthop Res Soc 15:130–131
30. Vailas AC, Tipton CM, Matthes RD, Gart M (1981) Physical activity and its influence on the repair process of medial collateral ligaments. Connect Tissue Res 9:25–31
31. Woo SLY, Gomez MA, Woo YK (1982) Mechanical properties of tendons and ligaments. II. The relationships of immobilization and exercise on tissue remodeling. Biorheology 19:397–408
32. Zeichen J, van Griensven M, Bosch U (2000) The proliferative response of isolated human tendon fibroblasts to cyclic biaxial mechanical strain. Am J Sports Med 28:888–892

5 Modulation von Heilungsvorgängen

5.1

M. Rickert, M. Jung, M. Adiyaman, W. Richter,
H. G. Simank

Growth and differentiation factor-5(GDF-5)-beschichtetes Nahtmaterial stimuliert die Sehnenheilung im Achillessehnenmodell in der Ratte

■ Einleitung

Growth and differentiation factor-5 (GDF-5) ist Mitglied einer Unterfamilie der BMP-Genfamilie und gehört somit ebenfalls zur TGF-β-Superfamilie. Zwei weitere Mitglieder dieser Unterfamilie sind GDF-6 und GDF-7.

Storm et al. [20] fanden 0-Mutationen des GDF-5-Genes bei Mäusen mit verkürzten Gliedmaßen (bp/bp, brachypodism).

Das Fehlen des menschlichen homologen Genes (CDMP-1) [4, 9, 13] resultiert in den autosomal rezessiv vererbten Syndromen Hunter-Thompson und Grebe. Diese Syndrome werden durch verkürzte Gliedmaßen und abnorme Knochen der Extremitäten, unter Aussparung des Achsenskelettes charakterisiert. Vor allem die distalen Extremitätenabschnitte sind minder entwickelt und bisweilen können mehrere periphere Gelenke der Füße und Hände fehlen. Größere Gelenke, wie z.B. Knie, Hüfte und Schulter, sind ebenso beteiligt, was sich u.a. in hypoplastischen Condylen und wiederholten Verrenkungen ausdrücken kann [23, 24].

Korrespondierend zu diesen klinischen Beobachtungen waren Wolfman et al. [27] in der Lage, die GDF-5-Expression am Mausembryo zu lokalisieren. Sie konnten zeigen, dass GDF-5 vorrangig zwischen mesenchymalen Zellkondensationen exprimiert wird, also im Bereich, wo sich später synoviale Gelenke ausbilden. Darüber hinaus wurde GDF-5 im Gelenkknorpel sich entwickelnder Mausembryonen nachgewiesen.

Die experimentelle Überexpression von GDF-5 am Hühnerembryo ergab eine deutliche Längenzunahme der sich entwickelnden Extremitätenabschnitte, ein Effekt, welcher zum einen durch eine erhöhte Anzahl an Chondrozyten, zum anderen durch eine erhöhte Proliferationsrate dieser bedingt wird [6, 7].

Weitere In-vitro- und In-vivo-Studien wurden durchgeführt, um die Einflüsse von GDF-5 am ausgereiften Skelett zu untersuchen. Es wurde gezeigt, dass GDF-5 sehnen- und bandartige Strukturen an ektoper Lokalisation induziert und dass durch GDF-5 die Heilung von Sehnen und Bändern beschleunigt werden kann [1, 22].

Im Vergleich zu BMP-7 hat GDF-5 einen deutlich geringeren osteogenen Effekt auf osteoblastenartige Zellen sowie auf vitale Chondrozyten [5].

Außerhalb des Bewegungsapparates hat GDF-5 einen trophischen und protektiven Effekt auf dopaminerge Neuronen [12, 13, 21].

Nach Sehnenverletzungen wäre es vorteilhaft, die natürliche Narbenbildung in der frühen Regenerationsphase durch ein sehnenartiges Regenerat ersetzen zu können.

Derartige sehnenartige Regenerate wären deshalb von Vorteil, da diese früher belastet und somit die Regenerationsphase verkürzt werden könnte.

Die lokale Gabe von Wachstumsfaktoren in flüssiger Form ist deshalb problematisch, da durch sie weder eine sichere Applikation vor Ort noch eine ausreichende Konzentration erzielt werden kann.

Aus diesem Grund sollte eine bewährte operative Nahttechnik mit einem zusätzlichen sehneninduzierenden Stimulus kombiniert werden, wodurch möglicherweise die Morbidität der Patienten, z.B. nach Achillessehnennaht oder Rotatorenmanschettenrekonstruktion, verkürzt werden kann.

Daher war es Ziel der Studie, den Effekt eines GDF-5-beschichteten Nahtmaterials an der heilenden Achillessehne im Rattenmodell zu testen. Unseres Wissens handelt es sich hierbei um den ersten Ansatz, ein wachstumsfaktorbeschichtetes Fadenmaterial *in vivo* zu untersuchen.

■ Material und Methode

Tiermodell

80 männliche, ausgewachsene Sprague-Dawley-Ratten, mit einem Gewicht zwischen 280 und 320 g, wurden für diesen Versuch benötigt [2, 15]. Alle Tiere waren in Käfigen untergebracht und konnten sich in diesen frei bewegen. Die Anästhesie der Tiere erfolgte mittels intramuskulärer Mischnarkose aus Ketamin (100 mg/kg) und Xylazin (2,5–5 mg/kg). Nach der Operation wurden keine Verbände oder äußeren Stützen angewandt. Den Tieren wurde erlaubt, sich frei in ihren Käfigen zu bewegen.

Nahtmaterial

Eine resorbierbare 5-0-Polyglactinnaht an einer PS-2-Nadel (Vicryl®, Fa. Ethicon, Norderstedt) wurde mit GDF-5 unter sterilen Bedingungen beschichtet. Hierzu wurde GDF-5 in 75% Acetonitril in einer Konzentration von 1 µg/µl in Lösung gebracht. 20 µl (= 20 µg) dieser Lösung wurden gleichmäßig auf 20 cm des Fadenmaterials mit einer dünnen Pipette aufgetragen (= 1 µg/cm). Das Nahtmaterial wurde für eine Stunde luftgetrocknet und anschließend in sterile Röhrchen verbracht und bei 4 °C gelagert. Die Adhärenz des insgesamt hydrophoben Wachstumsfaktors wurde chemisch durch die bereits vorbestehende Kalziumstearatbeschichtung der

Vicryl®-Naht begünstigt. Diese wird bereits industriell zur Vermeidung eines Einschneidens des Nahtmaterials aufgebracht.

Eine mechanische Testung des Nahtmaterials nach dem Beschichtungsprozess ergab, dass die Festigkeit hierdurch nicht beeinträchtigt wird.

Growth and differentiation factor-5 (GDF-5) wurde uns von der Firma Biopharm, Heidelberg, zur Verfügung gestellt.

Operationstechnik

Die operativen Schritte wurden sämtlich unter sterilen Bedingungen durchgeführt.

Hierzu wurde eine circa 2 bis 3 cm messende, längs verlaufende Inzision direkt über der Achillessehne durchgeführt. Die Achillessehne wurde stumpf aus der Umgebung sowie von der Plantarissehne abgelöst. Anschließend wurde die Achillessehne circa 5 mm proximal der Insertion am Calcaneus quer mit einem Skalpell Nr. 15 durchtrennt. Auch die Plantarissehne musste durchtrennt werden, um eine innere Schienung durch diese zu vermeiden.

Das bereits oben beschriebene Nahtmaterial wurde zur chirurgischen Naht genutzt. Hierzu wurde die Sehne mit drei Einzelknopfnähten End zu End vernäht. Zusätzlich wurde eine Rahmennaht zur Sicherung durchgeführt. Makroskopisch war kein Abstreifen der Fadenbeschichtung zu sehen. Am Ende jeder Operation wurde das verbliebene Nahtmaterial ausgemessen. Bei bekannter Ausgangslänge wurde auf diese Weise eine mittlere Länge des verwandten Nahtmaterials von 7,3 (±0,8) cm, welches nach oben genanntem Protokoll 7,3 (±0,8) µg GDF-5 entspricht, ermittelt. Diese Dosierung entspricht in etwa den Angaben aus der Literatur, welche einen stimulierenden GDF-5-Effekt u.a. nach Gebrauch von 10 µg GDF-5 zeigen konnten [1].

Die Haut wurde in Einzelknopftechnik mit 3-0-resorbierbarem Vicryl®-Nahtmaterial geschlossen. Die linke Achillessehne wurde nicht operiert.

Die Tiere wurden nach 1, 2, 4 und 8 Wochen durch Kohlendioxidinhalation geopfert. Alle Tiere wurden bezüglich unbeschichteter Kontrollgruppe und GDF-5-beschichteter Versuchsgruppe sowie den einzelnen Standzeiten randomisiert.

Biomechanische Testung

Sieben Präparate aus jeder Gruppe wurden zu jedem Zeitpunkt biomechanisch getestet. Die Muskel-Achillessehnen-Knochenpräparate wurden anfänglich schockgefroren und zwischenzeitlich bei −20 °C gelagert. Am Tag der Testung wurden die Präparate in Ringerlösung (Fa. Fresenius, Bad Homburg) aufgetaut [26]. Vor der biomechanischen Testung wurde die

Dicke der Sehne mit Präzisionsinstrumenten 5 mm proximal der Insertion am Calcaneus bestimmt.

Zur Fixierung der Präparate wurde der Muskelbauch zwischen zwei Kältebacken eingefroren. Während der Testungen wurde das Präparat regelmäßig mit Ringerlösung zum Schutz vor Austrocknung befeuchtet.

Die biomechanische Testung erfolgte mit einer elektrohydraulischen Materialprüfmaschine (Firma Zwick, Ulm) mit einer Zuggeschwindigkeit von 1000 mm/min. Kraft-Längungsdiagramme wurden erfasst und computergestützt ausgewertet.

Die Sehnen wurden vor der Prüfung nicht konditioniert oder zyklisch belastet. Folgende Messgrößen wurden bestimmt: Maximale Zugbelastbarkeit (N), Längung bis zum maximalen Versagen (mm), Steifigkeit des Regenerates (N/mm).

Nach Beendigung der Testung wurde jedes Präparat inspiziert und der Versagensmechanismus wie z.B. Riss der Sehne oder ein knochennaher Abriss am Calcaneus dokumentiert.

Histologie

Drei Präparate aus jeder Gruppe wurden zu jedem Zeitpunkt histologisch untersucht. Die GDF-5-Präparate sowie die Kontrollpräparate wurden in 4% Formalin für 24 Stunden fixiert, anschließend entwässert und in Paraffin eingebettet. Längsschnitte aus der Mitte der Achillessehne wurden HE-gefärbt.

Eine genauere Differenzierung zwischen Narbengewebe, welches normalerweise durch dünne, wenig organisierte Kollagen-Typ-III-Fasern geprägt wird, und neu geformten Kollagen-Typ-I-Fasern wurde mittels Picrosiriusfärbung unter polarisiertem Licht erreicht. Die Polarisationsmikroskopie ermöglicht es, zwischen diesen beiden Fasertypen (Typ-I- und Typ-III-Kollagenfasern) zu differenzieren, da diese unterschiedliche Farben und ein unterschiedliches Doppelbrechungsverhalten in der Sirius-red-Färbung hervorrufen [11, 25]. Kollagen-Typ-I-Fasern zeigen sich als dicke, stark doppelbrechende gelbe oder rote Fasern, während Kollagen-Typ-III-Fasern dünn und schwach doppelbrechend grünlich erscheinen. Kollagen Typ II bildet keine Fasern und ist schwach doppelbrechend. Aus diesem Grund wurden monoklonale Antikörper benutzt, um speziell nach Typ-II-Kollagen zu schauen.

Statistische Analyse

Die biomechanischen Daten der Versuchsgruppen wurden mittels Mann-Whitney-U-Test verglichen. Statistische Signifikanz wurde ab $p < 0{,}05$ angenommen.

■ Ergebnisse

Makroskopisch fanden sich in der GDF-5-Gruppe dickere und in der Konsistenz festere Regenerate. Die Dicke der Sehnen war signifikant höher in der GDF-5-Gruppe nach einer (p = 0,015) und zwei (p = 0,001) Wochen. Dieses Phänomen hielt bis zur 8. Woche nach Sehnennaht an (Abb. 1).

Histologisch fand sich in diesem Zeitraum eine höhere Zelldichte dieser Präparate. Große Zahlen an Erythrozyten wurden in der GDF-5-Gruppe eine Woche nach Naht gesehen. Dieses Phänomen war zwei Wochen nach Sehnennaht nicht mehr vorhanden.

Yamashita et al. [29] konnten einen angiogenen Effekt durch GDF-5 *in vivo* nachweisen. Vielleicht kann der starke proliferative Reiz sowie das Erscheinen von Erythrozyten im Bereich der Sehnennaht in ähnlicher Weise interpretiert werden.

GDF-5 bewirkt kräftigere Sehnenregenerate mit größerer Steifigkeit: Die biomechanische Untersuchung der Sehnenregenerate zeigte eine andersartige Heilung in der GDF-5-Gruppe, in welcher die heilenden Sehnen steifer waren als in der Kontrollgruppe. Es wurden deutlich höhere Kräfte benötigt, die Sehne in der GDF-5-Gruppe um 1 mm zu längen als in der Kontrollgruppe. Dieses Phänomen zeigte sich nach 1, 2 und 4 Wochen (Abb. 2 a).

Parallel hierzu fanden sich signifikant höhere Werte für die maximale Zugbelastbarkeit, zwei Wochen nach Naht (Abb. 2 b). Die Versagensmechanismen änderten sich mit der Zeit in beiden Versuchsgruppen. Nach 1 und

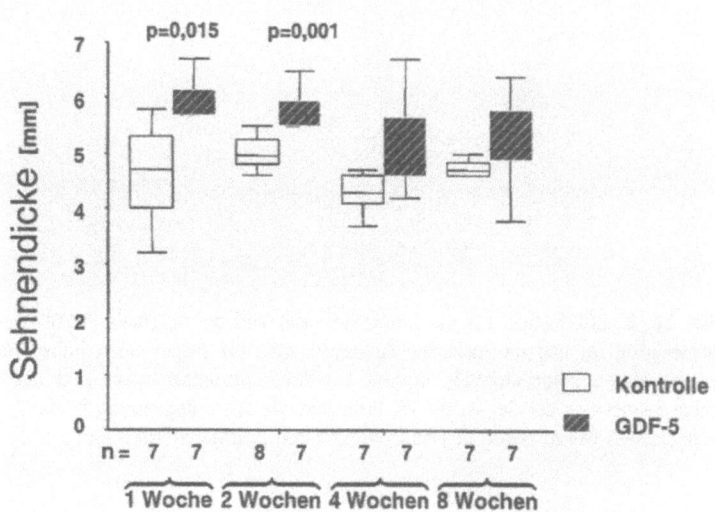

Abb. 1. GDF-5-Effekt auf die Sehnendicke (Boxplot: Der dicke horizontale Balken zeigt den Median an. Die untere Begrenzung der Box ist die 25. Perzentile, die obere Begrenzung ist die 75. Perzentile. Die ausgezogenen Balken zeigen den höchsten und den niedrigsten Wert [16]

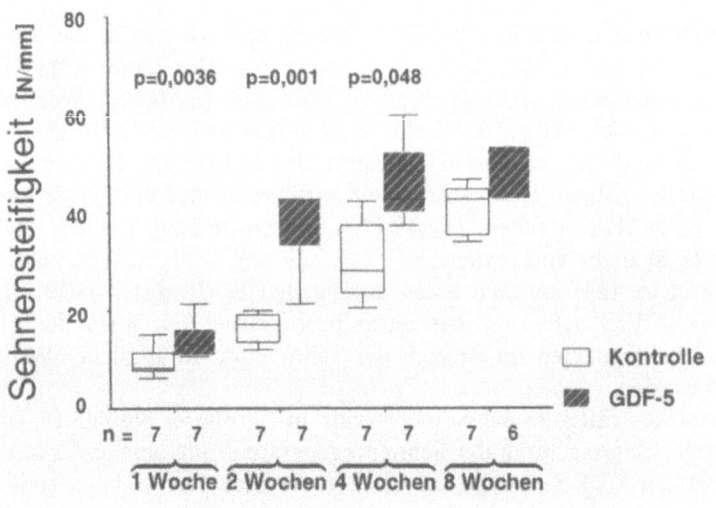

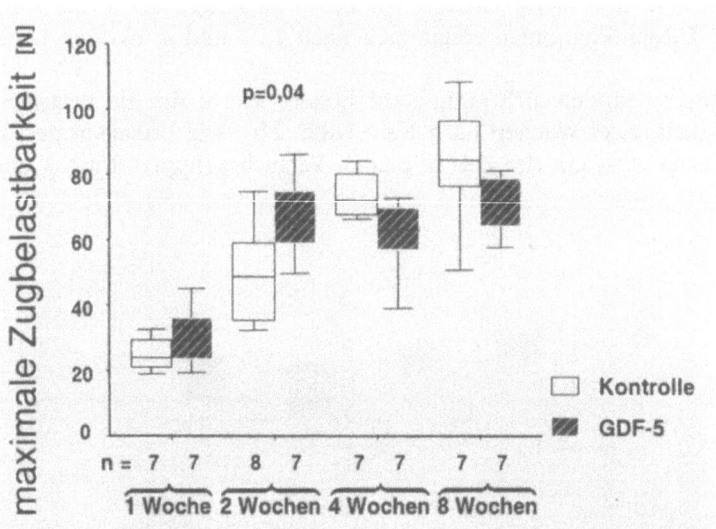

Abb. 2 a, b. GDF-5-Effekt auf die Sehnensteifigkeit und die maximale Zugbelastbarkeit. Die Sehnensteifigkeit (**a**) und die maximale Zugbelastbarkeit (**b**) zeigen einen frühen Anstieg als Folge der vermehrten Sehnendicke [3] (Boxplot: Der dicke horizontale Balken zeigt den Median an. Die untere Begrenzung der Box ist die 25. Perzentile, die obere Begrenzung ist die 75. Perzentile. Die ausgezogenen Balken zeigen den höchsten und den niedrigsten Wert) [16]

2 Wochen versagten sämtliche Präparate im Bereich der Sehnennaht. Zu diesen Zeitpunkten fanden sich keinerlei Abrisse im Bereich der knöchernen Insertion am Calcaneus. Vier Wochen nach Sehnennaht fand sich vermehrt ein Versagen im Bereich der knöchernen Insertion (vier Wochen: 6/7 unbeschichtet, 7/7 beschichtet). Acht Wochen nach Naht versagten sämtliche Präparate im Bereich der knöchernen Sehnenverankerung. Knöcherne Ausrisse wurden nicht gesehen. Es fand sich kein Unterschied bezüglich der Versagensmechanismen in beiden Versuchsgruppen. Ein Abrutschen wurde weder von der muskulären noch von Seiten der knöchernen Verankerung in den Einspannbacken gesehen. Zusätzlich wurden sämtliche Präparate vor der Testung auf Versagen oder Ausreißen der Nähte untersucht. Hierfür fand sich kein Hinweis.

Zusammenfassend konnten die Präparate der GDF-5-Gruppe stärkeren Zugbelastungen bei gleichzeitig erhöhter Steifigkeit in der frühen Phase der Sehnenheilung ausgesetzt werden.

Die histologische Untersuchung ergab für die GDF-5-Gruppe eine größere Zellzahl und schlechter organisierte, kollagenfaserige Strukturen in der Polarisationsmikroskopie zu sämtlichen Untersuchungszeitpunkten. Nach 4 Wochen fanden sich bei allen GDF-5-Präparaten Zellnester, welche sich aus hypertrophen, großen und runden Zellen zusammensetzten. Diese wurden über das gesamte Präparat ohne direkte Beziehung zum Nahtmaterial beobachtet (Abb. 3 a). Diese Zellformationen wurden des Weiteren in zwei von drei Präparaten in der GDF-5-Gruppe 8 Wochen nach Naht gesehen.

Die Kontrollpräparate ohne GDF-5 zeigten ein besser organisiertes Regenerat mit parallel ausgerichteten Fibroblasten sowie Typ-I-Kollagenfasern (Abb. 3 b). Die oben genannten knorpelähnlichen Zellnester wurden in keinem der Kontrollpräparate gesehen.

Die Immunohistochemie war positiv für Typ-2-Kollagen in den oben genannten knorpelartigen Zellnestern in der GDF-5-Gruppe (s. Abb. 3 c), wohingegen die Kontrollen ohne GDF sämtlich negativ waren (s. Abb. 3 d). Das Nahtmaterial selbst konnte bis zur 8. Woche nach der Sehnennaht nachgewiesen werden und verursachte eine minimale Entzündungsreaktion in beiden Versuchsgruppen.

Das polarisationsmikroskopische Bild der Sirius-red-gefärbten Präparate in der GDF-5-Gruppe wurde von dünnen und grünlichen, schwach doppelbrechenden Faserstrukturen, welche charakteristisch für Typ-III-Kollagen waren, zum 1- und 2-Wochenzeitpunkt geprägt. Nach vier Wochen zeigten die oben genannten knorpelartigen Zellnester keine Zeichen der Reorganisation (Abb. 4 a) und ergaben unter dem Polarisationsmikroskop eine homogene, kaum doppelbrechende Gewebstextur (Abb. 4 b).

Im Vergleich hierzu wurde das Sehnenregenerat ohne GDF-5 anfänglich von einer lockeren Bindegewebstextur dominiert. Nach 2 Wochen wurde diese von Fibroblasten dominiert, welche bereits eine eosinophile Matrix produzierten. Diese ergab ein gelb-orange doppelbrechendes Signal unter polarisiertem Licht. Nach 4 Wochen wirkte das kollagenfaserige Regenerat stärker organisiert mit weniger Fibroblasten, mehr Matrix und einer fast

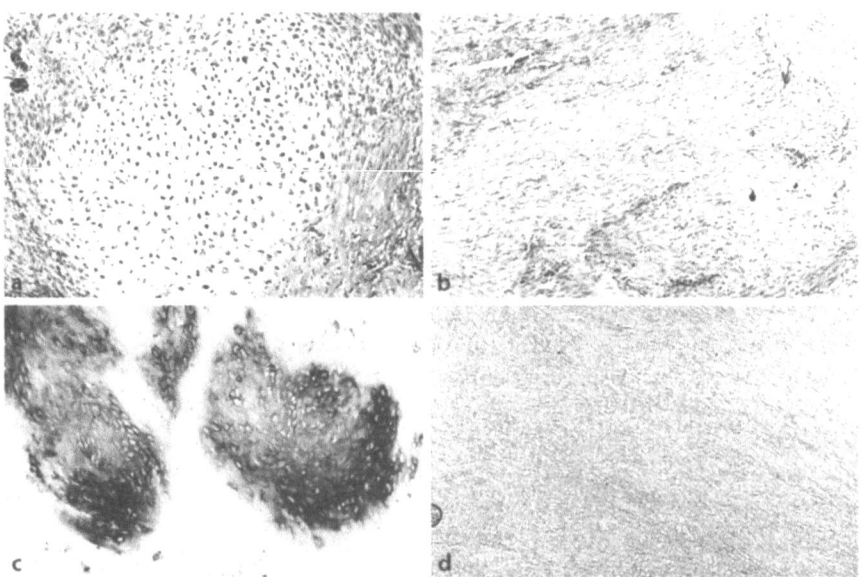

Abb. 3a–d. Ausbildung knorpelartiger Zellnester in der GDF-5-beschichteten Versuchsgruppe. Fotografien von Präparaten 4 Wochen nach Sehnennaht mit (**a, c**) und ohne (**b, d**) GDF-5-beschichtetem Nahtmaterial. Die histologische Anfärbung mit Hämatoxylin-Eosin (HE) zeigt hypertrophe, rundliche und große Zellen in der GDF-5-Gruppe (**a**). Diese Erscheinungen waren nicht auf die Anwesenheit von GDF-5-beschichtetem Nahtmaterial beschränkt, sondern fanden sich über das gesamte Präparat verteilt. Die Matrix innerhalb dieser Zellformationen färbte positiv für Kollagen Typ II in der Immunohistochemie (**c**). In der Gruppe ohne GDF-5 wurde kein positives Signal in der Immunohistochemie für Typ-II-Kollagen gefunden (**d**). Ein HE-Präparat aus der Kontrollgruppe ohne GDF-5 (**b**) zeigte ein fast gänzlich reorganisiertes Sehnengewebe, welches noch deutlich von Fibroblasten und einer blassen eosinophilen Matrix dominiert wurde (Vergrößerungen ×100) [16]

vollständig neu organisierten Struktur, dominiert durch stark doppelbrechende Typ-I-Kollagenfasern, 8 Wochen nach Naht.

Insgesamt ergaben die oben genannten Färbemethoden eine verzögerte Differenzierung und Ausreifung des anfänglich stark Typ-III-Kollagen-dominierten Regenerates hin zu reorganisiertem Sehnengewebe in der GDF-5-Gruppe.

■ Diskussion

Ziel dieser experimentellen Untersuchung war es, die biomechanischen und histologischen Einflüsse einer GDF-5-beschichteten Vicryl®-Naht auf die heilende Sehne *in vivo* zu untersuchen. Unseres Wissens handelt es sich hierbei um den ersten Versuch, – eine wachstumsfaktorbeschichtete Naht *in vivo* bezüglich daraus resultierender nützlicher Effekte zu untersuchen.

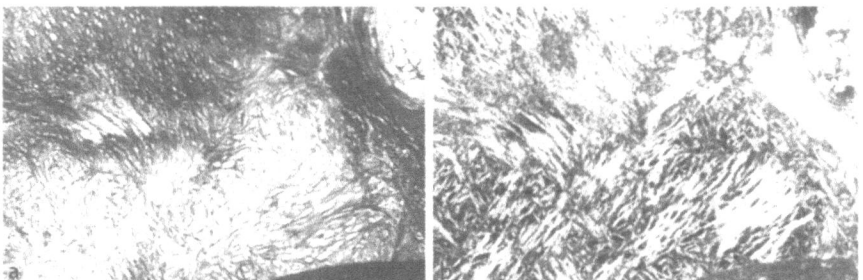

Abb. 4 a, b. Verzögerte Typ-I-Kollagenbildung in der GDF-5-beschichteten Gruppe. Sirius-red-gefärbte Präparate der GDF-5-Gruppe 4 Wochen nach Sehnennaht. Der rote Farbstoff hat spezifisch an Kollagen (**a**) gebunden [11]. Die Zone der knorpelartigen Zellformationen (untere Hälfte) zeigt nur wenig Reorganisation und weist eine deutlich geringere Rotfärbung auf. Die Polarisationsmikroskopie (**b**) zeigt doppelbrechende, fibrilläre Strukturen außerhalb der knorpelartigen Zone (obere Hälfte) und eine nur schwach doppelbrechende Matrix zwischen den knorpelartigen Zellen. Diese Veränderungen wurden als doppelbrechende Typ-I-Kollagenfasern und anhand der Immunohistochemie (s. Abb. 2 c) als Typ-II-Kollagen zwischen den knorpelartigen Zellstrukturen interpretiert. Die obere, rechte Bildecke zeigt einen Fadenrest (Vergrößerungen × 100) [16] – Abb. 1–4, s. a. Growth Factors, 19, Taylor & Francis, http://www.tandf.co.uk

Wir waren in der Lage zu zeigen, dass der Gebrauch von GDF-5 zu einem dickeren Sehnenregenerat führte, welches in erster Linie durch einen proliferativen Stimulus erklärt werden kann. Überraschenderweise konnten die unterschiedlichen biomechanischen Eigenschaften der GDF-5-Gruppe gegenüber der unbeschichteten Kontrollgruppe nicht auf eine verbesserte und beschleunigte Differenzierung des Narbengewebes zu organisiertem Sehnengewebe, als vielmehr durch die Querschnittszunahme des Sehnenregenerates erklärt werden. Zusätzlich fanden sich knorpelartige Zellformationen sowie eine verzögerte Ausreifung zu sehnenartigem Gewebe in der GDF-5-Gruppe.

Insgesamt finden sich wenige Daten zu In-vitro- und In-vivo-Einflüssen von Wachstumsfaktoren auf heilendes Sehnengewebe in der derzeitigen Literatur [1, 10, 17, 22].

Aspenberg et al. [1] implantierten Kollagenschwämmchen, welche 1 und 10 µg GDF-5 bzw. GDF-6 enthielten, in einen Achillessehnendefekt bei Ratten, ohne die Sehne zu nähen. Zwei Wochen nach dieser Versorgung wurden die Regenerate biomechanisch und histologisch getestet. Hierbei fanden sich signifikant höhere Zugbelastbarkeiten in beiden GDF-5-Gruppen, was in guter Übereinstimmung zu unserer Untersuchung steht. Dahingegen unterscheidet sich das dort verwandte Modell deutlich von der klinischen Situation, in welcher frische Sehnendefekte fast ausschließlich operativ versorgt werden. Des Weiteren kommt einem GDF-5-imprägnierten Kollagenschwamm als Trägerstoff für derartige Substanzen zum heutigen Zeitpunkt bei o.g. Indikation kaum eine klinische Bedeutung zu.

1999 zeigten Tashiro et al. [22], dass die Heilung von Bandstrukturen im Rattenmodell nach lokaler Gabe von Fibrinkleber, welcher GDF-5 enthielt, stimuliert werden kann. Die Autoren fanden größere Mengen an Regeneratgewebe, einen höheren Anteil an Typ-I-Prokollagen nach einer Woche sowie eine größere Zugbelastbarkeit des Regenerates nach 3 und 6 Wochen.

Wir sind mit dieser Studie in der Lage, eine neue und unserer Meinung nach klinisch relevante Methode zur lokalen Wachstumsfaktorgabe vorzustellen. Die Ergebnisse unserer Untersuchung deuten an, dass eine GDF-5-beschichtete Naht die Sehnenheilung im Sinne stärkerer Regenerate zu beeinflussen vermag. In den frühen Phasen der Sehnenheilung führt ein stärkeres Regenerat über die damit verbundene Querschnittszunahme zu höheren Zugbelastbarkeiten sowie einer erhöhten Steifigkeit der heilenden Sehne [3, 8, 28]. Obwohl das Auftreten knorpel- und knochenartiger Strukturen während der Sehnenheilung in einem verwandten Modell, bei welchem die Sehne nicht genäht wurde, bereits beschrieben wurde [18, 19], kann in dem vorliegenden Fall diskutiert werden, inwiefern die Erscheinung der knorpelartigen Zellnester in der GDF-5-Gruppe durch den bekannten chondroinduktiven Einfluss von GDF-5 begünstigt wurde. Größere Präparatezahlen, längere Untersuchungszeiträume, Modifikationen der GDF-5-Dosis sowie des Nahtmaterials sollten herangezogen werden, um den Einfluss von GDF-5-beschichtetem Nahtmaterial auf die Sehnenheilung genauer untersuchen zu können.

Zusammenfassend weisen die Ergebnisse dieser Untersuchung sowie die bekannten Daten aus der Literatur darauf hin, dass GDF-5 einen stimulierenden Effekt auf kollagenes Bindegewebe, wie die Achillessehne der Ratte, hat; im vorliegenden Fall in erster Linie dadurch, dass es zu dickeren und dadurch vorübergehend belastbareren Sehnenregeneraten führt.

Abschließend denken wir, dass die Beschichtung von Nahtmaterial mit Wachstumsfaktorproteinen eine vielversprechende neue Technik für die verbesserte lokale Bereitstellung dieser Faktoren *in vivo* ist und dass die Versorgung von Sehnenverletzungen, seien sie frisch oder degenerativ, von diesem Effekt profitieren kann.

▨ **Danksagung.** Wir danken H. Lorenz, R. Föhr und D. Zangor für die technische Unterstützung bei diesem Projekt. Wir danken ebenso M. Jakob und R. Ries von der Firma Biopharm, Heidelberg, für die Bereitstellung von GDF-5 und die Beschichtung des Nahtmaterials.

■ Literatur

1. Aspenberg P, Forslund C (1999) Enhanced tendon healing with GDF 5 and 6. Acta Orthop Scand 70:51–54
2. Best TM, Collins A, Lilly EG, Seaber AV, Goldner R, Murell GAC (1993) Achilles tendon healing: A correlation between functional and mechanical performance in the rat. J Orthop Res 11:897–906
3. Butler DL, Grood ES, Noyes FR, Zernicke RF (1978) Biomechanics of ligaments and tendons. Exerc Sport Sci Rev 6:125–181
4. Chang SC, Hoang B, Thomas JT, Vukicevic S, Luyten FP, Ryba NJ, Kozak CA, Reddi AH, Moos M (1994) Cartilage-derived morphogenetic proteins: new members of the transforming growth factor-β superfamily predominantly expressed in long bones during human embryonic development. J Biol Chem 269: 28227–28234
5. Erlacher L, McCartney J, Piek E, ten Dijke P, Yanagishita M, Oppermann H, Luyten FP (1998) Cartilage-derived morphogenetic protein and osteogenetic protein-1 differentially regulate osteogenesis. J Bone Miner Res 13:383–392
6. Francis-West PH, Richardson MK, Bell E, Chen P, Luyten FP, Adelfattah A, Barlow AJ, Brickell PM, Wolpert L, Archer CW (1996) The effect of overexpression of BMPs and GDF-5 on the development of chick limb skeletal elements. Ann NY Acad Sci 785:254–255
7. Francis-West PH, Abdelfattah A, Chen P, Allen C, Parish J, Ladher R, Allen S, MacPherson S, Luyten FP, Archer CW (1999) Mechanism of GDF-5 action during skeletal development. Development 126:1305–1315
8. Fung YC (ed) (1981) Biomechanics – Mechanical properties of living tissues. Springer, Heidelberg, New York
9. Hötten GC, Matsumoto T, Kimura M, Bechthold RF, Kron R, Ohara T, Tanaka H, Satoh Y, Okazaki M, Shirai T, Pan H, Kawai S, Pohl JS, Kudo A (1996) Recombinant human growth/differentiation factor 5 stimulates mesenchyme aggregation and chondrogenesis responsible for the skeletal development of limbs. Growth Factors 13:65–74
10. Jann HW, Stein LE, Slater DA (1999) In vitro effects of epidermal growth factor or insulin like growth factor on tenoblast migration on absorbable suture material. Vet Surg 28:268–278
11. Junqueira LCU, Bignolas G, Brentani RR (1979) Picrosirius staining plus polarization microscopy, a specific method for collagen detection in tissue sections. Histochem J 11:447–455
12. Krieglstein K, Suter-Crazzola C, Hötten GC, Pohl JS, Unsicker K (1995) Trophic and protective effects of growth/differentiation factor 5, a member of the transforming growth factor-β superfamily, on midbrain dopaminergic neurons. J Neurosci Res 42:724–732
13. Lingor P, Unsicker K, Krieglstein K (1999) Midbrain dopaminergic neurons are protected from radical damage by GDF-5 application. Short communication. J Neural Transm 106:139–144
14. Luyten FP (1997) Cartilage-derived morphogenetic protein-1. Int J Biochem Biol 29:1241–1244
15. Murell GAC, Lilly EG, Collins A, Seaber AV, Goldner RD, Best TM (1993) Achilles tendon injuries: A comparison of surgical repair versus no repair in a rat model. Foot Ankle 14:400–406

16. Rickert M, Jung M, Adiyaman M, Richter W, Simank HG (2001) A growth and differentiation factor-5 (GDF-5) coated suture stimulates tendon healing in an Achilles tendon model in rats. Growth Factors 19, Fig. 1–4

17. Rohrich RJ, Trott SA, Love M, Beran SJ, Orenstein HH (1999) Mersilene suture as a vehicle for delivery of growth factors in tendon repair. Plast Reconstr Surg 104:1713–1717

18. Rooney P, Grant ME, McClure J (1992) Enchondral ossification and de nove collagen synthesis during repair of the rat Achilles tendon. Matrix 12:274–281

19. Rooney P, Walker D, Grant ME, McClure J (1993) Cartilage and bone formation in repairing Achilles tendons within diffusion chambers: Evidence for tendon-cartilage and cartilage-bone conversion in vivo. J Pathology 169:375–381

20. Storm EE, Huynh TV, Copeland NG, Jenkins NA, Kingsley DM, Lee SJ (1994) Limb alterations in brachypodism mice due to mutations in a new member of the TGF-β superfamily. Nature 368:639–643

21. Sullivan AM, Pohl J, Blunt SB (1998) Growth/differentiation factor 5 and glial cell line-derived neurotrophic factor enhance survival and function of dopaminergic grafts in a rat model of Parkinson's disease. Eur J Neurosci 10:3681–3688

22. Tashiro T, Fukui N, Tanaka S, Oda H, Nakamura K, Fukuda S (1999) Growth and differentiation factor-5 promotes the repair process of medial collateral ligaments in rats. Trans ORS 24:301

23. Thomas JT, Lin K, Nandedkar M, Camargo M, Cervenka J, Luyten FP (1996) A human chondrodysplasia due to a mutation in a TGF-β superfamily member. Nature Genet 12:315–317

24. Thomas JT, Kilpatrick MW, Lin K, Erlacher L, Lembessis P, Costa T, Tsaopouras P, Luyten FP (1997) Disruption of human limb morphogenesis by a dominant negative mutation in CDMP-1. Nature Genet 17:58–64

25. Tullberg-Reinert H, Jundt G (1999) In situ measurement of collagen synthesis by human bone cells with a Sirius Red-based colorimetric microassay: effects of transforming growth factor-β_2 and ascorbic acid 2-phosphate. Histochem Cell Biol 112:271–276

26. Viidik A, Lewin T (1966) Changes in tensile characteristics and histology of rabbit ligaments induced by different modes of postmortal storage. Acta Orthop Scand 37:144–155

27. Wolfman NM, Hattersley G, Cox K, Celesta J, Nelson R, Yamaji N, Dube JL, DiBlasio-Smith E, Nove J, Song JJ, Wozney JM, Rosen V (1997) Ectopic induction of tendon and ligament in rats by growth and differentiation factor 5, 6, and 7, members of the TGF-β gene family. J Clin Invest 100:321–330

29. Woo SL-Y, Young EP (1991) Structure and function of tendons and ligaments. In: Mow VC, Hayes WC (eds) Basic Orthopaedic Biomechanics. Raven Press, New York

29. Yamashita H, Shimizu A, Kato M, Nishitoh H, Ichijo H, Hanyu A, Kimura M, Makishima F, Miyazono K (1997) Growth/differentiation factor-5 induces angiogenesis in vivo. Exp Cell Res 235:218–226

5.2 U. Bosch, J. Zeichen, M. Skutek, N. Gässler,
M. van Griensven

Die Modulation der Kollagensynthese von humanen Fibroblasten durch zyklische Dehnung

■ Einleitung

Sehnen- und Kapsel-Bandläsionen gehören heute zu den häufigsten Verletzungen in der Traumatologie. In Deutschland wird die Zahl der Sport- und Freizeitunfälle auf 4,7 Millionen pro Jahr geschätzt [5]. In den USA erleiden jährlich 5–10% aller Personen unter 65 Jahren eine ligamentäre Gelenkverletzung [2]. Das wachsende Gesundheitsbewusstsein, die Zunahme des Freizeitsportes und eine verbesserte Diagnostik von Gelenkverletzungen sind Ursachen für diese Entwicklung. Ligamentäre Gelenkverletzungen verursachen einen hohen stationären und ambulanten Behandlungsaufwand und erlangen daher auch zunehmend eine große sozioökonomische Bedeutung. Eine Bürde für das Gesundheitssystem ergibt sich auch aus der Tatsache, dass es nach Ligamentverletzungen keine Regeneration sondern nur eine Reparation gibt. Bisher ist es mit keiner konservativen oder operativen Therapie gelungen, die komplexe Struktur und die biomechanischen Eigenschaften eines unverletzten Ligamentes zu duplizieren. Ligamentäre Gelenkverletzungen, wie z.B. die Ruptur der Kreuzbänder, können daher zu einer dauerhaften Störung der Gelenkkinematik mit Funktionsminderung, Degeneration und Schmerzen führen. Das Tissue engineering bietet potenziell Möglichkeiten, die Ligament- und Sehnenheilung zu verbessern. Die Herausforderung ist die Wiederherstellung einer originären Ligament- und Sehnenstruktur mit biomechanischen Eigenschaften, die nach Verletzungen wieder eine physiologische Gelenkkinematik ermöglichen. Bisherige Konzepte konzentrieren sich auf die Manipulation von Mediatoren (Wachstumsfaktoren, Gentherapie) und auf die Anwendung von biologisch aktiven Matrices [4, 7]. Hierbei sind Adhäsion, Proliferation und Differenzierung grundlegende Interaktionen von organotypischen oder pluripotenten Zellen auf geeigneten Biomaterialien. Mechanischen Stimuli kommt im Rahmen des Tissue engineering von Ligament- und Sehnengewebe eine besondere Bedeutung zu. Die lokale Deformation, also Dehnung, von Geweben bzw. Zellen ist der zentrale Stimulus für viele zelluläre Prozesse im Rahmen der Histogenese und Heilung von Geweben des Bewegungsapparates. Die In-vitro-Adaptation von Ligamentfibroblasten an physiologische Belastungsreize könnte daher für die Gewebequalität und damit für die initiale Stabilität eines bioaktiven Konstruktes von Bedeutung sein. Kollagen ist neben Wasser, Elastin und Proteoglykanen der Hauptbestandteil der nicht zellulären Komponenten von Ligamenten und Sehnen. Kollagenfasern sind für die Zugfestigkeit dieser Gewebe von entscheidender Bedeutung.

Das Ziel unserer Untersuchungen war daher die Modulation der Kollagensynthese von humanen Fibroblasten durch zyklische Dehnung.

▪ Methodik

Die Entnahme von Gewebeproben aus der Patellarsehne für die Kultivierung von humanen Fibroblasten erfolgte bei 5 Patienten (Alter: 18–40 Jahre) ohne Verletzungen der Patellarsehne und ohne systemische Erkrankungen. Die Gewebeproben (4 mm×2 mm) wurden bei operativen Eingriffen am Kniegelenk steril gewonnen. Die Kultivierung der Fibroblasten erfolgte unter Standardbedingungen (37 °C, 5% CO_2, 95% Luft) in Dulbecco's Modified Eagle Medium (DMEM) mit Zusatz von 10%igem fetalem Kälberserum und Antibiotika (Gentamycin und Amphotericin B). Zellen der 2. Passage wurden auf Silikonschalen transferiert (500 000 Zellen/Schale). Die Silikonschalen bestehen aus einem Zweikomponentensilikonelastomer (Caldic, Düsseldorf, D) und haben eine Größe von 8 cm×3 cm×1 cm. Die zentrale Vertiefung zur Aufnahme der Zellen ist 5 cm×2,3 cm groß. Die Silikonschalen wurden zuvor gewaschen, hitzesterilisiert und 7 Tage lang mit DMEM inkubiert. Bei Subkonfluenz der Zellen wurde 24 Stunden vor zyklischer Dehnung die Serumkonzentration zur Synchronisation der Zellen von 10% auf 1% reduziert.

Die Silikonschalen wurden in einem elektromechanischen Stimulationsgerät zyklisch in Längsrichtung gedehnt. Die Dehnung und Frequenz wurden mit 5% (0,05 strains) und 1 Hz konstant gehalten. Die Dauer der zyklischen Dehnung wurde mit 15 Minuten und 60 Minuten variiert. 6, 12 und 24 Stunden nach zyklischer Dehnung wurde das carboxyterminale Kollagen-Typ-I-Propeptid (C-I-CP) und das aminoterminale Kollagen-Typ-III-Propeptid (C-III-NP) im Überstand mit einem Radioimmunoassay bestimmt. Als Kontrolle dienten jeweils Fibroblasten aus der gleichen Passage, die auch auf Silikonschalen transferiert, jedoch nicht zyklisch gedehnt wurden.

Die statistische Auswertung erfolgte mit dem gepaarten t-Test. Unter der Null-Hypothese wurde angenommen, dass zyklische Dehnung zu keiner Zunahme von C-I-CP und C-III-NP führt. Als Signifikanzniveau wurde $p < 0,05$ gewählt.

■ Ergebnisse

C-I-CP

Zyklische Dehnung über 15 Minuten führt im Vergleich zur Kontrolle nach 6, 12 und 24 Stunden nicht zu einer vermehrten Synthese von C-I-CP ($p = 0,15$; $p = 0,099$ bzw. $p = 0,233$).

Nach zyklischer Dehnung über 60 Minuten ist die Zunahme von C-I-CP gegenüber der Kontrolle nur nach 6 Stunden signifikant (im Mittel 49%, $p = 0,043$). Nach 12 und 24 Stunden ist die Zunahme nicht signifikant gegenüber der Kontrolle ($p = 0,125$ bzw. $p = 0,42$).

C-III-NP

Die Synthese von C-III-NP nimmt 12 Stunden nach zyklischer Dehnung über 15 Minuten im Mittel um 14% signifikant zu ($p = 0,05$), während die Zunahme nach 6 und 24 Stunden statistisch nicht signifikant ist ($p = 0,47$; $p = 0,06$).

Dagegen ist C-III-NP nach 60 Minuten zyklischer Dehnung zu allen drei Messzeitpunkten signifikant gegenüber den Kontrollen erhöht ($p = 0,01$; $p = 0,023$ bzw. $p = 0,035$).

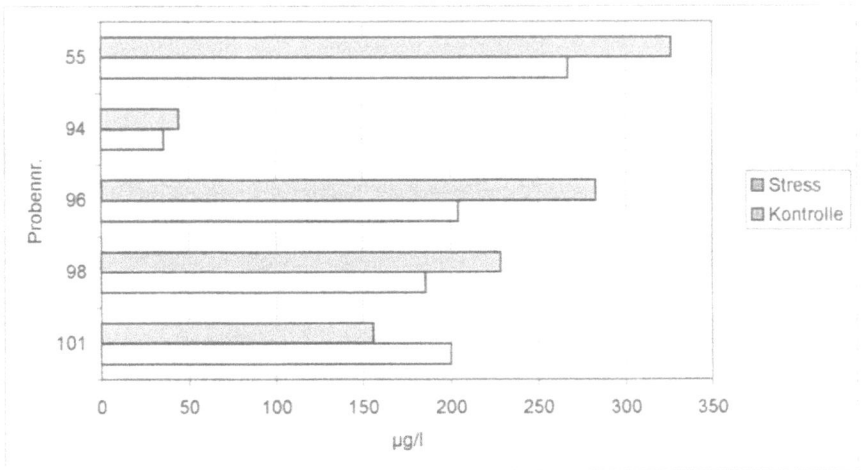

Abb. 1. Einfluss von 60 Minuten zyklischer Dehnung auf die Synthese von Prokollagen Typ I (C-I-CP) in humanen Fibroblasten aus der Patellarsehne ($n = 5$ Patienten). Messzeitpunkt 12 Stunden nach Beendigung der zyklischen Dehnung. Die zyklisch gedehnten Zellpopulationen weisen im Vergleich zu den Kontrollen keine signifikante Zunahme der Synthese von Prokollagen Typ I auf

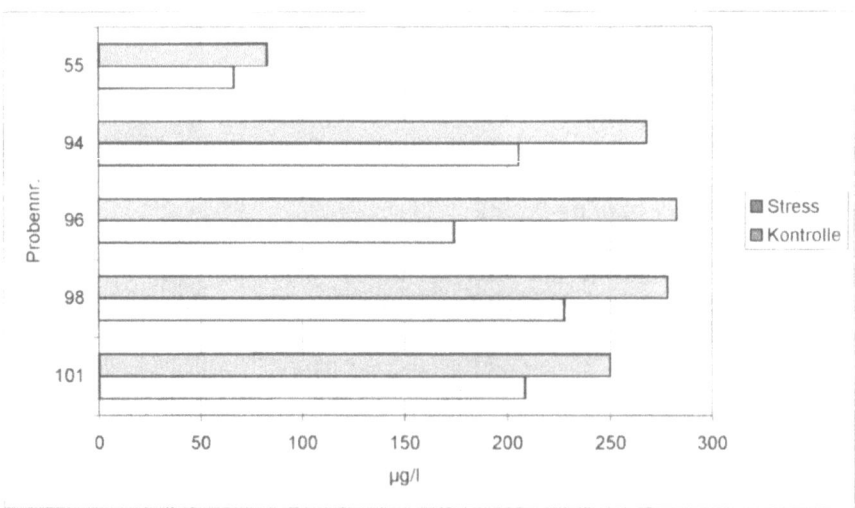

Abb. 2. Einfluss von 60 Minuten zyklischer Dehnung auf die Synthese von Prokollagen Typ III (C-III-NP) in humanen Fibroblasten aus der Patellarsehne (n = 5 Patienten). Messzeitpunkt 6 Stunden nach Beendigung der zyklischen Dehnung. Signifikante Zunahme von Prokollagen Typ III im Vergleich zu den Kontrollen (p = 0,01)

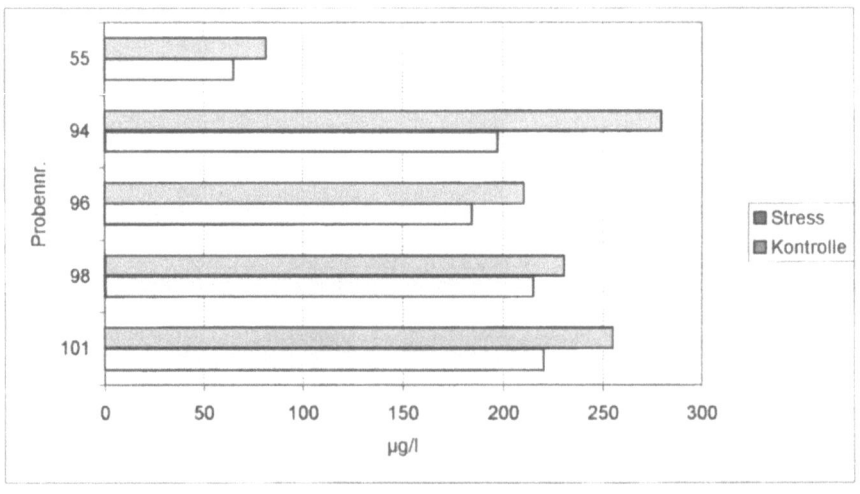

Abb. 3. Einfluss von 60 Minuten zyklischer Dehnung auf die Synthese von Prokollagen Typ III (C-III-NP) in humanen Fibroblasten aus der Patellarsehne (n = 5 Patienten). Messzeitpunkt 12 Stunden nach Beendigung der zyklischen Dehnung. Signifikante Zunahme von Prokollagen Typ III im Vergleich zu den Kontrollen (p = 0,023)

▪ Diskussion

Tissue engineering von Ligament- und Sehnengewebe umfasst einerseits die Modulation des Heilungsprozesses durch Wachstumsfaktoren und die Applikation von pluripotenten Zellen in den Rupturbereich sowie andererseits die Herstellung von bioaktiven Matrices durch Besiedlung von Biomaterialien mit organotypischen Zellen [1, 4, 7]. Das Konzept der Modulation von Zellfunktionen und damit letztendlich der Gewebequalität durch mechanische Stimulation wurde bisher im Rahmen des Tissue engineering von Band- und Sehnengewebe nur vereinzelt umgesetzt [1].

Das Ziel unserer Untersuchung war nachzuweisen, dass zyklische Dehnung in Abhängigkeit von der Zeitdauer die Synthese von Kollagen Typ I und Typ III modulieren kann. Die Versuchsbedingungen lassen zwar gewebetypische Interaktionen nicht zu, haben aber den Vorteil, dass die Umgebungs- und Stimulationsparameter gut kontrolliert werden können und dass systemische metabolische Einflüsse ausgeschlossen werden können. Zyklische Dehnung beeinflusst in Abhängigkeit von der Zeitdauer bei humanen Sehnenfibroblasten die Synthese von Kollagen Typ I und III. Während 15 Minuten Dehnung zu keiner signifikanten Zunahme von Kollagen Typ I führt, ergibt sich für Kollagen Typ III zum Zeitpunkt 12 Stunden nach kurzzeitiger Dehnung eine signifikante Zunahme. Die längere Dehnungszeit führt nur nach 6 Stunden zu einer signifikanten Zunahme von Kollagen Typ I, während Kollagen Typ III zu allen Zeitpunkten eine signifikante Zunahme gegenüber der Kontrolle aufweist.

Untersuchungen anderer Autoren zeigen, dass zyklische Dehnung von Fibroblasten aus dem vorderen Kreuzband über 24 Stunden zu einer signifikanten Zunahme von Kollagen Typ I führt. Dies trifft für Zellen aus der Membrana synovialis nicht zu [6]. Hsieh et al. [3] konnten nach zyklischer Dehnung (0,05 strains, 1 Hz) von Fibroblasten aus dem medialen Knieseitenband eine vermehrte Expression von Kollagen-Typ-III-mRNA nachweisen, während die Expression von Kollagen-Typ-I-mRNA nicht signifikant erhöht war. Umgekehrt war in Fibroblasten aus dem vorderen Kreuzband die Expression von Kollagen-Typ-I-mRNA erhöht und die Expression von Kollagen-Typ-III-mRNA nicht [3].

Allein durch Veränderungen der mechanischen Umgebungsbedingungen kann die Syntheseleistung von Fibroblasten moduliert werden. Übertragen auf die Gewebeebene lassen sich somit die Gewebequalität und damit die mechanischen Eigenschaften des Regenerates beeinflussen. Beim Tissue engineering von Band- und Sehnengewebe könnte somit *ex vivo* über die Applikation von zyklischer Dehnung die Gewebequalität des Konstruktes beeinflusst werden.

▧ Literatur

1. Butler DL, Awad HA (1999) Perspectives on cell and collagen composites for tendon repair. Clin Orthop 367S:324–332
2. Frank CB (1996) Ligament healing: Current knowledge and clinical applications. J Am Acad Orthop Surg 4:74–83
3. Hsieh AH, Tsai CM, Ma QJ, Lin T, Banes AJ, Villarreal FJ, Akeson WH, Sung KL (2000) Time-dependent increases in type-III collagen gene expression in medial collateral ligament fibroblasts under cyclic strains. J Orthop Res 18:220–227
4. Laurencin CT, Ambrosio AMA, Borden MD, Cooper JA (1999) Tissue engineering: Orthopedic applications. Ann Rev Biomed Eng 01:19–46
5. Menke W, Stern T (1997) Typische Sportverletzungen, sportartspezifische Risiken und Vergleich mit anderen Unfallbereichen. Versicherungsmedizin 49:41–44
6. Toyoda T, Matsumoto H, Fujikawa K, Saito S, Inoue K (1998) Tensile load and the metabolism of anterior cruciate ligament cells. Clin Orthop 353:247–255
7. Woo SLY, Hildebrand K, Watanabe N, Fenwick JA, Papageorgiou CD, Wang JHC (1999) Tissue engineering of ligament and tendon healing. Clin Orthop 367S: 312–323

5.3 J. Zeichen, M. Skutek, U. Bosch

Hitzeschockprotein 72 (HSP 72) verstärkt die Stresstoleranz humaner Fibroblasten nach zyklischer mechanischer Dehnung

■ Einleitung

Seit der Erstbeschreibung der Hitzeschockproteine vor über 30 Jahren ist durch viele Studien bekannt, dass Hitzeschockproteine den Organismus vor den toxischen Einflüssen von Hitze und anderen Formen von Umgebungsstress schützen [3]. Die Hitzeschockproteine sind für die korrekte Faltung, Zusammenlagerung, Stabilisierung, den Transport und den Abbau von Proteinen essentiell. Somit wirken sie einer Schädigung der Zellen entgegen und nehmen bei der zellulären Homöostase eine zentrale Rolle ein [2]. Die Proteine dieser Gruppe werden nach ihrem Molekulargewicht in fünf verschiedene Klassen eingeteilt [9]. Die meisten Untersuchungen wurden zu HSP 72 durchgeführt. Eine vermehrte Synthese von HSP 72 wurde bei verschiedenen pathologischen Reaktionen, Entzündungen, viralen und bakteriellen Infektionen, Tumoren und im Rahmen einer Ischämie nachgewiesen [2].

Die Bedeutung von Mobilisation und Belastung für die Band- und Sehnenheilung ist heute allgemein anerkannt. Die lokale Dehnung von Geweben bzw. Zellen des Stütz- und Bewegungsapparates ist dabei der zentrale mechanische Stimulus für eine Reihe von zellulären Reaktionen, die für die Adaptation von Geweben an unterschiedliche Belastungen und für den Heilungsprozess nach Sehnen- und Bandverletzungen von Bedeutung sind [1]. Kenntnisse über den Einfluss von zyklischer mechanischer Dehnung auf die Expression von HSP 72 in Sehnen- und Bandfibroblasten sind bisher noch nicht bekannt.

Das Ziel der In-vitro-Studie war es, den Einfluss einer zyklischen, mechanischen Dehnung in Abhängigkeit ihrer Zeitdauer auf die Expression von HSP 72 zu untersuchen.

■ Material und Methoden

Bei operativen Eingriffen am Kniegelenk wurde bei 5 Patienten (m:w=3:2, mittl. Alter 30, Spannweite 20–40 Jahre) eine Gewebeprobe aus der Patellarsehne entnommen. Die Proben wurden mit Dulbecco's Modified Essential Medium (DMEM) mit Zusatz von 10%igem fetalem Kälberserum (FKS) sowie Antibiotika (Gentamycin, Amphotericin B) kultiviert. Für die Versuche wurden Zellen der 3. Passage verwendet. Diese wurden auf rechteckige, elastische Silikonschalen transferiert. Nach Subkonfluenz der Zellen wurde 24 Stunden vor Versuchsbeginn zur Synchronisation der Zellen die Serumkonzentration von 10% auf 1% reduziert. Die Silikonschalen wurden mit einem elektromechanischen Stimulationsgerät in Längsrichtung über einen Zeitraum von 15 und 60 Minuten zyklisch, mechanisch gedehnt. Die Dehnungsamplitude betrug 5%, Frequenz 1 Hz. Nach insgesamt 2, 4 und 8 Stunden wurde der Versuch beendet und die Proben aufgearbeitet. Nach Auftrennung der Proteine in einer diskontinuierlichen, denaturierenden Elektrophorese wurden die Proteine in einem Semi-Dry-Blot-Verfahren auf eine Nitrocellulosemembran transferiert. Die Membranen wurden über Nacht mit dem Primärantikörper inkubiert. Als Detektionsantikörper wurde ein Anti-Kaninchen-IgG eingesetzt, der mit Meerrettichperoxidase konjugiert war. Die Entwicklung der Meerrettichperoxidase erfolgte mit dem ECL Detektions-Reagenz. Die Membranen wurden in eine Filmkassette eingelegt und der Röntgenfilm nach 30 Sekunden Exposition entwickelt. Als Hausprotein wurde Actin gemessen. Nach Autoradiographie wurde die Schwärzung densitometrisch ausgewertet. Als Kontrolle dienten Fibroblasten, die unter den gleichen Versuchsbedingungen kultiviert (Silikonschale, Serumreduktion), jedoch nicht mechanisch gedehnt wurden.

Die Ergebnisse wurden statistisch mit einem t-Test ausgewertet. Als statistisch signifikant wurde $p < 0{,}05$ gewertet. Die Normalverteilung wurde vorher mittels eines ANOVA-Tests überprüft.

■ Ergebnisse

Bei 15 Minuten zyklischer Dehnung war nach 2 Stunden die Expression von HSP 72 um 14% gegenüber der Kontrolle erniedrigt. Nach 4 und 8 Stunden nahm die Expression zu (4 h: 17%, 8 h: 11%). Im zeitlichen Verlauf war ein statistischer Unterschied zwischen 2 und 4 Stunden vorhanden ($p = 0{,}04$). 60 Minuten zyklische Dehnung führte bereits nach 2 Stunden zu einem Anstieg von HSP 72 um 42% gegenüber der Kontrolle. Während nach 4 Stunden die Proteinmenge erniedrigt war (–9%), nahm sie nach 8 Stunden um 45% gegenüber der Kontrolle zu (Abb. 1).

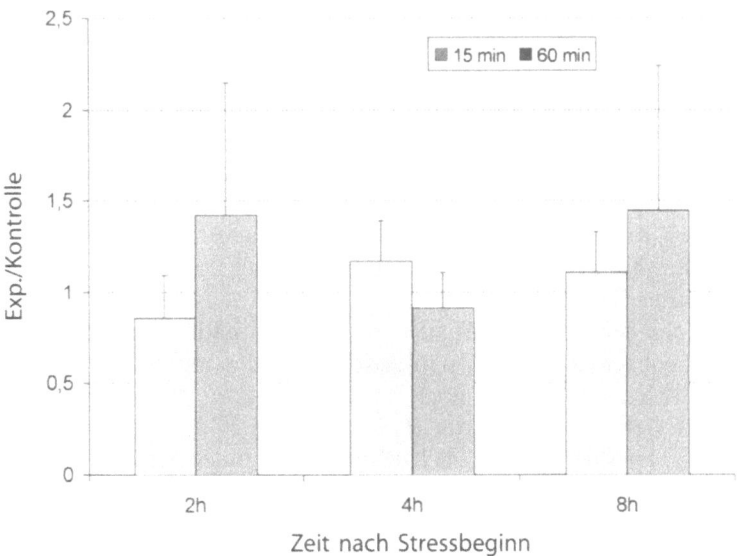

Abb. 1. Western-Blot. HSP 72 in humanen Fibroblasten 2, 4 und 8 h, nach 15 und 60 Minuten zyklischer mechanischer Dehnung; Dehnungsamplitude 5%, Frequenz 1 Hz. Mittelwerte ± SD von 5 Zellpopulationen. Jede Probe wurde mit ihrem jeweiligen α-Actin-Wert standardisiert

■ Diskussion

Zellen reagieren auf unterschiedliche Belastungen mit der Bildung von HSP 72, das einer Schädigung der Zellen entgegenwirkt. Am Herzen wurden neben einer Ischämie auch mechanische Stimuli als wesentliche Induktoren einer vermehrten HSP-72-Synthese identifiziert [4]. Mechanischer Stress in Form von Mobilisation und Belastung ist bei der Strukturoptimierung und Reparation von Verletzungen des Binde- und Stützgewebes von essenzieller Bedeutung. Die Dehnung ist dabei der zentrale mechanische Stimulus für die zellulären Reaktionen im Rahmen von Adaptations- und Heilungsprozessen.

Das Ziel der Untersuchung war nachzuweisen, dass zyklische Dehnung in Abhängigkeit von ihrer Zeitdauer einen Einfluss auf die Expression von HSP 72 in humanen Fibroblasten hat. Die Ergebnisse haben gezeigt, dass die Expression von HSP 72 in Abhängigkeit von der Stressdauer beeinflusst wird. Eine kurze Stressdauer hat nach 2 Stunden keinen positiven Effekt, nach 4 und 8 Stunden ist die Synthese im Vergleich zur Kontrolle nur geringfügig erhöht. 60 Minuten Dehnung zeigt einen biphasischen Verlauf. Nach 2 und 8 Stunden ist HSP 72 im Vergleich zur Kontrolle erhöht, während nach 4 Stunden HSP 72 erniedrigt ist.

Puntschart [7] und Niess [6] haben in ihren Arbeiten aufgezeigt, dass zwischen mechanischer Belastung und Aktivierung von HSP 72 eine enge Verbindung besteht. In der Studie von Puntschart wurde die mRNA von

HSP 72 im Skelettmuskel nach 30 Minuten körperlicher Belastung gemessen. Bereits 4 Minuten nach Belastungsende war die mRNA für HSP 72 angestiegen, die 30 Minuten nach Stressende noch zunahm. Auch bei einem belastungsinduzierten, oxidativen Stress im Rahmen eines Marathonlaufes kommt es in Monozyten und Granulozyten zu einem deutlichen Anstieg HSP-72-positiver Zellen [6]. Es wird dabei angenommen, dass die gesteigerte Expression zu einem geringeren Zelltod und dem Erhalt der proliferativen Kapazität von Leukozyten führt. Dieser Mechanismus ist ein wichtiger Bestandteil beim Erhalt der Immunfunktion im Rahmen höherer körperlicher Belastungen.

Einen biphasischen Anstieg von HSP 72 hatte Kupermann in seiner Studie beobachtet [5]. Nach Injektion von Metamphetaminen wurde HSP 72 im Gehirn von Mäusen nach unterschiedlicher Versuchsdauer bestimmt. Es zeigte sich ein Anstieg von HSP 72 12 und 39 Stunden nach Injektion, hingegen war die Synthese nach 18 und 24 Stunden reduziert. Nach seiner Ansicht ist der erste Anstieg nach 12 Stunden eine akute Antwort auf den Stress. Der erneute Anstieg nach 39 Stunden ist seiner Meinung nach bedingt durch einen generellen Anstieg der Proteinsynthese, um zerstörte Proteine zu ersetzen.

Der biphasische Verlauf kann auch durch eine unterschiedliche Aktivierung der Hitzeschocktranskriptionsfaktoren bedingt sein. Die Expression von HSP 72 wird von diesen Faktoren reguliert. Es werden 3 verschiedene Transkriptionsfaktoren unterschieden [8]. Der Hitzeschocktranskriptionsfaktor 1 (HSF 1) kontrolliert dabei die schnelle, vorübergehende Induktion der Synthese von HSP 72. Der HSF 2 wird nicht durch Stress aktiviert. HSF 3 ist zelltypspezifisch und wird wie HSF 1 durch Stress – aber mit verzögerter Kinetik – aktiviert. Die Aktivierung von HSF führt nicht immer und nicht in allen Geweben gleichermaßen zur HSP-72-Synthese. Beispielsweise zeigen einige neuronale Zelltypen eine abgeschwächte Stressantwort bei voll aktiviertem HSF 1, was möglicherweise der Grund für eine höhere Empfindlichkeit neuronaler Zellen gegenüber Ischämie und starkem Fieber ist. Der in der eigenen Studie dargestellte biphasische Verlauf von HSP 72 bei 60 Minuten Dehnung könnte auch durch Unterschiede in der Aktivierung von Transkriptionsfaktoren bedingt sein.

Die Untersuchungen haben gezeigt, dass HSP 72 nach zyklischer Dehnung humaner Fibroblasten exprimiert wird. Es sind Unterschiede bei der Expression von HSP 72 bei unterschiedlicher Stressdauer erkennbar. Nach längerer Stressdauer wird HSP 72 bereits nach 2 Stunden vermehrt exprimiert. Da HSP 72 ein wichtiger Faktor für die zelluläre Homöostase ist, könnte eine vermehrte Expression nach längerer Stressdauer einen protektiven Effekt haben.

▪ **Danksagung.** Diese Arbeit wurde gefördert durch die Dr. H.C. Robert Mathys-Stiftung und AGA.

■ Literatur

1. Duncan RL, Turner CH (1995) Mechanotransduction and the functional response of bone to mechanical strain. Calcif Tissue Int 57:344–358
2. Feder ME, Hofmann GE (1999) Heat shock proteins, molecular chaperones, and the stress response. Ann Rev Physiol 61:243–282
3. Fracella F, Rensing L (1995) Streßproteine: Ihre wachsende Bedeutung in der Medizin. Naturwissenschaften 82:303–309
4. Knowlton AA, Eberli FR, Brecher P, Romo GM, Owen A, Apstein CS (1991) A single myocardial stretch or decreased systolic fiber shortening stimulates the expression of heat shock protein 70 in the isolated, erythrocyte-perfused rabbit heart. J Clin Invest 88:2018–2025
5. Kuperman DI, Freyaldenhoven TE, Schmued LC, Ali SF (1997) Methamphetamine-induced hyperthermia in mice: examination of dopamine depletion and heat-shock protein induction. Brain Res 771:221–227
6. Niess AM, Veihelmann S, Passek F, Roecker K, Dickhuth HH, Northoff H, Fehrenbach E (1997) Belastungsinduzierter oxidativer Stress: DNA-Schäden und Expression von Stressproteinen in Leukozyten – Eine Übersicht. Deutsche Zeitschrift für Sportmedizin 330–341
7. Puntschart A, Vogt M, Widmer HR, Hoppeler H, Billeter R (1996) Hsp70 expression in human skeletal muscle after exercise. Acta Physiol Scand 157:411–417
8. Santoro MG (2000) Heat shock factors and the control of the stress response. Biochem Pharmacol 59:55–63
9. Schlesinger MJ (1986) Heat shock proteins: the search for functions. J Cell Biol 103:321–325

6 Tissue engineering mit embryonalen Stammzellen

6.1 J. Rohwedel

Differenzierung embryonaler Stammzellen – neue Perspektiven für Zell- und Gewebeersatz

■ Einleitung

Eine Alternative zu Organtransplantationen und eine Methode, defektes Gewebe zu ersetzen, könnte die Zelltherapie darstellen. Dabei wird ein defektes Gewebe durch Implantation intakter Zellen bzw. gewebeähnlicher Zellverbände oder -komposite ersetzt. Eine Voraussetzung dafür ist, eine ausreichende Menge von Zellen zu generieren, die die spezifischen Eigenschaften des Gewebes besitzen, die also die physiologischen Leistungen der defekten Zellen ersetzen können. Man kann so genannte Primärkulturen anlegen, indem man eine Biopsie von gesundem Gewebe oder einem intakten Teil eines betroffenen Gewebes entnimmt, enzymatisch in Einzelzellen dissoziiert und in der Zellkultur, also *in vitro*, vermehrt. Die Zellen können dann wieder in das defekte Gewebe implantiert werden. Diese Methode hat allerdings Limitationen, da differenzierte Zellen nur eine begrenzte Teilungsfähigkeit besitzen und in Kultur oft ihre spezifischen Eigenschaften verlieren. Die Verwendung von Stammzellen zur Generierung differenzierter Zellen, die sich zur Transplantation eignen, ist insbesondere seit der Etablierung humaner Linien embryonaler Stammzellen (ES-Zellen) in den Mittelpunkt des Interesses gerückt. Eine zentrale Frage besteht darin, ob humane ES-Zellen für das Tissue engineering, also die Herstellung von Gewebeersatz, geeignet sind. Das Wissen über humane ES-Zellen ist bislang sehr begrenzt. Mehr Informationen liegen über die ES-Zellen der Maus vor.

■ ES-Zellen der Maus

ES-Zellen der Maus, genauer gesagt, permanente Linien von ES-Zellen, werden aus frühen Mausembryonen etabliert [13, 30] und zwar typischerweise aus der inneren Zellmasse von Blastozysten, einem Stadium, in dem der Embryo noch überwiegend aus undifferenzierten Zellen besteht (Abb. 1). Es ist auch gelungen, ES-Zelllinien aus früheren Embryonalstadien bis hin zum 8-Zellstadium zu generieren. Die Zellen der inneren Zellmasse einer Blastozyste sind noch undifferenziert und pluripotent, d.h. sie besitzen

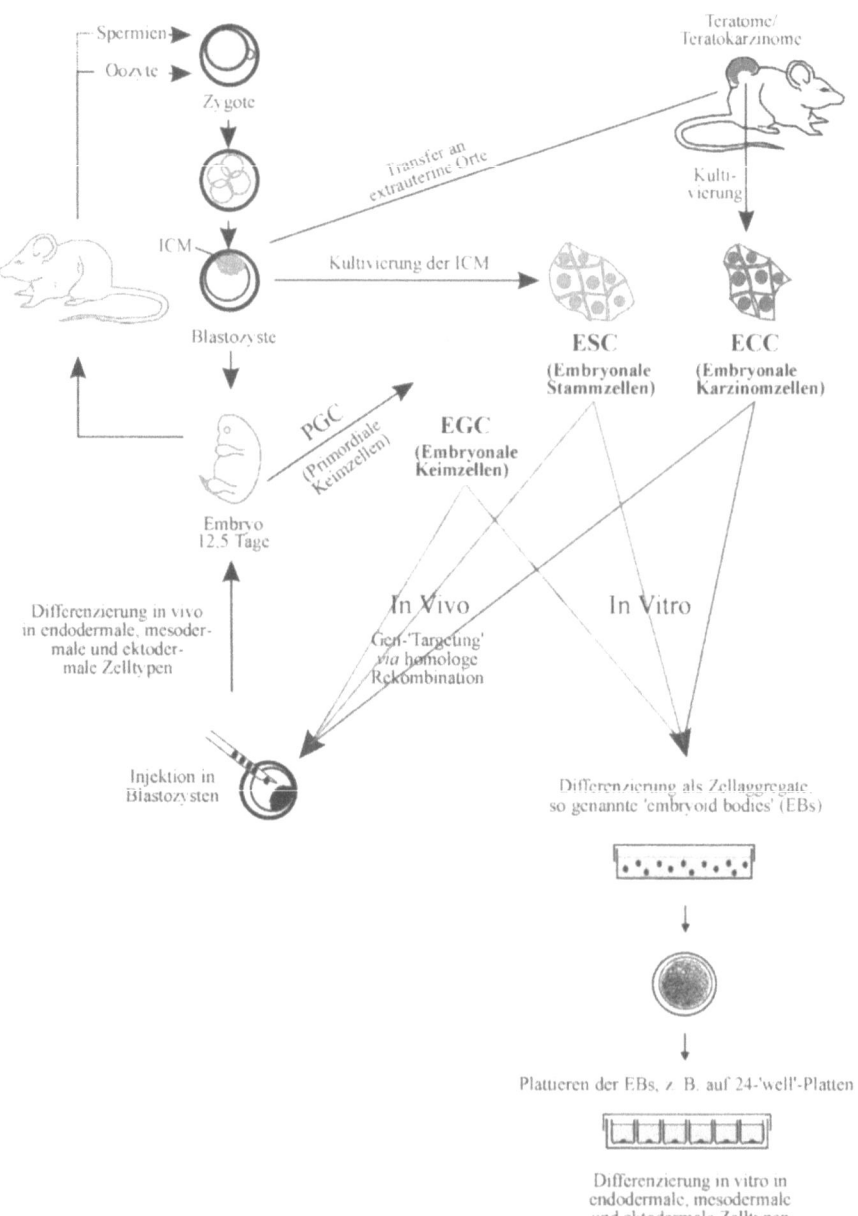

Abb. 1. Ursprung und Differenzierungskompetenz pluripotenter embryonaler Zellen der Maus. Permanente Linien von embryonalen Stammzellen (ES-Zellen) werden typischerweise aus der inneren Zellmasse (ICM) von Blastozysten, permanente Linien von embryonalen Keimzellen (EG-Zellen) aus den primordialen Keimzellen der Genitalleisten und permanente Linien von embryonalen Karzinomzellen (EC-Zellen) aus Teratokarzinomen etabliert. Alle drei Zellarten können sowohl *in vivo* nach Injektion in Blastozysten oder *in vitro*, z. B. als embryoähnliche Zellaggregate, so genannte „embryoid bodies" (EBs), in Zelltypen aller drei Keimblätter (Endoderm, Mesoderm und Ektoderm) differenzieren

noch das Potenzial, in Zellen aller drei Keimblätter zu differenzieren. Diese Eigenschaften besitzen auch die ES-Zellen. Sie ähneln damit einer weiteren Gruppe von Stammzellen, den embryonalen Keimzellen (EG-Zellen), die aus der Stammzellpopulation der Keimzellen, den primordialen Keimzellen, etabliert werden (s. Abb. 1). Ebenfalls pluripotente Eigenschaften zeigen die aus Teratokarzinomen etablierten embryonalen Karzinomzellen (EC-Zellen). ES-Zellen sind *in vitro* im undifferenzierten Zustand unter bestimmten Kultivierungsbedingungen unbegrenzt teilungsfähig und können andererseits zur Differenzierung gebracht werden. Sie erscheinen daher geeignet, größere Mengen differenzierter Zellen zu liefern, eine wichtige Voraussetzung für eine Zelltherapie.

■ Differenzierungsfähigkeit muriner ES-Zellen *in vivo* und *in vitro*

ES-Zellen der Maus sind zu einem wichtigen Handwerkszeug der Entwicklungsbiologie geworden, denn sie können zur Erzeugung so genannter „knock-out"-Mäuse verwendet werden (s. Abb. 1). In der Regel ist das Ziel dabei die Inaktivierung einer bestimmten Genfunktion (loss of function mutation). Durch Gen-„Targeting" via homologe Rekombination wird dabei in den ES-Zellen der Defekt erzeugt [52]. Hierzu verwendet man ein „Targeting"-Konstrukt, einen Plasmidvektor, der ein Fragment des Zielgens trägt, das in einem definierten, in der Regel proteinkodierenden Sequenzbereich, mutiert wurde. Diese Mutation besteht z. B. in der Insertion eines Antibiotikaresistenzgens zur Selektion der mutierten Zellen. Nach Transfektion von ES-Zellen mit diesem Konstrukt können über die inserierte Antibiotikaresistenz Klone isoliert werden, die das „Targeting"-Konstrukt tragen. Solche Klone, bei denen es zwischen dem Konstrukt und dem Zielgen zur homologen Rekombination gekommen ist, werden z. B. durch Southernblot-Analyse identifiziert. Der entscheidende Punkt ist, dass die ES-Zellen nach Injektion in Blastozysten, aus denen sie ursprünglich isoliert wurden, an der Entwicklung aller somatischen Zell-„lineages" sowie der Keimzellen teilnehmen [5], so dass chimäre Tiere entstehen, deren Keimzellen zum Teil die genetische Veränderung tragen. Durch Kreuzung können dann Tiere generiert werden, die hetero- und schließlich homozygot für die eingeführte Genmutation sind und über ihren veränderten Phänotyp Rückschlüsse auf die Genfunktion zulassen. Diese Fähigkeit von ES-Zellen, sich *in vivo* an der Entwicklung aller Gewebe beteiligen zu können, charakterisiert sie als pluripotente Zellen.

Für die Verwendung im Bereich des Tissue engineering ist die Eigenschaft von ES-Zellen auch *in vitro*, also in der Kulturschale, in Zelltypen aller drei Keimblätter zu differenzieren, von entscheidender Bedeutung (s. Abb. 1). ES-Zellen der Maus werden als permanente Linien im undifferenzierten Zustand gehalten, indem man sie mit embryonalen Fibroblasten kokultiviert. Diese Fibroblasten sezernieren Faktoren, die die ES-Zellen daran hindern zu differenzieren, d.h. die Zellteilung führt in Gegenwart dieser

Faktoren zur Entstehung neuer undifferenzierter Stammzellen. Diese Eigenschaft der Selbsterneuerung ist ein charakteristisches Merkmal von Stammzellen. Werden diese Faktoren entzogen, indem man die Fibroblasten ausdünnt, differenzieren die ES-Zellen spontan in die verschiedensten Zelltypen. Wir verwenden zur In-vitro-Differenzierung ein definiertes Protokoll und kultivieren die ES-Zellen als Zellaggregate bestimmter Größe, auch „embryoid bodies" (EBs) genannt, um die Entwicklung dieser Zellen in einem dreidimensionalen Gebilde, wie sie natürlicherweise auch im Embryo vorliegt, nachzuahmen. Hierzu werden Aliquots von 20 µl Medium mit einer definierten Anzahl ES-Zellen in „hängenden Tropfen" kultiviert. Es bilden sich Zellaggregate, die dann in Zellkulturschalen plattiert werden. Dort adhärieren sie, wachsen aus und differenzieren. In den EBs differenzieren verschiedene Zelltypen nebeneinander, d.h. man erhält keine homogenen Kulturen einer bestimmten differenzierten Zellart, sondern ein Gemisch verschiedener differenzierter Zelltypen. Dieses System ist für die Entwicklungsbiologie von großem Interesse, denn die In-vitro-Differenzierung von ES-Zellen rekapituliert Vorgänge der Embryogenese recht eng. So beginnt z.B. die Differenzierung von Skelettmuskelzellen aus ES-Zellen der Maus

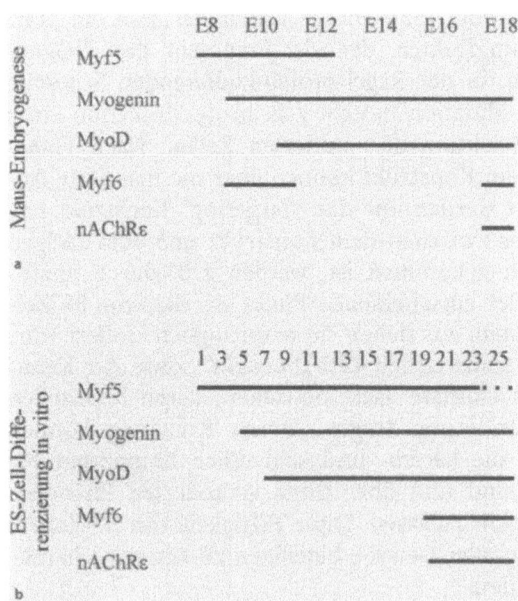

Abb. 2 a, b. Die *in vivo* entwicklungsabhängig regulierte Expression skelettmuskelspezifisch exprimierter Gene wird während der ES-Zelldifferenzierung *in vitro* rekapituliert. Schematische Darstellung des zeitlichen Verlaufs der Expression der Gene, die für die myogenen Faktoren *Myf-5-*, Myogenin, *MyoD* und *Myf-6* sowie die ε-Untereinheit des nikotinischen Azetylcholinrezeptors (nAChRε) kodieren, während der Mausembryogenese vom Tag 8 p.c. bis 18 p.c. (E8 – E18) (**a**) und während der ES-Zelldifferenzierung *in vitro*, 1 bis 25 Tage nach Plattieren der EBs (**b**). Die Expressionsmuster weisen Ähnlichkeit auf (Originaldaten siehe [4, 20, 25, 33, 41–43])

[42] mit der Bildung von Muskelvorläuferzellen, die dadurch charakterisiert sind, dass sie das myogene Regulatorgen *Myf-5* exprimieren – ein Faktor, der schon sehr früh während der Embryogenese im Myotom der Somiten exprimiert wird. Man findet dann Myoblasten, die neben *Myf-5* auch *Myogenin* exprimieren. Diese fusionieren schließlich zu Myotuben, die in einem späten Stadium kontrahieren und den myogenen Transkriptionsfaktor *Myf-6* exprimieren, der charakteristisch für terminal differenzierte Muskelzellen ist. In diesem Stadium kommt es auch zur Ausbildung neuromuskulärer Verbindungen, charakterisiert durch die Expression der ε-Untereinheit des nikotinischen Azetylcholinrezeptors [41]. Dieser Differenzierungsverlauf, und vor allen Dingen die zeitlich geregelte Expression der myogenen Faktoren, ähnelt sehr den Vorgängen während der Myogenese *in vivo* (Abb. 2). Die In-vitro-Differenzierung embryonaler Stammzellen ermöglicht die Untersuchung der Differenzierungsvorgänge von der pluripotenten bis hin zur terminal differenzierten Zelle. Dieses Modellsystem ist damit für die Untersuchung entwicklungsbiologischer Fragestellungen von großem Wert.

Darüber hinaus zeigen aus ES-Zellen generierte Zelltypen funktionelle Eigenschaften terminal differenzierter Zellen. So differenzieren aus ES-Zellen beispielsweise Herzzellen, die charakteristische Eigenschaften spezialisierter Herzzelltypen aufweisen, nämlich die Ausbildung von Aktionspotenzialen und die Expression von Ionenkanälen, die denen atrialer und ventrikulärer Zellen sowie Sinusknotenzellen entsprechen [28, 29]. Aus murinen ES-Zellen können theoretisch alle Zelltypen des adulten Organismus differenziert werden, von denen viele bereits charakterisiert wurden (Tabelle 1).

Tabelle 1. In-vitro-Differenzierungsfähigkeit muriner ES-Zellen. Es sind Zelltypen aufgeführt, die *in vitro* aus murinen ES-Zellen differenziert wurden

Zelltypen	Literatur
■ Knorpelzellen	[11, 18, 24]
■ Knochenzellen	[8]
■ Herzzellen	[11, 28, 29, 31, 37, 56]
■ Skelettmuskelzellen	[11, 41, 42]
■ Nervenzellen	[3, 11, 17, 32, 39, 41, 51]
■ Dendritische Zellen	[14]
■ Endothelzellen	[36, 54]
■ Glatte Muskelzellen	[12]
■ Epithelzellen	[2]
■ Fettzellen	[10]
■ Blutzellen	[44, 55]
■ Pankreaszellen	[49]
■ Mesodermale Zellen	[22, 39, 47, 57]
■ Neuroektodermale Zellen	[22, 39, 57]
■ Endodermale Zellen	[27]

■ „Loss-of-function" und „gain-of-function"-Analysen *in vitro*

Das Modellsystem der ES-Zelldifferenzierung *in vitro* eignet sich zur Genfunktionsanalyse alternativ zu etablierten In-vivo-Untersuchungen. So kann z. B. der Einfluss einer Funktionsverlustmutation, die in murinen ES-Zellen *via* homologe Rekombination etabliert wurde, auf Differenzierungsvorgänge *in vitro* untersucht werden, wie z. B. im Falle der Transkriptionsfaktoren GATA-1 und GATA-4, des myogenen Regulatorgenes *Myf-5* oder des β_1-Integrin-Gens gezeigt wurde [6, 16, 39, 48, 50]. Diese Methode ist besonders dann von großem Nutzen, wenn die analysierte Mutation *in vivo* in einem frühen Embryonalstadium letal ist. So konnte beispielsweise durch In-vitro-Differenzierung von ES-Zellen mit einem homozygot inaktivierten *GATA-4*-Gen gezeigt werden, dass dieser Funktionsverlust zu einer gestörten Entwicklung des viszeralen Endoderms führte [50]. Außerdem zeigten ES-Zellen mit einem homozygot inaktivierten β_1-Integrin-Gen *in vitro* eine gestörte Differenzierung von Herzmuskelzellen [16] und Veränderungen während früher Differenzierungsvorgänge des Mesoderms und Neuroektoderms [39]. Beide Mutationen sind *in vivo* während der Embryonalentwicklung relativ früh letal [15, 26].

Neben der Untersuchung von Funktionsverlustmutationen bietet sich die ES-Zelldifferenzierung *in vitro* auch als Alternative zur Genfunktionsanalyse in transgenen Tieren an, z. B. durch Überexpression oder ektopische Expression eines Gens. Beispiele für solche „gain-of-function"-Analysen während der ES-Zelldifferenzierung *in vitro* sind die konstitutive Expression des Homeoboxgens *HOXB4*, mit der Konsequenz, dass die Differenzierung von erythroiden Vorläuferzellen erhöht war [19], die Überexpression des myogenen Regulatorgens *MyoD*, die eine Transaktivierung des *Myogenin*-Gens zur Folge hatte [46] und die konstitutive Expression des Transkriptionsfaktors M-twist, die zu einer reduzierten Differenzierung von Skelettmuskelzellen führte [40].

■ Verwendung von ES-Zellen für zelltherapeutische Ansätze

Die Etablierung der ersten humanen ES-Zelllinie [53] erweckte große Hoffnungen im Hinblick auf die Verwendung dieser Zellen zur Zelltherapie. Charakteristische Eigenschaften muriner ES-Zellen sind ihre unbegrenzte Teilungsfähigkeit, ihre Pluripotenz und ihre genetische Manipulierbarkeit. Es wird zu prüfen sein, ob humane ES-Zellen die gleichen Eigenschaften zeigen. Tatsächlich gibt es Unterschiede zwischen den ES-Zellen des Menschen und der Maus, die sich auf die o.g. Eigenschaften der ES-Zellen auswirken könnten. Auch ES-zellähnliche Linien, etabliert aus anderen Organismen als der Maus, zeigen solche Unterschiede. Im Gegensatz zu ES-Zellen der Maus, besitzen diese beispielsweise nicht die Potenz, nach Injektion in Blastozysten Keimbahnchimären hervorzubringen [34]. Die bislang pub-

Tabelle 2. In-vitro-Differenzierungsfähigkeit humaner ES-Zellen. Es sind Zelltypen aufgeführt, deren Differenzierung *in vitro* aus humanen ES-Zellen beschrieben wurde

Zelltypen	Referenz
■ Herzzellen	[21, 23, 45]
■ Nervenzellen	[21, 35, 45]
■ Leberzellen	[45]
■ Skelettmuskelzellen	[45]
■ Hämatopoietische Zellen	[45]
■ Pankreas β-Zellen	[1]
■ Mesodermale Zellen	[21, 53]
■ Neuroektodermale Zellen	[21, 53]
■ Endodermale Zellen	[21, 53]

lizierten Ergebnisse zur In-vitro-Differenzierung humaner ES-Zellen (Tabelle 2) deuten allerdings darauf hin, dass sich ihr Differenzierungspotenzial nicht von denen der Maus unterscheidet.

Es müssen aber einige Probleme gelöst werden, bevor Zellen, differenziert aus ES-Zellen, für Gewebeersatz verwendet werden können. Drei Probleme stehen hier im Vordergrund. Erstens führt die Differenzierung embryonaler Stammzellen zu einem heterogenen Gemisch verschiedener Zelltypen. Neben den Zellen, die man gewinnen möchte, differenzieren viele andere unerwünschte Zelltypen. Zweitens besitzen undifferenzierte, embryonale Stammzellen ein tumorigenes Potenzial und drittens benötigt man zur Transplantation autologe Zellen.

Aus dem Gemisch verschiedener Zellen, die aus ES-Zellen differenzieren, müsste eine für die Zelltransplantation geeignete reine Population eines bestimmten Zelltyps herausselektioniert werden. Ein Beispiel ist die Differenzierung von Knorpelzellen aus ES-Zellen. Verschiedene Differenzierungsstadien können während der ES-Zelldifferenzierung charakterisiert werden, wie Vorläuferzellen, frühe Chondrozyten und hypertrophe Chondrozyten, die bereits kalzifizieren [18, 24]. Chondrozyten können mechanisch aus EBs verschiedener Differenzierungsstadien präpariert und enzymatisch dissoziiert werden [18]. Die Zellen zeigen in Kultur eine Reihe von Eigenschaften, die einerseits darauf hinweisen, dass sie eine hohe Regenerationsfähigkeit besitzen, aber auch zeigen, dass die Isolierungsmethode verbessert werden muss, um eine homogene Population von Chondrozyten zu erhalten. Nach anfänglicher Dedifferenzierung redifferenzieren sie, bilden dichte Zellaggregate und exprimieren Chondrozyten-„Marker", wie Kollagen Typ II, zeigen aber andererseits eine gewisse Plastizität und transdifferenzieren in andere mesenchymale Zelltypen [18]. Dies deutet darauf hin, dass die Präparate noch Knorpelvorläuferzellen enthalten. Um reine Zellpopulationen zu erzeugen, muss möglicherweise ein kontinuierlicher Selektionsdruck in Richtung auf Knorpelzelldifferenzierung erzeugt werden. Eine denkbare Selektionsmethode basiert auf genetisch veränderten ES-Zellklonen, die ein Selektionskonstrukt enthalten. Dieses Konstrukt trägt ein Antibiotikaresistenzgen unter der Kontrolle einer Promotorsequenz aus dem *Kollagen-Typ-II*-Gen, für das gezeigt wurde, dass es spezifisch die Expression im Knorpelgewebe vermittelt [58]. Die mit dem Selektionskonstrukt stabil transfizierten ES-Zellklone werden *in vitro* via EBs differenziert. Durch Behandlung der EBs mit dem Antibiotikum können Knorpelzellen selektioniert werden.

Eine Alternative wäre, die ES-Zellen während der Differenzierung mit Faktoren zu behandeln, die die Differenzierung ausschließlich in eine bestimmte Zellart lenkt. Es sind Differenzierungsfaktoren wie z. B. Retinsäure bekannt, die die Differenzierungseffizienz von ES-Zellen beeinflussen [38]. Dabei erreicht man allerdings kaum die Differenzierung ausschließlich eines bestimmten Zelltyps. Es wurde aber gezeigt, dass ES-Zellen durch Applikation bestimmter Faktoren zu einem großen Teil in Nervenzellen differenzieren [32] und es ist bereits im Tierversuch bei Ratten gelungen, solche Nervenzellen, differenziert aus ES-Zellen, zu transplantieren und defekte Nervenzellen zu ersetzen [7].

Transplantierte ES-Zellen erzeugen Tumore, die man als Teratome bezeichnet. Es muss daher dafür Sorge getragen werden, dass die verbleibenden undifferenzierten Stammzellen aus einer Präparation eliminiert werden. Ansätze hierzu sind denkbar, wie beispielsweise die genetische Veränderung der ES-Zellen mit Selektionskonstrukten. Wie bereits erwähnt, ist aber noch ungeklärt, ob humane ES-Zellen ebenso effizient wie die der Maus genetisch manipulierbar sind.

Ein großer Vorteil der Zelltherapie gegenüber der Organtransplantation ist darin zu sehen, dass man Zellen autolog transplantieren kann, also innerhalb desselben Individuums, um Immunreaktionen zu vermeiden. Für die Verwendung zur Zelltherapie ist es daher notwendig, ES-Zelllinien zu generieren, die genetisch so verändert sind, dass sie nicht mehr zu einer Immunreaktion fähig sind. Daraus differenzierte Zellen würden keine Abstoßungsreaktionen auslösen. Ein solcher Ansatz ist wiederum durch genetische Manipulation, z. B. durch Eliminierung der MHC-Gene, denkbar. Dies wäre allerdings ein sehr kompliziertes und zeitaufwendiges Vorgehen. Außerdem ist unklar, wie sich die genetisch veränderten Zellen im Gewebe verhalten würden. Alternativ ist denkbar, für jeden Patienten eine eigene, also zu ihm genetisch identische, ES-Zelllinie durch den Vorgang des so genannten therapeutischen Klonierens (Abb. 3) zu generieren. Hierbei wird die Erbsubstanz, in Form der Chromosomen, aus einer Eizelle entfernt und durch den Zellkern einer Körperzelle ersetzt, so dass ein Embryo erzeugt wird, der genetisch identisch mit dem Zellkernspender ist. Dieser Embryo verhält sich nun ähnlich wie eine befruchtete Eizelle und beginnt mit der Embryonalentwicklung. Im frühen Blastozystenstadium kann man diesen Embryo dann verwenden, um daraus eine ES-Zelllinie zu gewinnen, die dann die gleichen genetischen Informationen trägt wie der Zellkernspen-

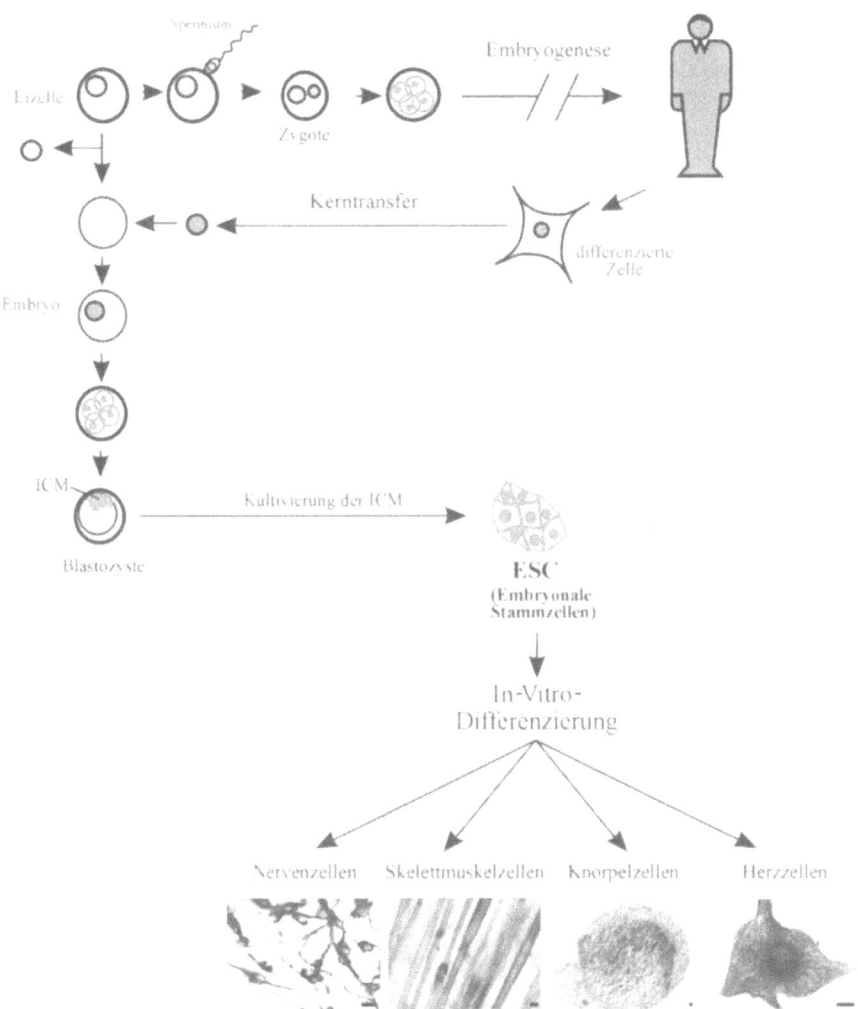

Abb. 3. Therapeutisches Klonieren. Durch Transfer eines Zellkerns aus einer somatischen Zelle in eine Eizelle, aus der die Erbsubstanz entfernt wurde, entsteht ein Embryo, der *in vitro* etwa bis zur Blastozyste kultiviert werden kann. Aus dieser Blastozyste kann durch Kultivieren der inneren Zellmasse eine ES-Zelllinie etabliert werden, die genetisch mit dem Zellkernspender identisch ist. Diese Methode ist in Deutschland zur Anwendung beim Menschen durch das Embryonenschutzgesetz untersagt (Balken = 10 µm)

der. Die aus dieser ES-Zelllinie differenzierten Zelltypen würden dann keine Immunreaktion bei der Transplantation in den Spender hervorrufen. Die Methode des Kerntransfers von einer somatischen in eine Eizelle wurde bereits zur Klonierung von Säugetieren verwendet. Am bekanntesten ist das klonierte Schaf „Dolly" [9]. Bei dieser Methode des reproduktiven Klonierens wird aus dem durch Kerntransfer erhaltenen frühen Embryo keine Zelllinie etabliert, sondern der Embryo entwickelt sich nach Uterustransfer in einen neuen Organismus. Die Methode des therapeutischen Klonierens ist allerdings keineswegs eine etablierte Methode. Man musste zur Klonierung des Schafes „Dolly" einen Kerntransfer bei etwa 300 Eizellen durchführen. Dies ist verständlich, denn in einem Zellkern aus einer Körperzelle sind völlig andere Gene aktiv als im Kern einer Zygote. Der Zellkern muss also reprogrammiert, auf ein anderes Genexpressionsmuster umgeschaltet werden. Die Methode ist demzufolge noch uneffizient und es ist vor allen Dingen völlig unbekannt, wie der Vorgang der Reprogrammierung des Zellkerns gesteuert wird und welche Faktoren hierbei eine Rolle spielen.

▪ Schlussfolgerungen

Bevor aus ES-Zellen differenzierte Zellen zu Transplantationszwecken verwendet werden können, muss noch eine ganze Reihe von Problemen gelöst werden. Adulte Stammzellen könnten, wenn sie besser charakterisiert sind, eine geeignete Alternative darstellen. Es ist aber bislang noch nicht bekannt, welche Unterschiede zwischen Gewebeersatz aus adulten und embryonalen Stammzellen bestehen. Bevor eine Entscheidung für oder gegen die Verwendung embryonaler Stammzellen als Gewebeersatz gefällt werden kann, müssen diese Fragen geklärt werden. Es existiert also ein großer Forschungsbedarf auf diesem Gebiet.

▪ Literatur

1. Assady S, Maor G, Amit M, Itskovitz-Eldor J, Skorecki KL, Tzukerman M (2001) Insulin production by human embryonic stem cells. Diabetes 50:1691–1697
2. Bagutti C, Wobus AM, Fässler R, Watt FM (1996) Differentiation of embryonal stem cells into keratinocytes: comparison of wild-type and beta 1 integrin-deficient cells. Dev Biol 179:184–196
3. Bain G, Kitchens D, Yao M, Huettner JE, Gottlieb DI (1995) Embryonic stem cells express neuronal properties in vitro. Dev Biol 168:342–357
4. Bober E, Lyons GE, Braun T, Cossu G, Buckingham M, Arnold HH (1991) The muscle regulatory gene, Myf-6, has a biphasic pattern of expression during early mouse development. J Cell Biol 113:1255–1265

5. Bradley A, Evans M, Kaufman MH, Robertson E (1984) Formation of germ-line chimaeras from embryo-derived teratocarcinoma cell lines. Nature 309:255–256

6. Braun T, Arnold HH (1994) ES-cells carrying two inactivated myf-5 alleles form skeletal muscle cells: activation of an alternative myf-5-independent differentiation pathway. Dev Biol 164:24–36

7. Brüstle O, Jones KN, Learish RD, Karram K, Choudhary K, Wiestler OD, Duncan ID, McKay RD (1999) Embryonic stem cell-derived glial precursors: a source of myelinating transplants. Science 285:754–756

8. Buttery LD, Bourne S, Xynos JD, Wood H, Hughes FJ, Hughes SP, Episkopou V, Polak JM (2001) Differentiation of osteoblasts and in vitro bone formation from murine embryonic stem cells. Tissue Eng 7:89–99

9. Campbell KH, McWhir J, Ritchie WA, Wilmut I (1996) Sheep cloned by nuclear transfer from a cultured cell line. Nature 380:64–66

10. Dani C, Smith AG, Dessolin S, Leroy P, Staccini L, Villageois P, Darimont C, Ailhaud G (1997) Differentiation of embryonic stem cells into adipocytes in vitro. J Cell Sci 110:1279–1285

11. Doetschman TC, Eistetter H, Katz M, Schmidt W, Kemler R (1985) The in vitro development of blastocyst-derived embryonic stem cell lines: formation of visceral yolk sac, blood islands and myocardium. J Embryol Exp Morphol 87: 27–45

12. Drab M, Haller H, Bychkov R, Erdmann B, Lindschau C, Haase H, Morano I, Luft FC, Wobus AM (1997) From totipotent embryonic stem cells to spontaneously contracting smooth muscle cells: a retinoic acid and db-cAMP in vitro differentiation model. FASEB J 11:905–915

13. Evans MJ, Kaufman MH (1981) Establishment in culture of pluripotential cells from mouse embryos. Nature 292:154–156

14. Fairchild PJ, Brook FA, Gardner RL, Graca L, Strong V, Tone Y, Tone M, Nolan KF, Waldmann H (2000) Directed differentiation of dendritic cells from mouse embryonic stem cells. Curr Biol 10:1515–1518

15. Fässler R, Meyer M (1995) Consequences of lack of beta 1 integrin gene expression in mice. Genes Dev 9:1896–1908

16. Fässler R, Rohwedel J, Maltsev V, Bloch W, Lentini S, Guan K, Gullberg D, Hescheler J, Addicks K, Wobus AM (1996) Differentiation and integrity of cardiac muscle cells are impaired in the absence of beta 1 integrin. J Cell Sci 109:2989–2999

17. Fraichard A, Chassande O, Bilbaut G, Dehay C, Savatier P, Samarut J (1995) In vitro differentiation of embryonic stem cells into glial cells and functional neurons. J Cell Sci 108:3181–3188

18. Hegert C, Kramer J, Hargus G, Müller J, Kaomei G, Wobus AM, Muller PK, Rohwedel J (2001) Differentiation plasticity of chondrocytes derived from mouse embryonic stem cells. J Cell Sci 115:4617–4628

19. Helgason CD, Sauvageau G, Lawrence HJ, Largman C, Humphries RK (1996) Overexpression of HOXB4 enhances the hematopoietic potential of embryonic stem cells differentiated in vitro. Blood 87:2740–2749

20. Hinterberger TJ, Sassoon DA, Rhodes SJ, Konieczny SF (1991) Expression of the muscle regulatory factor MRF4 during somite and skeletal myofiber development. Dev Biol 147:144–156

21. Itskovitz-Eldor J, Schuldiner M, Karsenti D, Eden A, Yanuka O, Amit M, Soreq H, Benvenisty N (2000) Differentiation of human embryonic stem cells into

embryoid bodies compromising the three embryonic germ layers. Mol Med 6: 88–95

22. Johansson BM, Wiles MV (1995) Evidence for involvement of activin A and bone morphogenetic protein 4 in mammalian mesoderm and hematopoietic development. Mol Cell Biol 15:141–151

23. Kehat I, Kenyagin-Karsenti D, Snir M, Segev H, Amit M, Gepstein A, Livne E, Binah O, Itskovitz-Eldor J, Gepstein L (2001) Human embryonic stem cells can differentiate into myocytes with structural and functional properties of cardiomyocytes. J Clin Invest 108:407–414

24. Kramer J, Hegert C, Guan K, Wobus AM, Müller PK, Rohwedel J (2000) Embryonic stem cell-derived chondrogenic differentiation in vitro: activation by BMP-2 and BMP-4. Mech Dev 92:193–205

25. Kues WA, Sakmann B, Witzemann V (1995) Differential expression patterns of five acetylcholine receptor subunit genes in rat muscle during development. Eur J Neurosci 7:1376–1385

26. Kuo CT, Morrisey EE, Anandappa R, Sigrist K, Lu MM, Parmacek MS, Soudais C, Leiden JM (1997) GATA4 transcription factor is required for ventral morphogenesis and heart tube formation. Genes Dev 11:1048–1060

27. Levinson-Dushnik M, Benvenisty N (1997) Involvement of hepatocyte nuclear factor 3 in endoderm differentiation of embryonic stem cells. Mol Cell Biol 17: 3817–3822

28. Maltsev VA, Rohwedel J, Hescheler J, Wobus AM (1993) Embryonic stem cells differentiate in vitro into cardiomyocytes representing sinusnodal, atrial and ventricular cell types. Mech Dev 44:41–50

29. Maltsev VA, Wobus AM, Rohwedel J, Bader M, Hescheler J (1994) Cardiomyocytes differentiated in vitro from embryonic stem cells developmentally express cardiac-specific genes and ionic currents. Circ Res 75:233–244

30. Martin GR (1981) Isolation of a pluripotent cell line from early mouse embryos cultured in medium conditioned by teratocarcinoma stem cells. Proc Natl Acad Sci USA 78:7634–7638

31. Miller-Hance WC, LaCorbiere M, Fuller SJ, Evans SM, Lyons G, Schmidt C, Robbins J, Chien KR (1993) In vitro chamber specification during embryonic stem cell cardiogenesis. Expression of the ventricular myosin light chain-2 gene is independent of heart tube formation. J Biol Chem 268:25244–25252

32. Okabe S, Forsberg-Nilsson K, Spiro AC, Segal M, McKay RD (1996) Development of neuronal precursor cells and functional postmitotic neurons from embryonic stem cells in vitro. Mech Dev 59:89–102

33. Ott MO, Bober E, Lyons G, Arnold H, Buckingham M (1991) Early expression of the myogenic regulatory gene, myf-5, in precursor cells of skeletal muscle in the mouse embryo. Development 111:1097–1107

34. Prelle K, Vassiliev IM, Vassilieva SG, Wolf E, Wobus AM (1999) Establishment of pluripotent cell lines from vertebrate species – present status and future prospects. Cells Tissues Organs 165:220–236

35. Reubinoff BE, Pera MF, Fong CY, Trounson A, Bongso A (2000) Embryonic stem cell lines from human blastocysts: somatic differentiation in vitro. Nat Biotechnol 18:399–404

36. Risau W, Sariola H, Zerwes HG, Sasse J, Ekblom P, Kemler R, Doetschman T (1988) Vasculogenesis and angiogenesis in embryonic-stem-cell-derived embryoid bodies. Development 102:471–478

37. Robbins J, Gulick J, Sanchez A, Howles P, Doetschman T (1990) Mouse embryonic stem cells express the cardiac myosin heavy chain genes during development in vitro. J Biol Chem 265:11905–11909

38. Rohwedel J, Guan K, Wobus AM (1999) Induction of cellular differentiation by retinoic acid in vitro. Cells Tissues Organs 165:190–202

39. Rohwedel J, Guan K, Zuschratter W, Jin S, Ahnert-Hilger G, Furst D, Fässler R, Wobus AM (1998) Loss of beta1 integrin function results in a retardation of myogenic, but an acceleration of neuronal differentiation of embryonic stem cells in vitro. Dev Biol 201:167–184

40. Rohwedel J, Horak V, Hebrok M, Fuchtbauer EM, Wobus AM (1995) M-twist expression inhibits mouse embryonic stem cell-derived myogenic differentiation in vitro. Exp Cell Res 220:92–100

41. Rohwedel J, Kleppisch T, Pich U, Guan K, Jin S, Zuschratter W, Hopf C, Hoch W, Hescheler J, Witzemann V, Wobus AM (1998) Formation of postsynaptic-like membranes during differentiation of embryonic stem cells in vitro. Exp Cell Res 239:214–225

42. Rohwedel J, Maltsev V, Bober E, Arnold HH, Hescheler J, Wobus AM (1994) Muscle cell differentiation of embryonic stem cells reflects myogenesis in vivo: developmentally regulated expression of myogenic determination genes and functional expression of ionic currents. Dev Biol 164:87–101

43. Sassoon D, Lyons G, Wright WE, Lin V, Lassar A, Weintraub H, Buckingham M (1989) Expression of two myogenic regulatory factors myogenin and MyoD1 during mouse embryogenesis. Nature 341:303–307

44. Schmitt RM, Bruyns E, Snodgrass HR (1991) Hematopoietic development of embryonic stem cells in vitro: cytokine and receptor gene expression. Genes Dev 5:728–740

45. Schuldiner M, Yanuka O, Itskovitz-Eldor J, Melton DA, Benvenisty N (2000) From the cover: effects of eight growth factors on the differentiation of cells derived from human embryonic stem cells. Proc Natl Acad Sci USA 97:11307–11312

46. Shani M, Faerman A, Emerson CP, Pearson-White S, Dekel I, Magal Y (1992) The consequences of a constitutive expression of MyoD1 in ES cells and mouse embryos. Symp Soc Exp Biol 46:19–36

47. Shen MM, Leder P (1992) Leukemia inhibitory factor is expressed by the pre-implantation uterus and selectively blocks primitive ectoderm formation in vitro. Proc Natl Acad Sci USA 89:8240–8244

48. Simon MC, Pevny L, Wiles MV, Keller G, Costantini F, Orkin SH (1992) Rescue of erythroid development in gene targeted GATA-1-mouse embryonic stem cells. Nat Genet 1:92–98

49. Soria B, Roche E, Berna G, Leon-Quinto T, Reig JA, Martin F (2000) Insulin-secreting cells derived from embryonic stem cells normalize glycemia in streptozotocin-induced diabetic mice. Diabetes 49:157–162

50. Soudais C, Bielinska M, Heikinheimo M, MacArthur CA, Narita N, Saffitz JE, Simon MC, Leiden JM, Wilson DB (1995) Targeted mutagenesis of the transcription factor GATA-4 gene in mouse embryonic stem cells disrupts visceral endoderm differentiation in vitro. Development 121:3877–3888

51. Strübing C, Ahnert-Hilger G, Shan J, Wiedenmann B, Hescheler J, Wobus AM (1995) Differentiation of pluripotent embryonic stem cells into the neuronal lineage in vitro gives rise to mature inhibitory and excitatory neurons. Mech Dev 53:275–287

52. Thomas KR, Capecchi MR (1987) Site-directed mutagenesis by gene targeting in mouse embryo-derived stem cells. Cell 51:503–512
53. Thomson JA, Itskovitz-Eldor J, Shapiro SS, Waknitz MA, Swiergiel JJ, Marshall VS, Jones JM (1998) Embryonic stem cell lines derived from human blastocysts. Science 282:1145–1147
54. Wang R, Clark R, Bautch VL (1992) Embryonic stem cell-derived cystic embryoid bodies form vascular channels: an in vitro model of blood vessel development. Development 114:303–316
55. Wiles MV, Keller G (1991) Multiple hematopoietic lineages develop from embryonic stem (ES) cells in culture. Development 111:259–267
56. Wobus AM, Wallukat G, Hescheler J (1991) Pluripotent mouse embryonic stem cells are able to differentiate into cardiomyocytes expressing chronotropic responses to adrenergic and cholinergic agents and Ca2+ channel blockers. Differentiation 48:173–182
57. Yamada G, Kioussi C, Schubert FR, Eto Y, Chowdhury K, Pituello F, Gruss P (1994) Regulated expression of Brachyury(T), Nkx1.1 and Pax genes in embryoid bodies. Biochem Biophys Res Commun 199:552–563
58. Zhou G, Lefebvre V, Zhang Z, Eberspaecher H, de Crombrugghe B (1998) Three high mobility group-like sequences within a 48-base pair enhancer of the Col2a1 gene are required for cartilage-specific expression in vivo. J Biol Chem 273:14989–14997

6.2   C. Hegert, J. Kramer, C. Oppelt, P.K. Müller, J. Rohwedel

Knorpelzelldifferenzierung *in vitro* aus embryonalen Stammzellen der Maus

■ Einleitung

Chondrogenese *in vivo*

Knochen- und Knorpelgewebe der Wirbeltiere sind, mit Ausnahme des Schädelknochens, mesodermalen Ursprungs. Während der Embryonalentwicklung werden das Axialskelett und das Skelett der Gliedmaßen zuerst als Knorpelgewebe angelegt, später gehen die Knorpelzellen apoptotisch zugrunde und werden durch Osteoblasten ersetzt oder wandeln sich in osteoblastenähnliche Zellen um [23]. Dieser entwicklungsspezifisch regulierte Vorgang, der sich in verschiedene, sowohl morphologisch als auch auf Genexpressionsebene unterscheidbare Stadien gliedert, wird chondrale Ossifikation genannt, im Gegensatz zur desmalen Knochenbildung. Letztere ist gekennzeichnet durch die Bildung von Knochengewebe aus mesenchymalen Zellen ohne vorhergehende Knorpelmatrixbildung.

Die Knorpelzelldifferenzierung beginnt mit der Bildung von Kondensationen mesenchymaler Zellen an Orten der Gliedmaßenentwicklung. Der Vorgang zeichnet sich durch entwicklungsspezifisch regulierte Expression einer Reihe von Genen, die für knorpelzellspezifische Transkriptionsfaktoren und Matrixproteine kodieren, aus. Frühe mesenchymale Knorpelvorläuferzellen sind unter anderem gekennzeichnet durch die Expression des Transkriptionsfaktors *Scleraxis* [5]. Während die Knorpelvorläuferzellen noch die juvenile Spleißvariante von *Kollagen II* (*Kollagen IIA*) exprimieren, findet man in reifen Knorpelzellen die adulte Spleißvariante *Kollagen IIB* [27]. Terminal differenzierte hypertrophe Knorpelzellen schließlich exprimieren das für dieses Stadium spezifische *Kollagen X* (für Review siehe [3]). Nach Bildung des knorpeligen Grundgerüstes wird die extrazelluläre Matrix umgewandelt und kalzifiziert, die Knorpelzellen gehen zugrunde und Osteoblasten ersetzen die Knorpelzellen. Es wird diskutiert, ob hypertrophe Knorpelzellen auch in osteoblastenähnliche Zellen transdifferenzieren können [23]. Die Expression knochenspezifischer Gene, wie *Cbfa-1* [9] oder *Osteocalcin* [10] kann in diesem Stadium nachgewiesen werden. Diese Vorgänge können *in vitro* mit Hilfe der Differenzierung embryonaler Stammzellen (ES-Zellen) der Maus untersucht werden.

Embryonale Stammzellen (ES-Zellen)

Die bedeutendste Eigenschaft von ES-Zellen, ihre Pluripotenz, ist auf ihre Herkunft aus frühen Embryonen zurückzuführen. Durch mitotische Zellteilungen, die auch als Furchungen bezeichnet werden, entwickelt sich aus der befruchteten Eizelle die Morula und schließlich die Blastozyste. Aus der inneren Zellmasse der Blastozyste entwickelt sich unter anderem der Embryo. Die Zellen der inneren Zellmasse können in Zellen aller drei Keimblätter differenzieren, sie sind pluripotent. Isoliert man diese Zellen und nimmt sie unter Bedingungen, die ein Differenzieren verhindern, in Kultur, so erhält man eine permanente Linie pluripotenter embryonaler Stammzellen [13, 18]. Zahlreiche Versuche sind unternommen worden, ES-Zelllinien aus anderen Organismen als der Maus zu etablieren, wobei es in einigen Fällen gelang, ES-Zell-ähnliche Linien zu generieren. Es konnte jedoch in keinem Fall gezeigt werden, dass sich nach Reinjektion dieser Zellen in Blastozysten fortpflanzungsfähige Keimbahnchimären entwickelten. Vor einigen Jahren wurde auch die Etablierung einer humanen ES-Zelllinie publiziert [31]. ES-Zellen der Maus haben eine große Bedeutung bei entwicklungsbiologischen Untersuchungen *in vivo* und *in vitro* erlangt. Die bedeutendste Anwendungsmethode von ES-Zellen *in vivo* stellt die Generierung von Mäusen mit definierten Genmutationen, sogenannter „knockout"-Mäuse, dar. *In vitro* können ES-Zellen als Zellaggregate, so genannte „embryoid bodies" (EBs) kultiviert werden [8, 34]. In diesem System differenzieren die pluripotenten Zellen unter definierten Bedingungen spontan in Zelltypen aller drei Keimblätter. Während der In-vitro-Differenzierung werden embryonale Differenzierungsvorgänge rekapituliert und das ES-Zell-Modellsystem kann daher zur Untersuchung früher embryonaler Differenzierungsvorgänge, z.B. bei der Analyse entwicklungsbiologischer Fragestellungen, wie Geninaktivierungen (z.B. [14, 15, 30]) oder der Überexpression von Genen (z.B. [16, 26]) aber auch in der Embryotoxizitätsforschung [24, 29] verwendet werden. Im Hinblick auf die Verwendung von aus ES-Zellen differenzierten Zellen zur Zelltherapie ist von Bedeutung, dass in den EBs ein heterogenes Gemisch verschiedenster differenzierender Zelltypen entsteht.

▓ Differenzierung von Knorpelzellen aus ES-Zellen

Während der In-vitro-Differenzierung werden ES-Zellen als Zellaggregate (EBs) differenziert. EBs werden durch Kultivierung der ES-Zellen für 2 Tage in „hängenden Tropfen" erzeugt (Stadium 0–2 d), für 3 Tage in Suspensionskultur überführt (Stadium 2–5 d) und anschließend in Zellkulturschalen plattiert. Die EBs adhärieren, und die Differenzierung verschiedener Zelltypen kann während der weiteren Kultivierung bis zu etwa 40 Tage nach dem Plattieren (Stadium 5–5+40 d) analysiert werden.

Um die Differenzierungsvorgänge während der Chondrogenese zu analysieren und Faktoren zu charakterisieren, die dabei eine wichtige Rolle spielen, untersuchten wir die Differenzierung muriner pluripotenter ES-Zellen in Chondrozyten in diesem Modellsystem.

Verschiedene Differenzierungsstadien

Erste Hinweise auf spontane chondrogene Differenzierung ergab eine histochemische Analyse differenzierender EBs aus verschiedenen Kultivierungsstadien. Eine Färbung mit Alcianblau, ein Farbstoff, der saure Proteoglykane, die in der Knorpelmatrix vorkommen, anfärbt, zeigte erste hellgefärbte Bereiche 4 Tage nach Plattieren der EBs. Die Anzahl dieser anfärbbaren Bereiche nahm während der EB-Kultivierung zu. Zwei bis drei Wochen nach dem Plattieren konnten intensiv dunkelblau angefärbte, von einer Matrix umschlossene kondensierte Gruppen runder Zellen, so genannte Nodules (Abb. 1) nachgewiesen werden. RT-PCR-Analysen zur Expression verschiedener „Marker"-Gene in frühen und späten Kultivierungsstadien deuteten darauf hin, dass während der ES-Zelldifferenzierung verschiedene Differenzierungsstadien durchlaufen werden (Abb. 2). mRNA der Transkriptionsfaktoren *Scleraxis*, *Sox9* und *Pax1*, die unter anderem an der Determination von mesenchymalen Zellen in Knorpelzellen beteiligt sind, als auch Transkripte der juvenilen Spleißvariante *Kollagen IIA* konnten eine Woche nach dem Plattieren der EBs nachgewiesen werden. Durch In-situ-Hybridisierung mit einer *Scleraxis*-spezifischen Sonde konnte gezeigt werden, dass *Scleraxis* bereits 4 Tage nach Plattieren der EBs in streifig angeordneten, morphologisch unauffälligen, mesenchymalen Zellen lokalisiert war (Abb. 3a). Eine Woche nach dem Plattieren begannen die *Scleraxis*-positiven Zellen, vermehrt Kollagen II zu produzieren (Abb. 3b). Mit zunehmender Differenzierungsdauer, etwa 4 Wochen nach Plattieren, exprimierten die in

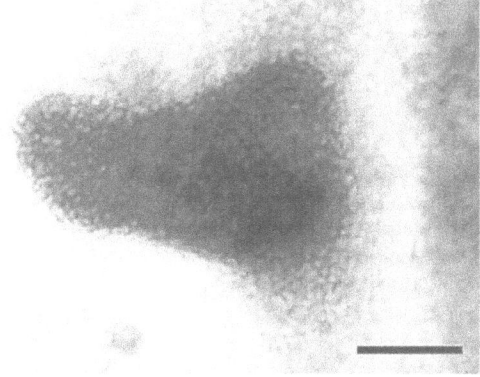

Abb. 1. Alcianblaufärbung eines aus ES-Zellen differenzierten Knorpelzellnodules. In EBs findet man, 21 Tage nach Plattieren mit Alcianblau stark anfärbbare Knorpelzellnodules (Balken = 100 µm)

Marker-Gene	Kultivierungsdauer der EBs
	5d 7d 9d 11d 13d 15d 17d 19d 21d 23d 25d 27d 29d 31d 33d 35d
Scleraxis [5]	
Sox9 [35]	n.b. .... n.b.
Pax-1 [7]	n.b. .... n.b.
Aggrecan [33]	
Kollagen IIA ⎫[19]	
Kollagen IIB ⎭	
Cbfa-I [11]	
Kollagen X [12]	
Osteocalcin [6]	

Abb. 2. Knorpel- und knochenassoziierte „Marker"-Gene werden während der In-vitro-Differenzierung der ES-Zelllinie D3 entwicklungsspezifisch reguliert exprimiert. Die Expression verschiedener „Marker"-Gene während der EB-Kultivierung wurde mittels semiquantitativer RT-PCR analysiert. Durchgezogene Linien indizieren starke, unterbrochene Linien schwache Genexpression (*n.b.* = nicht bestimmt; Originaldaten siehe [17] und Hegert, unpubliziert)

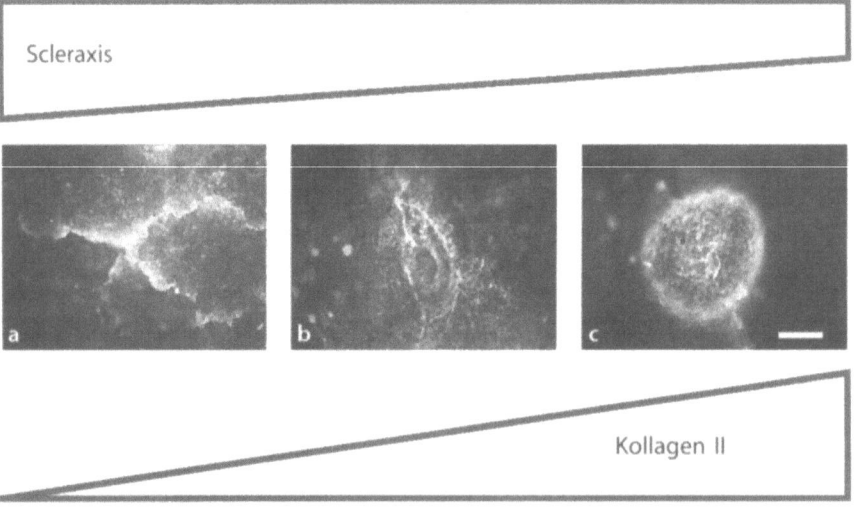

Abb. 3 a–c. Expression des Transkriptionsfaktors Scleraxis und des Knorpelmatrixproteins Kollagen II während der ES-Zelldifferenzierung *in vitro*. Die Expression des *Scleraxis*-Gens und des Kollagen-II-Proteins wurde durch eine Kombination von Fluoreszenz-in-situ-Hybridisierung für den Nachweis von Scleraxis-mRNA (grüne Fluoreszenz) und Immunfärbung zum Nachweis von Kollagen-II-Protein (rote Fluoreszenz) in EBs verschiedener Entwicklungsstadien 4 (**a**), 7 (**b**) und 30 (**c**) Tage nach dem Plattieren analysiert. Repräsentative Bereiche von EBs sind dargestellt. 4 Tage nach Plattieren waren *Scleraxis*-Transkripte in streifig angeordneten Zellformationen nachweisbar, Kollagen-II-Protein war nicht vorhanden (**a**). 3 Tage später waren Zellen nachweisbar, in denen sowohl Scleraxis-mRNA als auch Kollagen-II-Protein kolokalisiert waren (**b**). In späteren Differenzierungsstadien kondensierten die Knorpelzellen in kollagen-II-anfärbbare Nodules, in denen etwas weniger *Scleraxis*-Transkripte nachweisbar waren (**c**) (Balken = 100 µm; Originaldaten siehe [17])

Nodules organisierten Knorpelzellen deutlich Kollagen II und die *Scleraxis*-Expression nahm etwas ab (Abb. 3c) [17]. Etwa zwei Wochen nach dem Plattieren konnten auch die ersten Transkripte für reife Knorpelzellen, wie die adulte Spleißvariante *Kollagen IIB*, der Marker für hypertrophe Knorpelzellen *Kollagen X* und knochenzellspezifische Marker wie z.B. Cbfa-1 und Osteocalcin nachgewiesen werden (s. Abb. 2). Ein ähnliches Expressionsmuster findet man auch während der Mausembryogenese. So wird z.B. die juvenile Spleißvariante *Kollagen IIA*, während früher embryonaler Stadien von Tag 9,5 p.c. bis 12,5 p.c. verstärkt exprimiert, wohingegen Transkripte der Spleißvariante *Kollagen IIB* erst ab Tag 12,5 p.c. zu finden sind [20, 27, 28], gefolgt von der Expression von *Kollagen X* ab Entwicklungsstadium 14,5 p.c. [21]. Diese Ergebnisse zeigen, dass im In-vitro-System die Differenzierungsvorgänge *in vivo* eng rekapituliert werden.

▪ Isolierung chondrogener Zellen aus differenzierten ES-Zellen

Um zu prüfen, wie sich die aus murinen ES-Zellen differenzierten Knorpelzellen nach Isolierung aus der EB-Umgebung in Kultur verhalten, wurden chondrogene Nodules mechanisch mit Hilfe eines Mikroskalpells aus 5+16d alten EBs herausgetrennt, durch Kollagenase-Behandlung in Einzelzellen dissoziiert und auf Kollagen-II-beschichtete Zellkulturschalen plattiert [15].

Differenzierungskapazität von chondrogenen Zellen nach Isolierung aus EBs

Kurz nach dem Plattieren und Adhärieren zeigten Knorpelzellisolate aus EBs Anzeichen von Dedifferenzierung, wie eine fibroblastoide Morphologie und Verlust der Expression des knorpelzellspezifischen Proteins Kollagen II. Eine Woche nach Plattieren konnten dann Knorpelzellnodules, die mit einem Kollagen-II-Antikörper anfärbbar waren, nachgewiesen werden. Auf mRNA-Ebene wurden eine Woche nach Plattieren sowohl Transkripte von *Kollagen IIA* und *IIB* als auch *Kollagen X* nachgewiesen. Diese Ergebnisse zeigen, dass die isolierten chondrogenen Zellen redifferenzieren [15]. Zusätzlich fanden wir in den Knorpelzellkulturen zu einem geringen Prozentsatz Gruppen anderer mesenchymaler Zelltypen wie Adipozyten, Skelettmuskelzellen und Epithelzellen [15]. Im Vergleich zu Primärkulturen aus reifem Knorpelgewebe scheinen die aus den EBs isolierten Zellen ein höheres Differenzierungspotenzial zu besitzen.

▪ Selektionskonstrukte

Die in den Knorpelzellisolaten nachgewiesenen Zelltypen mesenchymalen Ursprungs könnten aus mesenchymalen Vorläuferzellen entstanden sein, die nach Isolierung der Zellen zur Differenzierung stimuliert wurden. Um diese Fragestellung genauer zu untersuchen, haben wir ES-Zellklone generiert, die sich zur Selektion von Knorpelzellen eignen. Selektionskonstrukte, die ein *Kollagen-II*-promotorgetriebenes Reporter- bzw. Antibiotikaresistenzgen tragen, wurden benutzt, um ES-Zellen stabil zu transfizieren. Bei der Differenzierung eines ES-Zellklons zeigte sich Expression des verwendeten Reportergens *GFP* („green fluorescent protein") in Zell-„Clustern" auswachsender EBs (Abb. 4). Nach Differenzierung dieser ES-Zellklone *via* EBs und nachfolgender Dissoziation der differenzierten Zellen kann dann eine Sortierung *Kollagen-II*-positiver chondrogener Zellen aus dem Zellgemisch über die Expression von GFP mittels FACS („fluorescent assisted

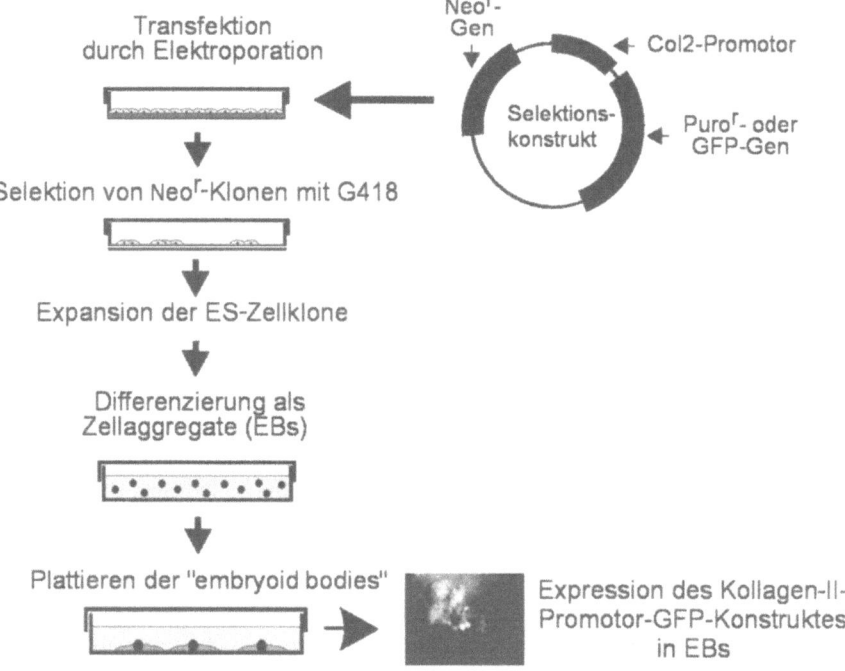

Abb. 4. Methode zur Isolierung von Chondrozyten aus EBs. ES-Zellen der Linien D3 und BLC6 wurden mit Reporter- bzw. Selektionskonstrukten stabil transfiziert, die das GFP-Reportergen bzw. das Puromycinresistenzgen (Puro^r) unter der Kontrolle eines Kollagen-II-(Col2)-Promotorabschnittes enthalten, der spezifische Expression in Knorpelzellen vermittelt. Die Konstrukte tragen außerdem das Neomycinresistenzgen (Neo^r) unter der Kontrolle eines in ES-Zellen aktiven Promotors zur Selektion stabil transfizierter ES-Zellklone. Nach Selektion mit G418 wurden Klone, die das Kollagen-II-Promotor-GFP-Konstrukt enthalten, via EBs differenziert. Ein fluoreszierendes Zell-„Cluster" ist dargestellt

cell sorter") erfolgen. Zusätzlich können die mit dem Antibiotikaresistenz-genkonstrukt transfizierten ES-Zellklone verwendet werden, um die während der In-vitro-Differenzierung entstandenen chondrogenen Zellen durch Antibiotikabehandlung anzureichern. Dies ist ein Weg, wie man homogene Kulturen von aus ES-Zellen differenzierten Knorpelzellen erhalten kann.

▪ Stammzellen und Transplantation: humane ES-Zellen versus mesenchymale Stammzellen

Seit der Etablierung der ersten humanen ES-Zelllinie [31] wird über die mögliche Verwendung von ES-Zellen zur Erzeugung differenzierter Zellen für Transplantationszwecke diskutiert. Embryonale Stammzellen bieten aufgrund ihrer Pluripotenz theoretisch das größte Potenzial für therapeutische Anwendungen. Allerdings steht ihrem Einsatz in klinischen Studien noch die Bewältigung einer Reihe von ungelösten Problemen im Wege. Eine Voraussetzung für die Verwendung von ES-Zellen zu Transplantationszwecken ist die gerichtete Differenzierung in den gewünschten Zelltyp. Da die ES-Zellen beim Differenzieren ein heterogenes Gemisch verschiedener Zelltypen bilden, müssen Selektionsstrategien, wie weiter oben erläutert, etabliert werden, um homogene Zellpopulationen zu generieren. Ein weiterer Nachteil der undifferenzierten embryonalen Stammzellen ist ihre Potenz, Tumore (Teratome) zu induzieren. Daher müssen vor Transplantationsversuchen effiziente Methoden etabliert werden, undifferenzierte ES-Zellen zu eliminieren, um eine Tumorbildung auszuschließen. Adulte Stammzellen kommen als Alternative in Frage. Mesenchymale Stammzellen z. B. können aus Knochenmark isoliert werden [4]. Sie sind multipotent und tragen *in -vivo* zur Regeneration, unter anderem von Knochen, Knorpel, Sehnen, Muskeln und Fettgewebe bei. Es ist auch *in vitro* gelungen, unter definierten Kultivierungsbedingungen diese Zellen in Fettzellen, Knochenzellen sowie Knorpelzellen zu differenzieren [22]. Eine Möglichkeit, mesenchymale Stammzellen zur Regeneration defekter Knorpelgewebe einzusetzen, ist das Beladen von Trägermaterialien, so genannter „Scaffolds" mit isolierten mesenchymalen Stammzellen oder das direkte Einbringen der Zellen an den Ort des Defektes. Es wurde bereits gezeigt, dass diese Therapieansätze helfen können, Defekte in der Knorpel- und Knochensubstanz zu regenerieren [1, 2, 32].

▪ **Danksagungen.** Diese Arbeiten wurden durch eine Sachbeihilfe der Deutschen Forschungsgemeinschaft an JR unterstützt (Ro 2108/1-2).

■ **Literatur**

1. Bruder SP, Kraus KH, Goldberg VM, Kadiyala S (1998) The effect of implants loaded with autologous mesenchymal stem cells on the healing of canine segmental bone defects. J Bone Joint Surg Am 80:985–996
2. Bruder SP, Kurth AA, Shea M, Hayes WC, Jaiswal N, Kadiyala S (1998) Bone regeneration by implantation of purified, culture-expanded human mesenchymal stem cells. J Orthop Res 16:155–162
3. Cancedda R, Descalzi CF, Castagnola P (1995) Chondrocyte differentiation. Int Rev Cytol 159:265–358
4. Caplan AI (1991) Mesenchymal stem cells. J Orthop Res 9:641–650
5. Cserjesi P, Brown D, Ligon KL, Lyons GE, Copeland NG, Gilbert DJ, Jenkins NA, Olson EN (1995) Scleraxis: a basic helix-loop-helix protein that prefigures skeletal formation during mouse embryogenesis. Development 121:1099–1110
6. Desbois C, Hogue DA, Karsenty G (1994) The mouse osteocalcin gene cluster contains three genes with two separate spatial and temporal patterns of expression. J Biol Chem 269:1183–1190
7. Deutsch U, Dressler GR, Gruss P (1988) Pax 1, a member of a paired box homologous murine gene family, is expressed in segmented structures during development. Cell 53:617–625
8. Doetschman TC, Eistetter H, Katz M, Schmidt W, Kemler R (1985) The in vitro development of blastocyst-derived embryonic stem cell lines: formation of visceral yolk sac, blood islands and myocardium. J Embryol Exp Morphol 87: 27–45
9. Ducy P (2000) Cbfa1: a molecular switch in osteoblast biology. Dev Dyn 219: 461–471
10. Ducy P, Karsenty G (1995) Two distinct osteoblast-specific cis-acting elements control expression of a mouse osteocalcin gene. Mol Cell Biol. 15:1858–1869
11. Ducy P, Zhang R, Geoffroy V, Ridall AL, Karsenty G (1997) Osf2/Cbfa1: a transcriptional activator of osteoblast differentiation. Cell 89:747–754
12. Elima K, Eerola I, Rosati R, Metsäranta M, Garofalo S, Perälä M, de Crombrugghe B, Vuorio E (1993) The mouse collagen X gene: complete nucleotide sequence, exon structure and expression pattern. Biochem J 289 (Pt 1):247–253
13. Evans MJ, Kaufman MH (1981) Establishment in culture of pluripotential cells from mouse embryos. Nature 292:154–156
14. Fässler R, Rohwedel J, Maltsev V, Bloch W, Lentini S, Guan K, Gullberg D, Hescheler J, Addicks K, Wobus AM (1996) Differentiation and integrity of cardiac muscle cells are impaired in the absence of beta 1 integrin. J Cell Sci 109 (Pt 13):2989–2999
15. Hegert C, Kramer J, Hargus G, Müller J, Kaomei G, Wobus AM, Müller PK, Rohwedel J (2001) Differentiation plasticity of chondrocytes derived from mouse embryonic stem cells. J Cell Sci 115:4617–4628
16. Helgason CD, Sauvageau G, Lawrence HJ, Largman C, Humphries RK (1996) Overexpression of HOXB4 enhances the hematopoietic potential of embryonic stem cells differentiated in vitro. Blood 87:2740–2749
17. Kramer J, Hegert C, Guan K, Wobus AM, Müller PK, Rohwedel J (2000) Embryonic stem cell-derived chondrogenic differentiation in vitro: activation by BMP-2 and BMP-4. Mech Dev 92:193–205

18. Martin GR (1981) Isolation of a pluripotent cell line from early mouse embryos cultured in medium conditioned by teratocarcinoma stem cells. Proc Natl Acad Sci USA 78:7634–7638
19. Metsäranta M, Toman D, de Crombrugghe B, Vuorio E (1991) Mouse type II collagen gene. Complete nucleotide sequence, exon structure, and alternative splicing. J Biol Chem 266:16862–16869
20. Ng LJ, Tam PP, Cheah KS (1993) Preferential expression of alternatively spliced mRNAs encoding type II procollagen with a cysteine-rich amino-propeptide in differentiating cartilage and nonchondrogenic tissues during early mouse development. Dev Biol 159:403–417
21. Perälä M, Savontaus M, Metsäranta M, Vuorio E (1997) Developmental regulation of mRNA species for types II, IX and XI collagens during mouse embryogenesis. Biochem J 324 (Pt 1):209–216
22. Pittenger MF, Mackay AM, Beck SC, Jaiswal RK, Douglas R, Mosca JD, Moorman MA, Simonetti DW, Craig S, Marshak DR (1999) Multilineage potential of adult human mesenchymal stem cells. Science 284:143–147
23. Roach HI, Erenpreisa J, Aigner T (1995) Osteogenic differentiation of hypertrophic chondrocytes involves asymmetric cell divisions and apoptosis. J Cell Biol 131:483–494
24. Rohwedel J, Guan K, Hegert C, Wobus AM (2001) Embryonic stem cells as an in vitro model for mutagenicity, cytotoxicity and embryotoxicity studies: present state and future prospects. Toxicology in vitro 15:741–753
25. Rohwedel J, Guan K, Zuschratter W, Jin S, Ahnert-Hilger G, Furst D, Fässler R, Wobus AM (1998) Loss of beta1 integrin function results in a retardation of myogenic, but an acceleration of neuronal, differentiation of embryonic stem cells in vitro. Dev Biol 201:167–184
26. Rohwedel J, Horak V, Hebrok M, Füchtbauer EM, Wobus AM (1995) M-twist expression inhibits mouse embryonic stem cell-derived myogenic differentiation in vitro. Exp Cell Res 220:92–100
27. Sandell LJ, Morris N, Robbins JR, Goldring MB (1991) Alternatively spliced type II procollagen mRNAs define distinct populations of cells during vertebral development: differential expression of the amino-propeptide. J Cell Biol 114:1307–1319
28. Sandell LJ, Nalin AM, Reife RA (1994) Alternative splice form of type II procollagen mRNA (IIA) is predominant in skeletal precursors and non-cartilaginous tissues during early mouse development. Dev Dyn 199:129–140
29. Scholz G, Pohl I, Genschow E, Klemm M, Spielmann H (1999) Embryotoxicity screening using embryonic stem cells in vitro: correlation to in vivo teratogenicity. Cells Tissues. Organs 165:203–211
30. Simon MC, Pevny L, Wiles MV, Keller G, Costantini F, Orkin SH (1992) Rescue of erythroid development in gene targeted GATA-1-mouse embryonic stem cells. Nat Genet 1:92–98
31. Thomson JA, Itskovitz-Eldor J, Shapiro SS, Waknitz MA, Swiergiel JJ, Marshall VS, Jones JM (1998) Embryonic stem cell lines derived from human blastocysts. Science 282:1145–1147
32. Wakitani S, Goto T, Pineda SJ, Young RG, Mansour JM, Caplan AI, Goldberg VM (1994) Mesenchymal cell-based repair of large, full-thickness defects of articular cartilage. J Bone Joint Surg Am 76:579–592

33. Walcz E, Deak F, Erhardt P, Coulter SN, Fulop C, Horvath P, Doege KJ, Glant TT (1994) Complete coding sequence, deduced primary structure, chromosomal localization, and structural analysis of murine aggrecan. Genomics 22:364–371

34. Wobus AM, Wallukat G, Hescheler J (1991) Pluripotent mouse embryonic stem cells are able to differentiate into cardiomyocytes expressing chronotropic responses to adrenergic and cholinergic agents and Ca2+ channel blockers. Differentiation 48:173–182

35. Wright E, Hargrave MR, Christiansen J, Cooper L, Kun J, Evans T, Gangadharan U, Greenfield A, Koopman P (1995) The Sry-related gene Sox9 is expressed during chondrogenesis in mouse embryos. Nat Genet 9:15–20

7 Therapie von Knorpel-schäden beim Menschen

7.1 B.M. Kabelka

Die autologe Chondrozytentransplantation (ACT) – Historie, Technik, Ergebnisse

■ Einleitung

Dass Knorpelläsionen einen ganz besonderen Heilverlauf nehmen und sich deutlich differente Reparationsvorgänge im Vergleich zu anderen Gewebearten abspielen, hat schon Sir William Hunter (1743) feststellen müssen: „From Hippocrates to the present age it is universally allowed that ulcerated cartilage is a troublesome thing and that, once destroyed, is not repaired" [13].

Knorpelläsionen sind nicht nur medizinische Herausforderungen, sondern stellen in immer größerem Maße sozio-ökonomische Probleme dar. In der BRD wurden 1994 etwa 6,3 Milliarden DM, in den USA im Jahre 1997 etwa 75 Milliarden DM für die Behandlung von Gelenkknorpelläsionen aufgewandt.

Therapeutisch liegen konservative, operative und rehabilitative Maßnahmen zu Grunde. Ziele dieser Therapien sind es, subjektive Beschwerden zu reduzieren und, wenn möglich, in den Arthroseprozess einzugreifen, d.h. den Knorpelmetabolismus zu beeinflussen.

Operative Therapiemaßnahmen in Form von Knorpelanbohrung [26], Abrasio [16, 17], Débridement [18], Lavage [15] sowie Implantation von verschiedenen chondrogenen Geweben wie Periost oder Perichondrium [23, 27, 29] zeichnen sich durch überwiegend gute kurzfristige, doch zumeist deutlich schlechtere Langzeitergebnisse aus. Gleiches gilt für die längerfristigen Ergebnisse nach Umstellungsosteotomien [12, 13]. „Nothing ruins good results like follow up", befand Gross im Jahre 1993 [11].

Knorpelgewebe zeigt in seiner Heilungspotenz u.a. aufgrund seiner Avaskularität, der fehlenden Innervation und insbesondere der fehlenden Basalmembran [19] nicht die typischen Zeichen der sonstigen Gewebedefektheilung, insbesondere die „Entzündungsreaktion" und das „Remodelling" finden hier nicht statt [21].

In Anbetracht dieser spezifischen Gewebereaktion wurde bereits Mitte der 60er Jahre vorigen Jahrhunderts intensiv an der Frage des *Chondrozytentransfers* gearbeitet. Smith berichtete 1965 [30] über die Chondrozytenisolierung. Über homologe Chondrozytentransplantation bei Kaninchen [6, 9] sowie Chondrozytenanzüchtung mit Bildung von Kollagen Typ II kam es dann zu ersten klinischen Erfahrungen mit Chondrozytentransfers bei Patienten [5]. Das Ziel dieses Verfahrens liegt darin, eine Defektfüllung mit *hyalinem Knorpelgewebe* zu erzielen.

■ Indikation

Als Hauptindikationsgebiet haben sich zirkumskripte Defekte am Femurcondylus (medial/lateral), im Bereich des Patellagleitlagers und bedingt auch im Retropatellarbereich erwiesen. Läsionen im Tibiaplateaubereich zeigen deutlich schlechtere Ergebnisse [5, 20, 24]. Fortgeschrittene arthrotische Veränderungen stellen (heute noch) keine Indikation zur ACT dar.

Weiterhin nicht indiziert ist die ACT bei größeren Varus- und Valgusdeformitäten (größer 10°) und hieraus entstehenden Knorpeldefekten. Eine weitere Kontraindikation besteht bei mittel- bis hochgradigen Kniegelenksinstabilitäten.

Grundlage der Indikationsstellung sind zunächst radiologische Untersuchungen (Nativaufnahme als Belastungsaufnahme ap, seitlich und Patellaaufnahme axial) sowie MRT-Diagnostik (inklusive „Fast-spin-echo-Technik") [25].

Die arthroskopische Befunderhebung dient der endgültigen Indikationsstellung. Des Weiteren sollte im Vorfeld das von der ICRS (International Cartilage Repair Society) 1998 entwickelte Dokumentations- und Klassifikationssystem Anwendung finden.

■ Operative Technik

Knorpelbiopsie

Die Knorpelbiopsie zur ACT erfolgt arthroskopisch. Die Biopsieentnahmestelle ist zumeist die mediale Trochlea femoris sowie der Bereich der Intercondylarnotch. Mit einem scharfen Löffel oder einem arthroskopischen Messer wird ein etwa 5–10 mm großes Knorpelstück entnommen („harvesting").

In einem speziellen Transportmedium wird das Biopsat verschickt und anschließend kultiviert. Hierzu stehen xenogene, allogene sowie autologe Seren zur Verfügung, des Weiteren unterschiedliche Agenzien wie Antibiotika und Fungistatika. Nach der Dedifferenzierung der Chondrozyten sowie Befreiung von der Matrix erfolgt dann die Anzüchtung der Knorpelzellen.

Offene autologe Chondrozytentransplantation

▮ **Defektpräparation.** Je nach Lage des Knorpeldefektes erfolgt z. B. am Kniegelenk eine mediale oder laterale Arthrotomie in Blutleere. Der Defekt wird demarkiert, Randbezirke zum notwendigerweise gesunden Knorpel angefrischt, *vertikal* verlaufende Randbereiche sollten angestrebt werden. Der Defektgrund wird bis auf die subchondrale Lamelle freigelegt. Nach
▮ **Defektausmessung** erfolgt die
▮ **Exzision des Periostläppchens** in entsprechender Größe aus dem Bereich der proximomedialen Tibia.
▮ **Periostläppchenfixierung.** Hierbei sollte darauf geachtet werden, dass das „cambium layer" defektseitig positioniert wird [10]. Die Fixierung erfolgt mit einem resorbierbaren Fadenmaterial, z. B. mit einem PDS-Faden der Stärke 5 oder 6×0 mit atraumatischer Nadel. Nach Fixation und Abdichtung der Ränder mit Fibrinkleber erfolgt die Einbringung der autologen Chondrozytensuspension mit einer dünnen Kanüle durch eine noch verbliebene Randöffnung, die anschließend geschlossen wird.

▮ Rehabilitation

Die Rehabilitation gestaltet sich in *vier Phasen.* In der *Initialphase* (1.-6. Woche) ist die Erhaltung bzw. Wiedergewinnung der Gelenkbeweglichkeit u. a. über *Continuous Passive Motion* (CPM) Hauptanliegen [28]. Des Weiteren werden insbesondere isometrische Muskelkräftigungsübungen durchgeführt. Die betroffene Extremität wird mit 20 kg teilbelastet.

In der *Übergangsphase* (7.-12. Woche) erfolgt die sukzessive Belastungssteigerung, sowie ein gezieltes Koordinationstraining, in der *mittleren Phase* (4.-6. Monat) können geringere sportliche Aktivitäten, wie Radfahren, begonnen werden, höhere sportliche Aktivitäten sind ab dem 12. Monat (*Abschlussphase*) erlaubt.

▮ Ergebnisse

Brittberg und Mitarbeiter berichteten 1994 über 23 Patienten in einer durchschnittlichen „Follow-up"-Zeit von 39 Monaten, bei denen in 16 Defekte im Bereich des Femurcondylus und in 7 patelläre Defekte autologe Chondrozyten implantiert wurden. Im Bereich der Femurcondylen zeigten sich 6 exzellente, 8 gute und 2 schlechte Ergebnisse, im Bereich der Patella waren diese Ergebnisse durchweg schlechter. Hier ergaben sich 1 exzellentes, 1 gutes, 3 ausreichende und 2 schlechte Ergebnisse [4].

Kritikpunkte an der Arbeit von Brittberg et al. waren, dass viele kleinere Defekte behandelt wurden (ca. 2 cm^2), die mittelfristig geschilderten Ergebnisse sich nicht von denen anderer Verfahren (Lavage, Drilling und Abrasio) unterschieden und kein anerkanntes Scoringsystem bei der Nachuntersuchung verwendet wurde.

1998 berichtete Lars Peterson [24] auf dem AAOS-Kongress in New Orleans über 2–10 Jahresergebnisse bei 219 Patienten. Hier wurden unterschiedliche Behandlungsgruppen gebildet: isolierte Femurcondylenläsionen, Läsionen an der Femurcondyle und vordere Kreuzbandverletzung, Osteochondrosis-dissecans-Läsionen, Läsionen an der Trochlea, an der Patella sowie Mehrfachläsionen.

Die Evaluation der Patienten erfolgte bei Peterson et al. nach einem *Clinical Grading*, einer *arthroskopischen Untersuchung*, einer *biomechanischen Prüfung (Stiffnesstest)* sowie einer *histologischen Untersuchung* [24].

Die *Ergebniszusammenfassung* ergibt, dass nach einer durchschnittlichen Nachuntersuchungszeit von 4 Jahren sich bei isolierten Condylenläsionen in etwa 80–90% der Fälle exzellente und gute Ergebnisse zeigen, bei Läsionen des Formenkreises der Osteochondrosis dissecans in etwa gleicher Höhe.

Die Arbeit von Peterson et al. zeigt, dass die *ACT* – die Hauptindikation am Femurcondylus hat, sich aber auch gute Ergebnisse für Läsionen im Bereich der Patella und der Trochlea femoris zeigen. Im Bereich der Patella sind aber oft zusätzliche, stabilisierende, operative Maßnahmen bei Malalignment notwendig. Arthrotische Veränderungen stellen auch bei Peterson keine Indikation zur ACT dar.

Eigene Ergebnisse

25 Patienten im Alter zwischen 25 und 68 Jahren (Durchschnittsalter 37,2 Jahre) wurden in der Zeit von März 1997 bis Dezember 2000 mittels ACT operiert und gingen in eine prospektive klinische Studie ein. Insgesamt 30 Kniegelenksknorpeldefekte (20 im Bereich der medialen Femurcondyle, 5 im Bereich der lateralen Femurcondyle und 2 im Bereich des lateralen Tibiaplateaus sowie 3 patelläre Defekte, mit einer Größe von 7,5 cm^2 im Durchschnitt) wurden behandelt. Die durchschnittliche Zahl der Voroperationen betrug 2 (u. a. Abrasio, Drilling, Microfractures). Infekte und Reoperationen wurden in der Nachbehandlungszeit nicht registriert. Die Evaluation umfasste den *Lysholm-Score*, die *Cincinnati Rating Scale*, eine *Visual Analog Scale* zur Schmerzmessung, den *Tegner Wallgren Activity Score* sowie den *ICRS Cartilage Evaluation Form*.

Die durchschnittliche Nachuntersuchungszeit betrug 20 Monate (2–46 Monate). Die Ergebnisse ergaben im Durchschnitt u. a. eine Steigerung im *Lysholm-Score* von 58 Punkten präoperativ auf 86 Punkte (max. 100 Punkte), im *Activity Score nach Tegner* eine Steigerung von 1,5 präoperativ auf 6,5 im Durchschnitt zum Nachuntersuchungszeitpunkt. Durchschnittlich 6 Monate nach Implantation wurde eine MRT-Kontrolle mit Gadolinium durchgeführt. Es wurden insbesondere T2-gewichtete Spin-echo-Sequenzen vorgenommen, die eine besonders genaue Knorpeldarstellung ermöglichen [25].

Bei den jeweiligen MRT-Untersuchungen zeigten sich in allen nachuntersuchten Fällen im Condylenbereich vollständig aufgefüllte Defekte, wobei die Darstellung der Transplantate mit dem umgebenen hyalinen Knorpel vergleichbar war. In dem einen Fall der Transplantation im Tibiaplateaubereich zeigten sich überwiegend faserknorpelige Strukturen. In diesem Fall bestand eine Differenz zwischen gutem klinischen Ergebnis, hoher Patientenzufriedenheit und dem diskrepanten MRT-Befund. Insofern bietet die MRT-Verlaufskontrolle eine wichtige Aussage hinsichtlich der möglicherweise zu erwartenden Prognose des Transplantationsergebnisses.

■ Ausblick

(Osteo)-chondrotische Erkrankungen stellen eine der größten Herausforderungen für die Medizin des 21. Jahrhunderts dar. Bei enggefasster Indikationsstellung (umschriebener Knorpeldefekt, intakte Randbereiche mit hyalinem Knorpel, keine Osteoarthrose) ist die autologe Chondrozytentransplantation (ACT) ein wichtiger Bestandteil der operativen Therapiemaßnahmen von Knorpelläsionen. Sowohl die langfristigen Untersuchungen von Peterson et al. [24] als auch die eigenen kurz- bis mittelfristigen Ergebnisse sind ermutigend!

Dennoch gilt es, insbesondere im Rahmen von prospektiven klinischen Studien, noch offene Fragen zu klären.

Zum einen ist die Technik der ACT zu verbessern, insbesondere die Fixierung des Periostläppchens mit resorbierbaren Staples oder Pins sowie eine arthroskopische Implantationstechnik wird angestrebt.

Derzeit wird die ACT am Kniegelenk, Schultergelenk sowie im Bereich des Talus vorgenommen. Transplantationsmöglichkeiten durch verbesserte operative Techniken im Bereich anderer Gelenke (vor allem Hüft-, Finger- und Zehengelenke) sollten geschaffen werden.

Einheilungs- und Verlaufskontrollen nach ACT sollten durch verbesserte kernspintomographische Techniken („Fast-spin-echo"-Technik) sogar „Second-look"-Arthroskopien, inkl. histologischen Untersuchungen, überflüssig machen, wie es Bobic 1996 vorschlug [2].

Den Bedenken von Seiten der Kostenträger („Experimentalchirurgie") kann durch (multizentrisch organisierte) prospektive klinische Studien sowie ausführliche und exakte Dokumentation und Verlaufskontrollen wirksam begegnet werden.

Wichtige weitere Entwicklungen auf dem Gebiet der Sanierung von Knorpelschäden werden insbesondere die Verwendung von Stammzellen und von Wachstumshormonen mit chondrogenetischer Potenz darstellen [3, 31].

■ Literatur

1. Aston JE, Bentley G (1982) Culture of articular cartilage as a method of storage: Assessment of maintenance of phenotype. J Bone Joint Surg 64B:384
2. Bobic V (1996) Arthroscopic osteochondral autograft transplantation in anterior cruciate ligament reconstruction: A preliminary clinical study. Knee Surg Sports Traumatol Arthrosc 3:262–264
3. Brodham DM, Horton WE Jr (1998) In vivo cartilage formation from growth factor modulated articular chondrocytes. Clin Orthop 239:49
4. Brittberg M, Faxén E, Peterson L (1994) Carbon fiber scaffolds in the treatment of early knee osteoarthritis. A prospective 4-year followup of 37 patients. Clin Orthop 307:155–164
5. Brittberg M, Lindahl A, Nilsson A (1994) Treatment of deep cartilage defects in the knee with autologous chondrocyte transplantation. N Engl J Med 331:889–895
6. Brittberg M, Nilsson A, Lindahl A (1996) Rabbit articular cartilage defects treated with autologous cultured chondrocytes. Clin Orthop 326:270–283
7. Buckwalter JA, Mankin HJ (1997) Articular cartilage. Part 2: Degeneration and osteoarthritis, repair, regeneration and transplantation. J Bone Joint Surg 79A:612–632
8. Buckwalter JA, Mankin HJ (1997) Articular cartilage. Part 1: Tissue design and chondrocyte-matrix interaction. J Bone Joint Surg 79A:600–611
9. Chesterman PJ, Smith AU (1968) Homotransplantation of articular cartilage and isolated chondrocytes. An experimental study in rabbits. J Bone Joint Surg 50B:184–197
10. Fitzsimmons JS, O'Driscoll SW (1998) Technical experience is important in harvesting periosteum for chondrogenesis. Trans Orthop Res Soc 23:914
11. Gross M (1993) Innovations in surgery. A proposal for phased clinical trials. J Bone Joint Surg 75B:351–354
12. Hernigou P, Medeville D, Debeyre J, Goufallier D (1987) Proximal tibial osteotomy for osteoarthritis with varus deformity. J Bone Joint Surg 69A:322–354
13. Hunter W (1743) On the structure and diseases of articulating cartilage. Philos Trans R Soc Lond 42b:514–521
14. Insall JN, Joseph DM, Msika C (1984) High tibial osteotomy for varus gonartrosis. A long-term follow-up study. J Bone Joint Surg 66A:1040–1048
15. Jackson RW, Silver R, Marans R (1986) Arthroscopic treatment of degenerative joint disease. Arthroscopy 2:114
16. Johnson LL (1990) The sclerotic lesion. Pathology and the clinical response to arthroscopic abrasion arthroplasty. In: Ewing JW (ed) Articular cartilage and knee joint function. Raven Press, New York, pp 319–333
17. Johnson LL (1986) Arthroscopic abrasion arthroplasty. Historical and pathological perspective: Present status. Arthroscopy 2:54–69
18. Kim HKW, Moran ME, Salter RB (1991) The potential for regeneration of articular cartilage in defects created by chondral shaving and subchondral abrasion. An experimental investigation in rabbits. J Bone Joint Surg 73A:1301–1315
19. Kuettner KE, Thonar EJ-MA, Aydelotte MB (1990) in: Cartilage changes in osteoarthritis. Brond KE (ed), Indiana University School of Medicine, Indianapolis, pp 3–11

20. Löhnert J, Ruhnau K, Gossen A, Bernsmann K, Wiese M (1999) Autologe Chondrocytentransplantation (ACT) im Kniegelenk – Erste Klinische Ergebnisse Arthroskopie 13:34–42
21. Mankin HJ (1982) The response of articular cartilage to mechanical injury. J Bone Joint Surg 64A:460–466
22. Messner K, Maletius W (1996) The long-term prognosis for severe damage to weight-bearing cartilage in the knee. A 14-year clinical and radiographic follow-up in 28 young athletes. Acta Orthop Scand 67:165–168
23. O'Driscoll SW, Keeley FW, Salter RB (1986) The chondrogenetic potential of free autogenous periosteal grafts for biological resurfacing of major full-thickness defects in joint surfaces under the influence of continuous passive motion. An experimental investigation in the rabbit. J Bone Joint Surg 68A: 1017–1035
24. Peterson L (1998) Autologous chondrocytes transplantation. 2–10 year follow-up in 219 patients. Abstract. Am Acad Orth Surg, Annual Meeting, New Orleans, USA
25. Potter HG, Linklater JM, Allen AA, Hannafin JA, Haas ST (1998) Manetic Response Imaging of Articular Cartilage in the knee. J Bone Joint Surg 80A: 1276–1284
26. Pridie KH (1959) A method of resurfacing osteoarthritic knee joints. J Bone Joint Surg 41B:618–619
27. Rubak JM (1982) Reconstruction of articular cartilage defects with free periostal grafts. An experimental study. Acta Orthop Scandinavica 53:175–180
28. Salter RB (1993) Continuous passive motion. A biological concept for the healing and regeneration of articular cartilage, ligaments and tendons. Williams and Wilkins, Baltimore
29. Skoog T, Ohlsén L, Sohn SA (1972) Perichondral potential for cartilagenous regeneration. Scandinavian J Plast and Reconstr Surg 6:123–125
30. Smith AU (1965) Survival of froozen chondrocytes isolated from cartilage of adult mammals. Nature 205:782–784
31. Wakitani S, Goto T, Pineda SJ et al (1994) Mesenchymal cell-based repair of large, full-thickness defects of articular cartilage. J Bone Joint Surg 76A:579–592

7.2 C. Liebau, J. Arnold, A. Baltzer, T. Bartmann,
R. Krauspe, H. Koch, H. Merk

Erfahrungen nach 150 Knorpel-Knochen-Transplantationen (KKT) am Kniegelenk

■ Einleitung

Die Bedeutung von Gelenkknorpeldefekten und deren Behandlung wird bereits seit 1743 in der medizinischen Literatur diskutiert [11]. Das limitierte Selbstheilungsvermögen des hyalinen Knorpels macht ihn auch heute noch zum Objekt intensiver Forschung. Viele Behandlungsmethoden, darunter die Abrasionsarthroplastik, die Mikrofrakturierung oder die Pridie-Bohrung, werden zur Zeit kontrovers diskutiert, da sie nur zur Bildung von Faserknorpel führen [13, 15, 17, 18, 21]. Auch wenn sich kurzfristig die Symptomatik nach den Eingriffen bessert, so entsteht langfristig ein aus mechanischer Sicht minderwertiges Ersatzgewebe. Diese Tatsache ist gerade für Patienten mit einem hohen Aktivitätsniveau als unbefriedigend anzusehen. Das Ziel der modernen Medizin sollte die Erhaltung der mechanischen Gelenkfunktion sein [18].

Das derzeitige Interesse gilt den so genannten „biologischen Therapieansätzen", wobei der osteochondrale Defekt mit autologem hyalinem Knorpel und Knochen aufgefüllt wird. Zwei Verfahren konkurrieren derzeit miteinander:

- ■ die osteochondrale Transplantation von autologen Knorpel-Knochen-Zylindern und
- ■ die Chondrozytentransplantation.

Nach anfänglich positiven Ergebnissen mit der Knorpelzelltransplantation [3, 20] nimmt die Zahl der Kritiker zu. In Tiermodellen wurde gezeigt, dass bei dieser Methode nur Faserknorpel oder „hyalinähnlicher" Knorpel gebildet wird [3, 22]. Es handelt sich um ein sehr teures und aufwendiges Verfahren, welches mit mindestens zwei operativen Eingriffen verbunden ist [16].

Die Transplantation autologer Knorpel-Knochen-Zylinder war schon in den 60er und 70er Jahren Inhalt tierexperimenteller Studien mit ermutigenden Ergebnissen [5, 9, 19]. Anfang der 90er Jahre entwickelten Hangody und Kárpáti in Ungarn das Prinzip der Mosaikplastik zur Deckung umschriebener osteochondraler Defekte im Kniegelenk mit hyalinem Knorpel [15]. Bei histologischen Untersuchungen an Knorpelbiopsien, die nach

KKT bei Second-look- bzw. Rearthroskopien aus den Zylindern entnommen wurden, hat sich gezeigt, dass die transplantierten Zylinder auch nach 3 Jahren noch mit vitalem hyalinen Knorpel überzogen sind [8]. So erscheint die autologe KKT momentan als einzige Methode, die es erlaubt, Gelenkknorpeldefekte im Rahmen einer Osteochondrosis dissecans (OD) oder traumatischen Läsion mit hyalinem Knorpel zu decken [1].

Ein Schwerpunkt unserer Studie liegt in der Berücksichtigung der verschiedenen Indikationsstellungen mit einer Ausweitung der klassischen Indikationsgrenzen auf umschriebene degenerative Defekte in allen drei Kniegelenkkompartimenten. Bisher konnten wir die Ergebnisse von 45 Patienten über einen Zeitraum von bereits 2 Jahren analysieren. In dieser Arbeit sollen insbesondere die Ergebnisse eines erweiterten Indikationsbereiches mit Versorgung umschriebener degenerativer Knorpelläsionen dargestellt werden.

■ Material und Methoden

Zwischen Mai 1998 und Dezember 2000 wurde bei insgesamt 150 Patienten eine autologe KKT am Kniegelenk durchgeführt. Bisher konnten die Daten von 45 Patienten über einen Zeitraum von 24 Monaten im Rahmen unserer prospektiven Studie analysiert werden. Dabei handelte es sich um 26 männliche und 19 weibliche Patienten, mit einem Durchschnittsalter von 36 Jahren (16–58). Das rechte Knie war bei 28, das linke Knie bei 17 Patienten betroffen. 15 Patienten hatten einen osteochondralen Defekt im Rahmen einer OD (Durchschnittsalter 24 Jahre) (Abb. 1), weitere 14 infolge arthrotischer Gelenkveränderungen (Durchschnittsalter 47 Jahre; Abb. 2).

In 6 Fällen lag eine traumatische Knorpelläsion vor, in 5 Fällen ein retropatellarer Knorpelschaden. Eine kombinierte Transplantation am medialen Kondylus und an der Trochlea femoris konnte bei 2 Patienten vorgenommen werden. Die Kombination einer medialen (unikondylären) Schlittenprothese mit osteochondraler Transplantation im Bereich der Trochlea femoris wurde ebenfalls zweimal durchgeführt (Abb. 3). Eine offene Transplantation am Tibiaplateau wurde bei einem Patienten durchgeführt.

Die häufigste Lokalisation der Knorpeldefekte war der mediale Femurkondylus (28 mal). Bei 8 Patienten war der laterale Kondylus betroffen, in 5 Fällen die Patella und bei 4 weiteren die Trochlea femoris.

Die Patienten wurden präoperativ in eine der folgenden fünf Gruppen eingeteilt:
1. Osteochondrosis dissecans (OD),
2. traumatische Läsion,
3. umschriebene degenerative Defekte (Arthrose),
4. retropatellarer Knorpelschaden/Chondromalacia patellae und
5. Sonstige (Tibiaplateau, Kombination mit unikondylärer Schlittenprothese).

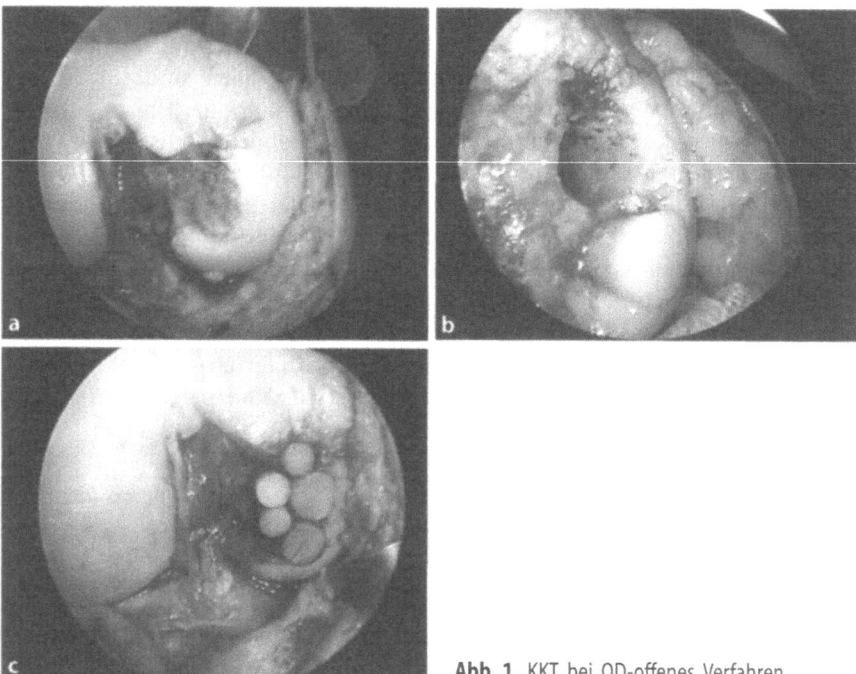

Abb. 1. KKT bei OD-offenes Verfahren

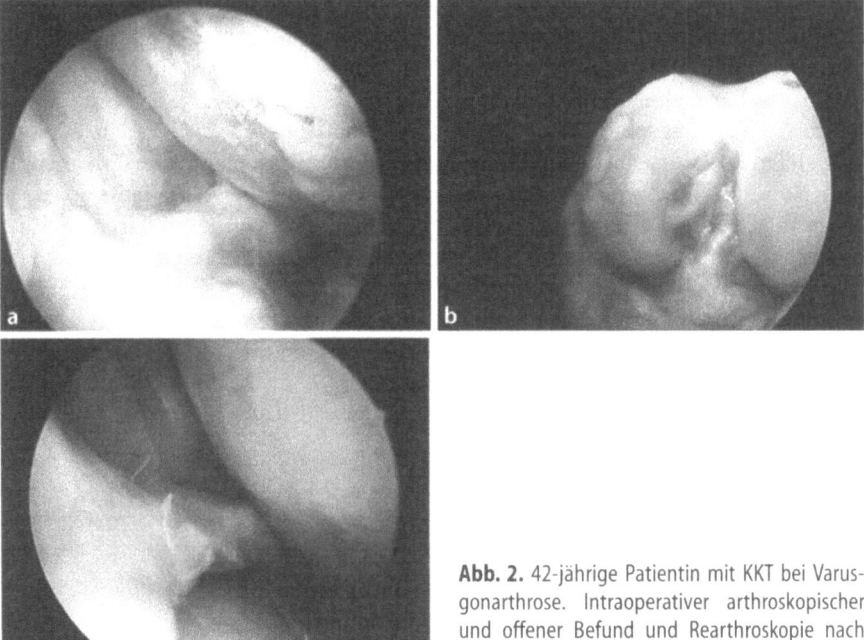

Abb. 2. 42-jährige Patientin mit KKT bei Varus-gonarthrose. Intraoperativer arthroskopischer und offener Befund und Rearthroskopie nach 6 Monaten

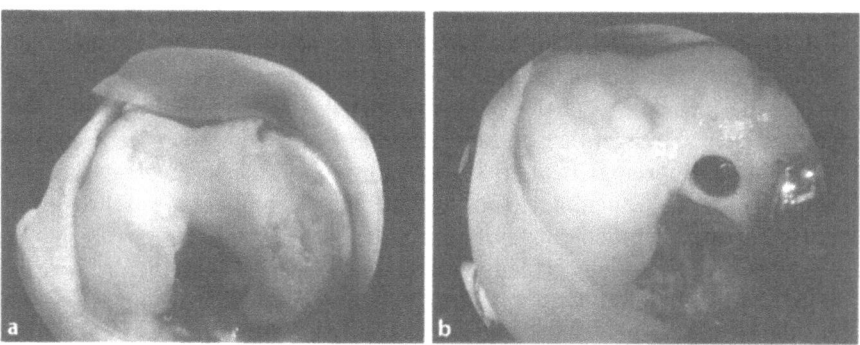

Abb. 3. 56-jährige Patientin mit Kombination von unikondylärer Schlittenprothese und KKT bei Gonarthrose

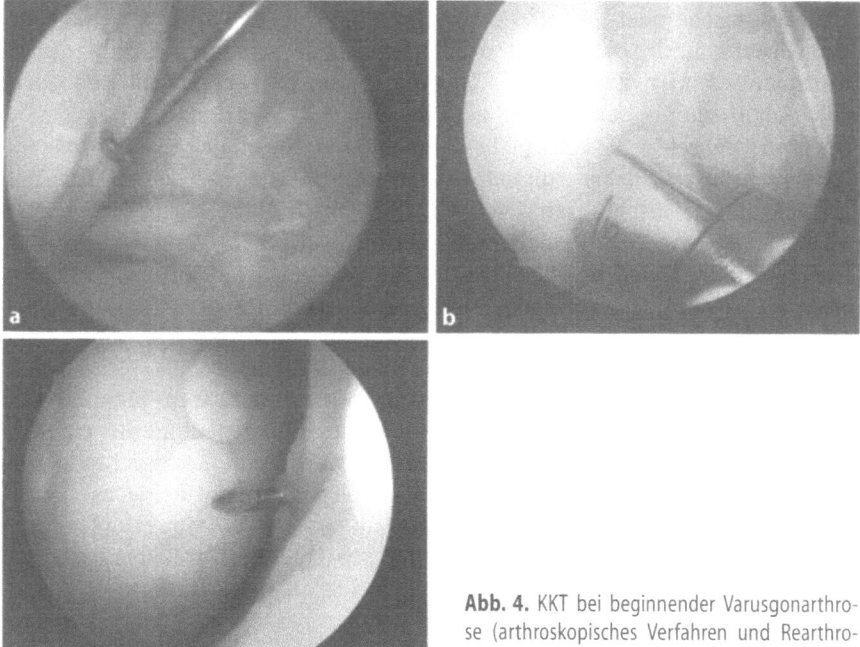

Abb. 4. KKT bei beginnender Varusgonarthrose (arthroskopisches Verfahren und Rearthroskopie mit Nadelbiopsie, 4 Monate postop)

Je nach Indikationsstellung wurde das OATS®-Stanzen- oder das Draenert®-Fräsensystem eingesetzt. Letzteres kommt zur Vorbereitung des Empfängerbettes bei retropatellaren Chondralläsionen zur Anwendung. Das Studienprotokoll beinhaltet Ein- und Ausschlusskriterien sowie die standardisierte Dokumentation der demographischen Daten, die prä- und postoperativen klinischen und radiologischen Befunde einschließlich MRT sowie ein festgelegtes Nachbehandlungsschema. Nach 4 bis 6 Monaten eine Secondlook-Arthroskopie (Abb. 4).

Diese erlaubt eine direkte Beurteilung des rekonstruierten Bereiches. Gleichzeitig wurde bei allen Patienten eine Nadelbiopsie zur histologischen Knorpelbeurteilung durchgeführt. Für einige Patienten musste während der Rearthroskopie eine partielle Synovektomie korrespondierend zu den Entnahmestellen durchgeführt und ein laterales Release angelegt werden, da es nach dem Primäreingriff oberhalb der Entnahmestellen zu einer Fibrosierung der Gelenkinnenhaut kam. Diese korrespondierende Fibrosierung führte zu einer deutlichen Crepitatio.

Aufgrund sehr guter Frühergebnisse nach der KKT kleinerer Knorpeldefekte wurde die Indikationsstellung zur autologen KKT auf umschriebene degenerative Knorpeldefekte der Femurkondylen, der Trochlea femoris und retropatellar erweitert, wobei ein maximales Patientenalter von 65 Jahren festgelegt wurde. Femoropatellar sowie retropatellar und bei größeren degenerativen Knorpeldefekten der Femurkondylen konnte jeweils nur die offene chirurgische Technik angewendet werden. Die Entscheidung, ob das arthroskopische oder das offene Verfahren angewendet wird, hängt von der Ausdehnung und Lokalisation des Defektes bzw. von der Anzahl der zu transplantierenden Zylinder ab. Ist eine Läsion der Femurkondylen durch einen arthroskopischen Zugang gut erreichbar und wird eine maximale Defektgröße von etwa 2×2 cm nicht überschritten, bietet sich die arthroskopische Technik an. Bisher konnten wir 46 der 150, bzw. 19 der 45 Eingriffe arthroskopisch durchführen. Die Indikation zur KKT bei degenerativen Defekten hängt von der Ausdehnung der arthrotischen Veränderungen im Kniegelenk ab. Dabei ist vor allem auf die Qualität des Knorpels im Donorareal zu achten. Ist mehr als ein Kompartiment (medial, femoropatellar oder lateral) betroffen, so kommt eine KKT nur dann in Frage, wenn genügend autologe Spenderzylinder gewonnen werden können.

Die Beachtung der Beinachsen spielt in der operativen Planung eine wichtige Rolle. Wurde bei der Ganzbeinstand-Röntgenaufnahme eine Varusfehlstellung von mehr als 2° festgestellt, wurde eine korrigierende Umstellungsosteotomie durchgeführt, um eine physiologische Beinachse herzustellen. Die Umstellungsosteotomie kann ein- oder zweizeitig erfolgen.

Im Durchschnitt wurden 2–3 Zylinder pro Operation transplantiert, das Maximum lag bei den Transplantationen bei 8 Spenderzylindern.

Nachbehandlungsschema

Nach dem stationären Aufenthalt erhalten alle Patienten für vier Wochen eine Continuous-passive-motion-Schiene (CPM) zur täglichen passiven Übungsbehandlung mit nach Hause. Zusätzlich wird ein aktives Krankengymnastikprogramm verordnet. Für die ersten 3 Wochen ist ein Abrollen des Beines erlaubt. Nach einer ersten klinischen Kontrolle wird die Belastung auf 20 bis 25 kg gesteigert. Nach 6 Wochen wird die Vollbelastung freigegeben. Ab der 7. Woche wird, in Abhängigkeit des Kniebefundes, eine erweiterte ambulante Physiotherapie (EAP) verordnet. Im Rahmen dieser

Trainingstherapie werden muskuläre Defizite abgebaut sowie die Proprio-zeption verbessert. In der 10. bis 12. postoperativen Woche erhalten die Pa-tienten ein Kontroll-MRT zur Beurteilung der osteochondralen Integration. Patienten, bei denen in arthroskopischer Technik nur ein bis zwei Zylinder transplantiert wurden, beginnen schon am 14. postoperativen Tag mit der Vollbelastung.

Die Bewertung der Untersuchungsergebnisse erfolgt nach dem McDer-mott-Score zu den folgenden Zeitpunkten: präoperativ, 3, 6, 12, 18 sowie 24 Monate postoperativ. Der Score enthält sowohl subjektive (60 Punkte) als auch objektive (40 Punkte) Kriterien. Die Punkteskala reicht von 0 bis 100 Punkten, wobei 100 Punkte einem optimalen Wert entsprechen. Ab einem postoperativen Wert von 75 Punkten wird die Transplantation als erfolgreich eingestuft (Tabelle 1).

Die statistische Auswertung der Ergebnisse erfolgte über eine mit MS-EXCEL® hergestellte Datenbank und mit der Statistiksoftware SPSS®. Der Vergleich von Mittelwerten zur Errechnung von Signifikanzen wurde mit dem „student-t-Test für gepaarte Stichproben" (SPSS®) durchgeführt, wobei unser besonderes Interesse dem Vergleich der verschiedenen Indika-tionsgruppen galt.

■ Ergebnisse

Von den insgesamt 45 Patienten mit einer Nachbehandlungsdauer von 2 Jahren waren 42 subjektiv mit dem Ergebnis der Operation zufrieden. Der Gesamtscorewert steigerte sich von durchschnittlich 67,9 Punkten präope-rativ auf 92,4 Punkte 24 Monate nach der Transplantation ($p < 0,01$). Dabei kommt es zu einer signifikanten Zunahme von 67,9 Punkten präoperativ auf 84,6 Punkte drei Monate postoperativ ($p < 0,01$), gefolgt von einem wei-teren signifikanten Anstieg auf 88,8 Punkte sechs Monate nach dem Ein-griff ($p < 0,005$) (Abb. 5).

Vor allem die Schmerzabnahme steht hier im Vordergrund, welche sich in einem Scoreanstieg von 10,8 Punkten präoperativ auf 24,2 Punkte drei Monate ($p < 0,01$) bzw. 26,6 Punkte sechs Monate postoperativ ($p < 0,01$) zeigt (Abb. 6).

Bei allen Indikationsgruppen zeigte sich ein signifikanter Anstieg des Gesamtscorewertes ($p < 0,05$) nach 2 Jahren (Abb. 7).

Bei den 14 Patienten, die im Rahmen arthrotischer Veränderungen ope-riert wurden, wurden durchschnittlich 3 Zylinder transplantiert. Der Ge-samtscorewert für die Arthrosepatienten steigt signifikant von 68,7 Punkten auf 96,4 Punkte 24 Monate postoperativ an. Die höchste Gesamtscore-zunahme (präoperativ: 61,3 vs. 24 Monate postoperativ: 96,4) findet sich bei den 5 Patienten mit retropatellarem Knorpeldefekt ($p < 0,05$).

Die histologischen Ergebnisse zeigten, dass 4–6 Monate nach der Opera-tion die transplantierten Zylinder mit vitalem hyalinen Knorpel überzogen sind.

Tabelle 1. Score nach McDermott et al [15a]

Subjektiv Kriterien		60 Punkte
■ Schmerzintensität	keine	35
	leichte	28
	mäßige	21
	starke	14
	Ruheschmerz	0
■ Instabilität	keine	10
	gelegentliche	7
	häufige	4
	Bandage/Schiene nötig	0
■ Gehhilfen	keine	5
	Stock	3
	Krücken/zwei Stöcke	1
	Walker/Gehrahmen	0
■ Gehstrecke (schmerzfrei)	2 km und mehr	10
	bis 1 km	6
	bis 500 m	3
	kurze Strecken im Haus	1
	an das Bett gebunden	0
Objektiv Kriterien		**40 Punkte**
■ Extension	keine Einschränkung	10
	bis 5° Defizit	7
	5–10°	4
	10–20°	2
	>20°	0
■ Flexion	>120°	20
	90–120°	15
	45–90°	8
	<45°	0
■ Erguss	keine	10
	mäßige	5
	starke	0

Im Bereich der Donordefekte, welche mit dem ossären Anteil des Empfängerareals aufgefüllt wurden, kommt es an der Oberfläche zu einer regenerativen Faserknorpelbildung (Abb. 8).

Lediglich die Ergebnisse von 3 Patienten mit einem Score von weniger als 75 zwei Jahre postoperativ müssen als nicht zufriedenstellend angesehen werden. In einem Fall kam es postoperativ zu einer Arthrofibrose. Hier kam es zu einem Gesamtscore von 59 Punkten 2 Jahre nach der KKT. Ein zweites negatives Ergebnis zeigte sich bei einem 41-jährigen Patienten, der in den letzten 20 Jahren mehrfach am Knie voroperiert wurde (59 Punkte

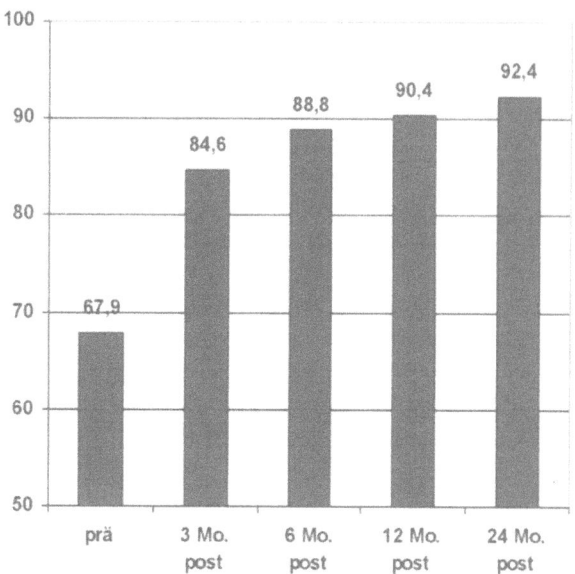

Abb. 5. Gesamtergebnisse im Verlauf. McDermott-Score (n = 45)

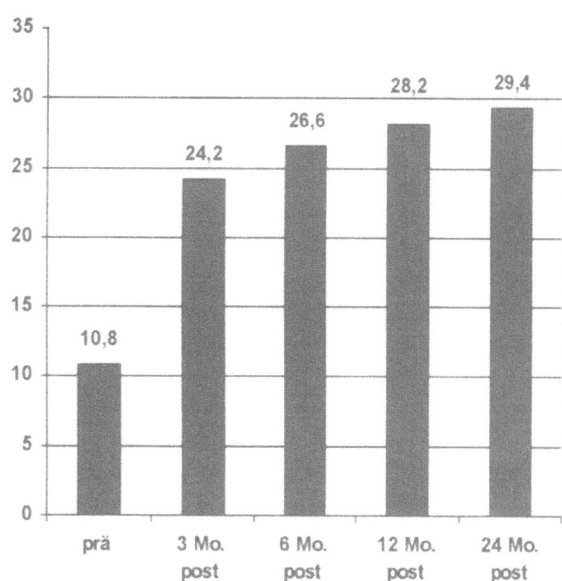

Abb. 6. Ergebnisse im Verlauf; Item: Schmerzintensität. McDermott-Score

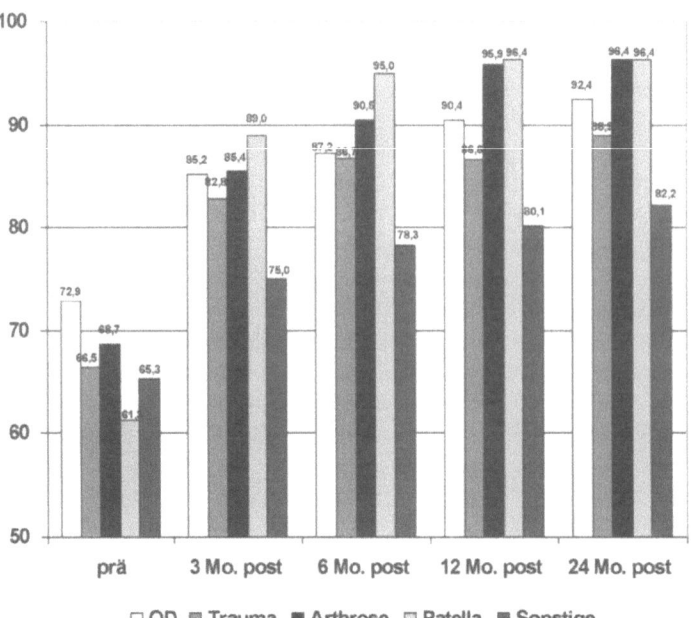

Abb. 7. Vergleich der verschiedenen Indikationsgruppen. McDermott-Score

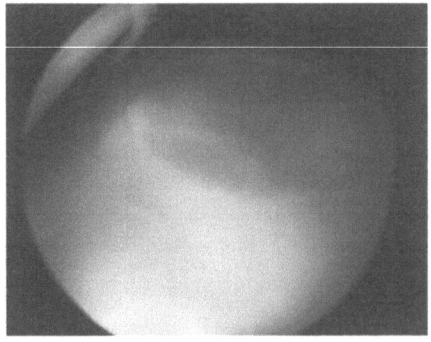

Abb. 8. Donordefekt 4 Monate postop. mit Deckung durch Faserknorpel

präoperativ, 70 Punkte 2 Jahre postoperativ). Hier führten wir 7 Monate nach der Transplantation von 2 Zylindern eine valgisierende Umstellungsosteotomie durch. Bei einer jungen Patientin mit OD am medialen Kondylus stellte sich nach autologer KKT von einem Zylinder keine Besserung der klinischen Beschwerden ein. Der Gesamtscorewert betrug präoperativ wie auch 24 Monate postoperativ jeweils 61 Punkte.

Infektionen bzw. Wundheilungsstörungen sind in keinem Fall aufgetreten. Immer wieder diskutierte Nekrosen der Zylinder und Transplantatlockerungen wurden ebenfalls in keinem Fall nachgewiesen.

■ Diskussion

Zur Zeit gibt es zwei biologische Ansätze zur Behandlung chondraler bzw. osteochondraler Gelenkknorpeldefekte. Dabei steht die autologe Chondrozytentransplantation der autologen Knorpel-Knochen-Transplantation gegenüber. Beide Therapieformen haben die Wiederherstellung einer von hyalinem Knorpel überzogenen Gelenkfläche als Ziel. Andere Verfahren, wie die Pridie-Bohrung, die Mikrofrakturierung oder die Abrasionsarthroplastik, führen zur Bildung eines aus mechanischer Sicht minderwertigen Faserknorpels, der auf Dauer den Belastungen, denen das Kniegelenk ausgesetzt ist, nicht standhalten kann [13, 15, 17, 18, 21].

Bei Patienten mit einer OD sollte der Behandlungserfolg nicht nur anhand der Schmerzreduktion gemessen werden, sondern es muss auch eine Gelenkflächenrekonstruktion erfolgen und so die physiologische Gelenkfunktion wieder hergestellt werden [16]. Nur so können sekundärarthrotische Veränderungen des betroffenen Gelenkes verhindert werden. Auch für Patienten mit umschriebenen degenerativen chondralen Defekten sollte eine belastbare Gelenkfläche geschaffen werden, welche eine endoprothetische Versorgung hinauszögern oder sogar unnötig machen kann.

In einer Studie von Brittberg et al. [3] wird über die erfolgreiche Chondrozytentransplantation bei 16 von 23 Patienten mit einem Follow-up von 39 Monaten berichtet. Im Kaninchenmodell zeigten Breinan et al. 1997, dass das Übernähen der in den Knorpeldefekt injizierten Chondrozyten mit einer Periostschuppe zur Traumatisierung des angrenzenden hyalinen Knorpels führt [2]. Zur Zeit werden matrixgekoppelte Implantationsmethoden entwickelt, bei denen das Einnähen eines Periostläppchens durch Aufkleben einer mit Chondrozyten beladenen Membran ersetzt wird. Eine Veröffentlichung von Peterson, 1998, über 213 Chondrozytentransplantationen am Menschen beschreibt einerseits zwar gute Erfolge im Hinblick auf die subjektive Zufriedenheit der Patienten, andererseits kommt man auch hier zu dem Ergebnis, dass nur „hyalinähnlicher" Ersatzknorpel in den Gelenken gebildet wird [20].

Grifka et al. beschrieben 2000, dass bei tieferen osteochondralen Defekten eine alleinige Auffüllung mit *in vitro* gezüchteten Chondrozyten nicht ausreicht. Der knöcherne Anteil der Läsion müsse mit behandelt werden [6].

Diese Forderung wird von der KKT erfüllt, welche zur Zeit die einzige operative Technik zur Knorpelreparation darstellt, die hyalinen Knorpel zur Verfügung stellt und osteochondrale Defekte rekonstruiert [1]. 1998 berichteten Hangody et al. über eine 91%ige Erfolgsrate anhand von 60 Fällen mit einem Follow-up von mindestens drei Jahren. Anhand von Nadelbiopsien, gewonnen in Second-look- bzw. Rearthroskopien, hat sich gezeigt, dass die transplantierten Zylinder auch nach drei Jahren noch mit vitalem hyalinen Knorpel überzogen sind [7, 8]. Schon 1985 publizierten Kandel et al. über den Nachweis lebender Knorpelzellen in allogenen Transplantaten sieben Jahre nach der Implantation [14]. In einer Studie von Marcacci et al. von 1999 waren 12 der 13 Patienten fünf Jahre nach dem osteochondralen Transfer am Femurkondylus mit dem Ergebnis zufrieden und in der Lage, ein Aktivitätsniveau zu erreichen, das dem vor ihrer Verletzung entsprach. MRT-Kontrollaufnahmen zeigten eine gute Integration der transplantierten Zylinder [17]. Imhoff et al. konnten bei 17 Patienten mit einem Follow-up von zwölf Monaten eine durchschnittliche Scorezunahme von 27 Punkten (Score nach Bruns) nachweisen [12]. Eine vergleichende Studie von Horas et al., 2000, betont die unzureichende Qualität des Regenerats 24 Monate nach autologer Chondrozytentransplantation, während dagegen die Gelenkoberfläche nach Zylindertransplantation makroskopisch, mikroskopisch sowie immunohistochemisch mit vitalem hyalinen Knorpel bedeckt ist [10].

Im Rahmen einer prospektiven Studie erweiterten wir die Indikationsstellung auf umschriebene osteochondrale Defekte im Rahmen arthrotischer Gelenkknorpelveränderungen im Kniegelenk, wobei ein maximales Patientenalter von 65 Jahren festgelegt wurde. Für jede der Indikationsgruppen zeigte sich eine signifikante Zunahme des Gesamtscorewertes nach McDermott bereits 3 bzw. 6 Monate nach dem Eingriff. Daran zeigt sich, dass die Patienten schon nach kurzer Zeit von der KKT profitieren.

Das Ziel der Behandlung eines umschriebenen osteochondralen Defektes sollte, neben einer Abnahme der Schmerzintensität, die Vermeidung sekundärarthrotischer Veränderungen sein. Mit der KKT steht ein Verfahren zur Verfügung, welches diesen Anforderungen gerecht wird, da hyaliner Knorpel zur Defektdeckung transplantiert wird. Hierbei werden aus weniger belasteten Knorpelzonen des Kniegelenkes wie dem proximalen lateralen Femurkondylus und der Fossa intercondylaris so viele Knorpel-Knochen-Zylinder entnommen, wie zur Deckung chondraler oder osteochondraler Defekte in der Belastungszone nötig sind [12, 16]. Sowohl junge Patienten mit OD als auch ältere Patienten mit arthrotischen Knorpeldefekten, bei denen noch mindestens 1/3 der Belastungszone des betroffenen Femurkondylus mit intaktem Knorpel überzogen sein sollte, können auf diese Weise eine biologische Gelenkflächenrekonstruktion erhalten. Unsere Ergebnisse bei den Arthrosepatienten unterscheiden sich dabei nicht signifikant von denen der klassischen Indikationsgruppen. Gerade für Arthrosepatienten kann die KKT eine biologische Alternative darstellen, durch welche ein künstlicher Gelenkflächenersatz entweder verhindert oder zumindest der Zeitpunkt der Implantation hinausgezögert werden kann [16]. Auch die zweimalige Kombination der KKT mit der Implantation eines unikondylären Schlittens zeigt ermutigende Ergebnisse. Grenzen der KKT in der von uns angewandten Technik sehen wir vor allem bei Vorliegen einer „kissing disease", ubiquitärer Gonarthrose und bei Defekten, deren Behandlung durch die Knorpelqualität und Knorpelfläche des Donorareals limitiert ist.

Nach unseren Erfahrungen eignet sich die Transplantation autologer Knorpel-Knochen-Zylinder zur Reparation umschriebener osteochondraler Defekte an den Femurkondylen, an der Trochlea sowie retropatellar. Neben den klassischen Indikationen wie OD, Chondromalacia patellae oder posttraumatischen Knorpelläsionen können bei strenger Indikationsstellung auch chondrale Defekte in arthrotisch veränderten Kniegelenken erfolgreich repariert werden.

Die Chondrozytentransplantation mit dem Einsatz dreidimensionaler Trägermaterialien sowie die Suche nach Wachstumsfaktoren zur Stimulation der Knorpelzellen und nicht zuletzt gentechnische Entwicklungen sind Inhalt experimenteller Studien, die in Zukunft die weitere Anwendung der Knorpel-Knochen-Transplantation beeinflussen werden [10].

■ Literatur

1. Bobic V (1999) Die Verwendung von autologen Knochen-Knorpel-Transplantaten in der Behandlung von Gelenkknorpelläsionen. Orthopäde 28(1):19–25
2. Breinan HA, Minas T, Hsui HP, Nehrer S, Sledge CB, Spector M (1997) Effect of cultured autologous chondrocytes on repair of chondral defects in a canine model. J Bone Joint Surg 79A(10):1439–1451
3. Brittberg M, Lindahl A, Nilsson A, Ohlsson C, Isaksson O, Peterson L (1994) Treatment of deep cartilage defects in the knee with autologous chondrocyte transplantation. N Engl J Med 331(14):889–895
4. Brittberg M, Nilsson A, Lindahl A, Ohlsson C, Peterson L (1996) Rabbit articular cartilage defects treated with autologous cultured chondrocytes. Clin Orthop 326:270–283
4a. Bruns J (1996) Osteochondritis dissecans. Enke, Stuttgart
5. Ehalt W (1962) Gelenkknorpel-Plastik. Langenbecks Arch Chir 299:768–774
6. Grifka J, Anders S, Löhnert J, Baag R, Feldt S (2000) Regeneration von Gelenkknorpel durch die autologe Chondrozytentransplantation. Arthroscopy 13(3): 113–122
7. Hangody L, Kish G, Kárpáti Z, Udvarhelyi I, Szigeti I, Bély M (1998) Mosaicplasty for the treatment of articular cartilage defects: Application in clinical practice. Orthopedics 21(7):751–756
8. Hangody L, Kish G, Kárpáti Z, Szerb I, Udvarhelyi I (1997) Arthroscopic autogenous osteochondral mosaicplasty for the treatment of femoral condylar articular defects. Knee Surg Sports Traumatol, Arthrosc 5:262–267
9. Hesse W, Hesse I (1976) Langzeitergebnisse nach Knorpeltransplantation. Langenbecks Arch Chir Suppl:292–295
10. Horas U, Schnettler R, Pelinkovic D, Herr G, Aigner T (2000) Knorpelknochentransplantation versus autogene Chondrocytentransplantation Eine prospektive vergleichende klinische Studie. Chirurg 71:1090–1097
11. Hunter W (1743) On the structure and diseases of articulare cartilage. Phil Trans 42:514–521
12. Imhoff AB, Öttl GM, Murkart A, Traub S (1999) Osteochondrale autologe Transplantation an verschiedenen Gelenken. Orthopäde 28 (1):33–44
13. Insall J (1974) The Pridie debridement operation for osteoarthritis of the knee. Clin Orthop 101:61–67
14. Kandel RA, Gross AE, Ganel A, McDermott AGP, Langer F, Pritzker KPH (1985) Histopathology of failed osteoarticular shell allografts. Clin Orthop 197:103–110

15. Kish G, Módis L, Hangody L (1999) Osteochondral mosaicplasty for the treatment of focal chondral and osteochondral lesions of the knee and talus in the athlete. Clin Sports Med 18(1):45–66
15a. Krämer KL, Maichl FP (1993) Scores, Bewertungsschemata und Klassifikationen in Orthopädie und Traumatologie. Thieme, Stuttgart
16. Liebau C, Krämer R, Haak H, Baltzer A, Arnold J, Merk H, Krauspe R (2000) Technik der autologen Knorpel-Knochen-Transplantation am Kniegelenk. Arthroscopy 13(3):94–98
17. Marcacci M, Kon E, Zaffagnini S, Visani A (1999) Use of autologous grafts for reconstruction of osteochondral defects of the knee. Orthopedics 22 (6):595–600
18. Meenen NM, Rischke B, Adamietz P, Dauner M, Fink J, Göpfert C, Rueger JM (1998) Knorpeldefektbehandlung. Langenbecks Arch Chir Suppl Kongressbd 568–576
19. Morscher E (1977) Transplantation von Gelenkknorpel. Zentralbl Chir 102(15):935–944
20. Peterson L (1998) Autologous chondrocyte transplantation. 85. Meeting AAOS, New Orleans
21. Steadman JR, Rodkey WG, Briggs KK, Rodrigo JJ (1999) Die Technik der Mikrofrakturierung zur Behandlung von kompletten Knorpeldefekten im Kniegelenk. Orthopäde 28(1):26–32
22. Wakitani S, Goto T, Pineda SJ, Young RG, Mansour JM, Caplan AI, Goldberg VM (1994) Mesenchymal cell-based repair of large, full-thickness defects of articular cartilage. J Bone Joint Surg 76A(4):579–592

Sachverzeichnis